科学出版社“十四五”普通高等教育本科规划教材
合成生物学专业融合创新系列教材

酶工程

（第二版）

吴 敬 宿玲恰 主 编

科学出版社

北 京

内 容 简 介

本书为合成生物学专业融合创新系列教材之一，由江南大学、重庆大学、南京工业大学、中国海洋大学、福州大学、南阳师范学院酶工程领域的权威专家与骨干教师联合编写，系统阐述了酶工程的基础理论与先进技术，并通过经典案例分析将理论与科研实践及工业应用紧密结合。全书共 8 章，内容涵盖酶工程基础，酶的发酵生产、提取与分离纯化、功能改造、固定化，非水相酶催化、酶反应器及酶的应用。

本书可作为高等院校生物工程、生物技术等相关专业本科生和研究生的教材，也可供教学、科研单位和企业的科研与技术人员参考。

图书在版编目（CIP）数据

酶工程 / 吴敬，宿玲恰主编. -- 2 版. -- 北京 ：科学出版社，2025. 6.
-- (科学出版社“十四五”普通高等教育本科规划教材) (合成生物学专业融合创新系列教材). -- ISBN 978-7-03-082192-8

I. Q814

中国国家版本馆 CIP 数据核字第 20253CR581 号

责任编辑：王玉时 / 责任校对：周思梦

责任印制：赵 博 / 封面设计：金舵手世纪

科学出版社 出版

北京东黄城根北街 16 号
邮政编码：100717
http:// www.sciencep.com

北京富资园科技发展有限公司印刷

科学出版社发行 各地新华书店经销

*

2013 年 3 月第 一 版 开本：787×1092 1/16
2025 年 6 月第 二 版 印张：12 1/4
2025 年 6 月第十次印刷 字数：350 000

定价：59.00 元

（如有印装质量问题，我社负责调换）

《酶工程》（第二版）编写委员会

主　编　吴　敬　宿玲恰

编　委　（按姓氏汉语拼音排序）

蔡　恒（南京工业大学）

储建林（南京工业大学）

姜　宏（中国海洋大学）

姜天玥（南京工业大学）

李兆丰（江南大学）

茅宇虹（福州大学）

倪　晔（江南大学）

宿玲恰（江南大学）

汪少芸（福州大学）

吴　斌（南京工业大学）

吴　敬（江南大学）

吴剑荣（江南大学）

席志文（南阳师范学院）

殷幼平（重庆大学）

张荣珍（江南大学）

周　华（南京工业大学）

丛 书 序

当今世界，生命科学领域的突破性进展正深刻重塑人类对自然的认知，并以前所未有的力量变革医疗健康、能源环保、农业、食品与材料制造等核心领域。作为21世纪生命科学与工程学、信息学等多学科深度融合的前沿学科，合成生物学凭借其“设计-构建-测试-学习”（DBTL）的工程化范式，为应对全球性能源短缺、环境污染、健康保障等重大挑战提供了革命性路径。在这一时代浪潮下，培养兼具深厚理论基础、卓越工程思维和前沿创新能力的复合型人才，已成为驱动我国生物经济高质量发展的关键引擎。

自2020年合成生物学正式列入我国《普通高等学校本科专业目录》以来，国内高校纷纷设立相关专业，学科建设方兴未艾。为深入贯彻落实党的二十大精神及习近平总书记关于教育的重要论述，切实履行立德树人根本使命，我们联合国内顶尖高校、科研院所及行业领军企业，精心打造了“合成生物学专业融合创新系列教材”，旨在系统构建符合新时代要求、满足高水平专业人才培养需求的核心知识体系。

本系列教材以“融合创新”为核心理念，首批编写了《合成生物学》《食品合成生物学》《基因组工程》《酶工程》《氨基酸细胞工厂创制与应用》《合成生物学综合实验》六本核心教材。我们着力突破传统学科壁垒，构建了“基础理论-核心技术-专业应用”三位一体的知识架构。同时，为适应数字化教育发展趋势，本系列教材采用“纸质教材+数字资源”的融合出版形式。丰富的数字资源（如高清视频、互动课件、三维模型、扩展阅读等）将极大提升教学效率与学习体验，实现知识传递的生动化、交互化与情境化，助力学生深化理论认知与实践探索。

本系列教材凝聚了我国合成生物学领域一流专家学者的集体智慧。编写团队以高度的责任感和严谨的学术态度，经过多轮研讨、精心打磨与反复修订，确保教材内容既精准反映国际学科前沿动态，又严格遵循教育教学规律，充分体现了权威性、准确性、前瞻性与适用性。

我们深信，“合成生物学专业融合创新系列教材”的出版，将有力支撑我国合成生物学学科建设与拔尖创新人才培养，显著提升高等教育自主培养质量。期待广大读者能够以此为基石，勇攀科学高峰，成为推动我国从“认识生命”迈向“设计生命”征程的中坚力量！

谨向所有为教材编纂付出辛勤努力的专家学者、支持单位及同仁致以最诚挚的谢意！

陈 坚 刘 龙

江南大学

2025年6月

第二版前言

近年来，国家高度重视生物经济的发展，将生物制造列为战略性新兴产业。酶工程作为生物制造的重要技术基础，在食品、轻工等多个领域均发挥着不可替代的关键作用。在此背景下，开展酶工程教学与研究，不仅是抢占全球科技前沿制高点的必然选择，更是贯彻落实国家创新驱动发展战略、培育新质生产力、推动绿色生物经济高质量发展的重要举措。

自 2013 年“案例版”生物工程系列规划教材《酶工程》出版以来，承蒙广大师生及业界同仁的厚爱，本书在人才培养和科研产业实践中发挥了积极作用。十余年来，酶工程领域在理论研究、技术创新和产业应用等方面均取得了显著进展。为及时反映学科发展前沿，满足新时代教学需求，我们广泛参考了国内外最新文献资料，同时结合了多年的教学科研实践经验，对教材进行了全面修订。

本书继续遵循上一版教材的编写特色，简要论述相关基本原理，并注重理论与实践的结合，引入了大量实例和案例分析。在案例的选择上，每章及重要节都有针对理论或技术知识综合利用的实际应用案例及分析，并辅以丰富的表格和流程图等形式，使读者加深对理论知识的理解和掌握，提高理论知识的应用能力，为从事酶工程领域科学研究及产业实践提供有力支撑。

全书共 8 章：第一章主要概述了酶工程的核心内容；第二章介绍了微生物菌种选育与发酵产酶的关键技术工艺；第三章阐述了酶的制备、分离纯化、精制与保存等工艺过程；第四章介绍了酶的理性设计、定向进化和半理性设计等功能改造方法；第五章展示了酶的固定化技术及固定化酶性能表征方法；第六章介绍了非水介质酶催化体系的特性与应用；第七章介绍了酶反应器的类型、设计方法及几种常用的反应器；第八章综述了酶在食品、轻工、饲料等领域的应用成果。

感谢全体编委为本书所付出的宝贵时间和精力。由于编者水平有限，书中难免存在不足之处，恳请广大读者和同行专家批评指正，以便我们在今后的修订中不断完善。

吴　敬　宿玲恰
江南大学
2025 年 2 月

目　录

教学课件索取单

凡使用本书作为授课教材的高校主讲教师，可获赠教学课件一份。欢迎通过以下两种方式之一与我们联系。

1．关注微信公众号“科学 EDU”索取教学课件

扫码关注→“样书课件”

科学 EDU

2．填写表格扫描或拍照后发送至联系人邮箱

姓名：	职称：	职务：
学校：	院系：	
手机：	QQ：	
电子邮箱（重要）：		
所授课程 1：		学生数：
课程对象：□研究生 □本科（_____ 年级）□其他 _____		授课专业：
所授课程 2：		学生数：
课程对象：□研究生 □本科（_____ 年级）□其他 _____		授课专业：
使用教材名称/作者/出版社：		
您对本教材的评价及修改建议：		

联系人：王玉时编辑　　电话：010-64034871　　回执邮箱：wangyushi@mail.sciencep.com

第一章 酶工程基础

酶（enzyme）是由活细胞产生的一种生物催化剂。对于生物体来说，酶的调节是一切新陈代谢反应的基础，因此，研究酶的理化性质及其作用机制，对于阐明生命现象的本质，掌握生命活动的规律进而改造生命具有十分重要的意义。

第一节　酶工程概述

一、酶的本质

人们真正认识到酶的存在始于 19 世纪。1833 年，法国化学家 Payen 和 Person 从麦芽的水抽提液中用乙醇沉淀得到了一种对热不稳定的活性物质，它可促进淀粉水解成可溶性糖，他们把这种物质称为淀粉酶制剂（diastase）。德国科学家 Kühne 则在 1878 年首次把这类活性物质称为 enzyme，enzyme 来自希腊文，原意为“在酵母中”，中文译为酶。1896 年，德国科学家 Buehner 兄弟利用无细胞提取物进行乙醇发酵，表明酶不需要细胞即可发挥作用。

20 世纪初，酶学研究加速发展，人们发现某些酶的作用需小分子辅助，并开始探究酶的本质。1926 年，Sumner 首次结晶脲酶并确认酶为蛋白质，后经 Northrop 和 Kunitz 在 1930~1936 年结晶多种酶并证实其蛋白质本质，该观点才被普遍接受。1982 年，Cech 等发现 rRNA 可自我催化，揭示了核酶（ribozyme）的概念。1986 年，Schultz 和 Learner 制备具有催化活性的抗体酶（abzyme），拓展了酶的研究领域。1995 年，王身立等发现绿豆幼苗 DNA 具酯酶活力，揭示了 DNA 可能具有催化功能。

酶催化机制研究始于 1894 年，Fisher 提出“锁钥模型”描述酶-底物结合。1902 年，Henri 提出“中间产物学说”，解释酶通过形成易分解的中间产物降低活化能。1913 年，Michaelis 和 Menten 建立“米氏方程”，奠定了酶动力学研究的基础。1925 年，Briggs 和 Handane 修正米氏方程，提出“拟稳态学说”。20 世纪五六十年代，研究揭示了酶的分子柔性，Koshland 于 1958 年提出“诱导契合”理论，解释酶催化机制及其专一性。1961 年，Monod 等提出“变构模型”，揭示了酶活力可受小分子调节。近年来，“群体移动模式”（population shift）进一步揭示了不同构象状态间的平衡对酶功能的影响，为酶抑制剂设计和药物开发提供了新思路。

二、酶的命名与分类

为了准确识别和分类酶，避免混淆，酶的命名分为习惯命名法和系统命名法。习惯命名法基于酶的催化反应或底物，如乳酸脱氢酶（lactate dehydrogenase）和葡萄糖氧化结构特定的底物反应，按严格程度的不同分为绝对专一性和相对专一性。

绝对专一性是指一种酶只能催化一种物质进行一种反应，例如，脲酶只能催化尿素分解，而对尿素的氯代物（$H_2NCONHCl$）和甲基取代物（$H_2NCONHCH_3$）则不显示催化活性。相对专一性是指一种酶能催化一类结构相似的物质进行某种相同类型的反应。其中有些酶只作用一定的键而对键两侧的基团无严格要求，称为键专一性。例如，酯酶催化酯键水解，对酯键两侧的R与R′基团无严格要求，既能催化甘油酯类、简单酯类，也能催化丙酰、丁酰胆碱或乙酰胆碱的水解，只是不同酯类水解速率不同。此外，某些酶除了对化学键有特定要求外，还对键两侧的基团有不同程度的专一性，这种特异性称为基团专一性。例如，胰蛋白酶主要水解位于精氨酸或赖氨酸残基羧基侧的肽键，也可作用于类似位置的酯键和酰胺键；胰凝乳蛋白酶则要求被水解的键必须涉及芳香氨基酸或其他疏水氨基酸的羧基。

2. 立体专一性　立体专一性是指酶能识别并选择性地催化某一特定立体异构体的能力。酶的活性中心具有高度立体选择性，因此在天然酶反应中，立体专一性是一种非常普遍的现象。立体专一性又可分为光学异构专一性和几何异构专一性。

光学异构专一性又称DL-立体异构专一性。旋光物质有D-型和L-型之分。凡是只能催化两个对映体中的一个，而不能催化另一个的特异性，称为DL-立体异构专一性。例如，精氨酸酶只水解L-精氨酸，不能水解D-精氨酸。几何异构专一性又称顺反立体特异性。含双键物质有顺反两种异构体。例如，顺丁烯二酸（马来酸）和反丁烯二酸（延胡索酸），延胡索酸水解酶只能催化反丁烯二酸水合生成苹果酸，或催化其逆反应，而对顺式丁烯二酸及其水合物均无作用。

（四）酶活力的可调节性

在正常情况下，机体内的物质代谢处于错综复杂、有条不紊的动态平衡之中，而酶活力的调节则是维持这种平衡的重要环节。机体通过各种调控方式，改变酶的催化活性，以适应生理功能的需要，促进体内物质代谢的协调统一，保证生命活动的正常进行。

1. 酶浓度的调节　酶浓度的调节主要有两种方式：一是通过诱导或阻遏酶的合成来调节。例如，β-半乳糖苷酶的合成在环境中没有乳糖时受到阻遏，而当乳糖存在时，乳糖会诱导酶的合成。二是通过调控酶的降解速率来调节其在细胞中的浓度。例如，泛素-蛋白酶体途径可特异性识别并降解功能冗余或失活的酶蛋白，从而实现对酶水平的动态调控。

2. 激素调节　激素调节酶活力主要通过两种机制实现：基因表达调控和直接作用于酶。前者如甲状腺激素通过增加代谢相关酶的合成，提高整体代谢速率；后者如激素与酶或其调节亚基结合，改变酶构象，影响酶活力。例如，乳糖合成酶由催化亚基和修饰亚基组成，催化亚基本身无法合成乳糖，但在修饰亚基的调控下，可催化半乳糖与葡萄糖生成乳糖，而修饰亚基的合成受激素控制。在妊娠期，激素水平变化促使修饰亚基大量合成，增强乳糖生成以补充乳汁。通过这些机制，激素精准调节酶活力，以适应不同生理需求和环境变化。

3. 共价修饰调节　共价修饰调节涉及通过共价地引入基团来改变酶的活性，这些基团可以被其他酶催化除去，从而恢复酶的原有活性。例如，磷酸化酶的磷酸化和去磷酸化，以及大肠杆菌谷氨酰胺合成酶的腺苷酸化和去腺苷酸化，都是通过共价修饰来调节酶活力的经典例子。

4. 限制性蛋白酶水解作用 限制性蛋白酶水解是一种高特异性的共价修饰调节系统。细胞内合成的新生肽常以无活性的前体形式存在，需要通过限制性水解作用转变为具有生物活性的蛋白质或酶，从而激活各种生理功能，如酶原激活、血液凝固和补体激活。限制性水解不仅用于激活酶，还涉及切除、修饰和加工多肽链，具有重要的生物学意义。

5. 抑制剂的调节 酶的活性可通过大分子或小分子抑制剂来调节。大分子抑制剂如胰蛋白酶抑制剂（抑肽酶）通过与酶形成稳定复合物来抑制其活性。小分子抑制剂则通过与酶活性位点或变构位点结合，干扰底物结合或改变酶构象，从而抑制催化活性。例如，ATP 可作为磷酸果糖激酶-1（PFK-1）的反馈性小分子抑制剂。

6. 反馈调节 许多生物合成路径由一系列酶促反应组成，其中第一步反应的酶常被其终产物抑制，这种现象称为反馈抑制。例如，异亮氨酸可以抑制其合成代谢途径中的第一个酶——苏氨酸脱氨酶。当异亮氨酸浓度降低时，反馈抑制作用解除，合成反应得以重新启动。

7. 金属离子和其他小分子化合物的调节 金属离子对酶的活性有显著影响，有些酶需要特定的金属离子如 K^+、Na^+、Ca^{2+}、Zn^{2+}等作为辅因子以激活其催化功能。例如，L-高丝氨酸脱氢酶和丙酮酸激酶需要 K^+激活，而 Na^+对这些酶有抑制作用。此外，一些小分子辅助因子或辅酶（如 NAD^+、FAD）也可调节酶的活性，通常通过参与催化过程而发挥作用。

二、酶的作用机制

（一）酶与底物分子的结合

1. 中间产物学说 酶如何使反应的活化能降低而体现出极高的催化效率呢？目前比较圆满的解释是中间产物学说。该学说认为：酶（E）在催化底物（S）发生变化之前，首先与底物结合成一个不稳定的中间产物（ES，也称为中间络合物）；S 与 E 的结合导致底物分子内的某些化学键发生不同程度的变化，呈不稳定状态，也就是其活化状态，使反应的活化能降低；然后，经过原子间的重新键合，中间产物 ES 便转变为酶与产物。这一过程，可用下面的反应式说明：

$$E+S \rightleftharpoons ES \rightleftharpoons E+P$$

式中，S 为底物；E 为酶；ES 为中间产物；P 为产物。

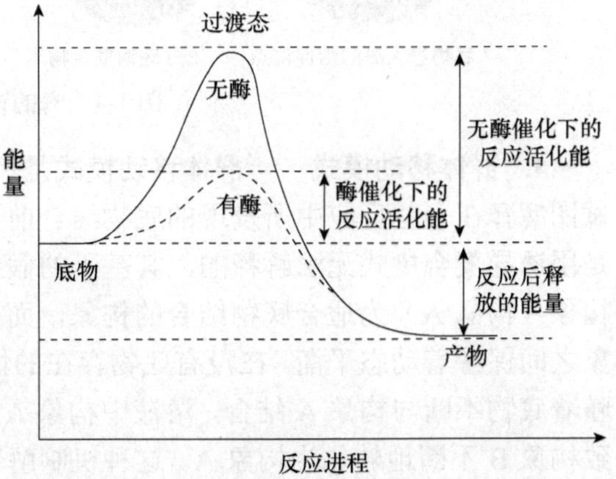

图 1-2 酶促反应与非酶促反应的活化能

底物和酶结合后为反应创设了一条完全不同的新途径，其过渡态能量要比在没有酶催化的条件下低很多。图 1-2 表明了酶促反应与非酶促反应所需活化能大小的不同。

2. 锁钥学说 有学者认为酶和底物结合时，底物分子或其部分像钥匙那样，专一地楔入到酶的活性中心部位，底物的结构必须和酶活性中心的结构相吻合，也就是说底物分子进行化学反应的部位与酶分子上活性中心的必需基团间具有严格互补的关系，两者才能紧密结合形成中间络合物。这就是 1890 年由 Fischer 提出的“锁钥学说”（lock and key theory）（图 1-3）。该模型较好地解释了立体专一性，但不能解释酶专一性中所有的现象。例如，酶不但能催化正反应，而且能催化逆反应，但酶的结构不可能既适合于底物又适合于产物。

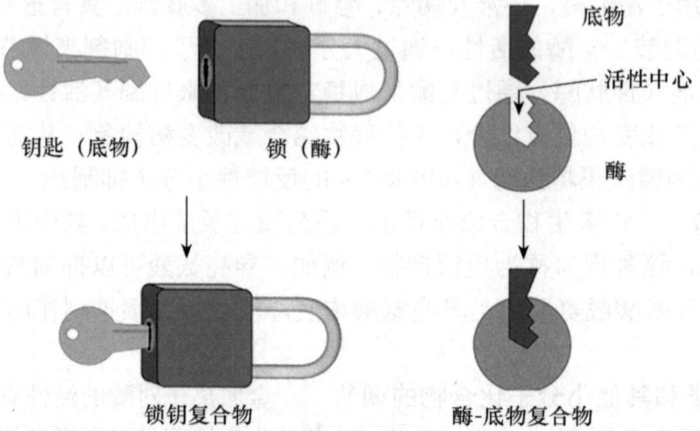

图 1-3 锁钥学说模型

3．诱导契合学说 如图 1-4 所示，诱导契合模式（the induced fit model）认为，酶分子并非完全刚性结构，而是具有一定的柔性。当酶与底物分子接近时，底物分子诱导酶分子的构象发生变化，使其更有利于与底物结合，形成互补契合。这种构象变化不仅使酶能够更好地结合底物（类似于手套在手的“诱导”下发生的变化），还使活性中心的催化基团处于合适的位置，从而更有效地催化反应。只有正确的底物才能诱导酶活性中心的正确排列，使酶行使其催化功能。

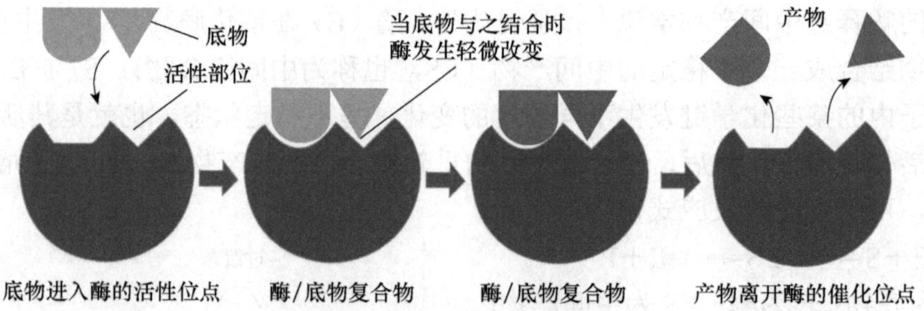

图 1-4 酶的诱导契合模式

4．群体移动模式 群体移动模式是近年来提出的一种新的酶与底物的结合模式，试图解释在一些反应中所发现的底物结合前后酶构象有较大变化的现象（图 1-5），而这是用诱导契合模式无法解释的。其基于的假设是，酶在溶液中同时存在不同构象，一种构象（构象 A）为适合底物结合的构象，而另一种构象（构象 B）则不适合，这两种构象之间保持着动态平衡。在没有底物存在的情况下，构象 B 占主导地位；当加入底物后，随着底物不断与构象 A 结合，溶液中构象 A 含量下降，两种构象之间的平衡被打破，导致构象 B 不断地转化为构象 A。这种机制解释了酶在与底物结合过程中所经历的显著构象变化，进一步丰富了我们对酶-底物相互作用的理解。

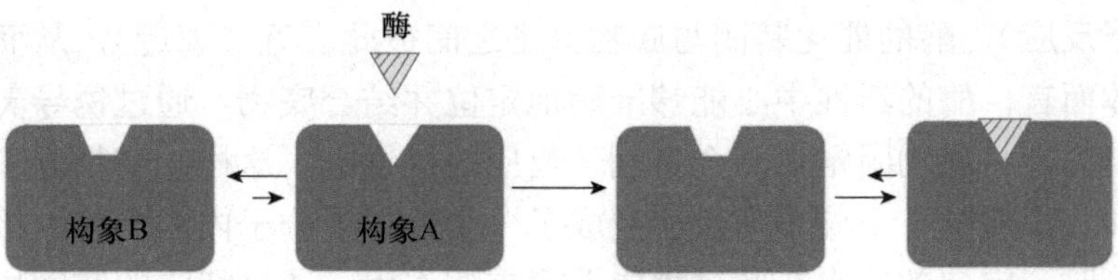

图 1-5　群体移动模式

5. 三点附着模型　　对于酶为什么能够区分一对对映异构体，或者一个假手性C上两个看似相同的基团，需要用酶与底物的三点附着模型（three-point attachment model）进行解释。这个用于解释酶作用的立体专一性的模型是由Ogston提出的。为了有精确的特异性，底物需要被紧紧的结合在三维结构中。如图1-6所示，该模型认为，底物在活性中心的结合有三个结合点，只有当这三个结合点都匹配的时候，酶才会催化相应的反应。一对对映异构体底物虽然基团相同，但空间排列不同，这就可能出现其中一种与酶结合的时候，无法保证三点都互补匹配，酶也就不能作用于它。该模型不但可用来解释酶的立体专一性，而且可以解释其他非酶蛋白质作用的立体专一性。例如，脑细胞中的某些神经递质受体对L-氨基酸具有高度选择性，而对D-氨基酸几乎没有反应活性。

在此基础上，进一步的“四点附着学说”（four-point attachment theory）被提出，用于解释酶催化过程中如何产生特定手性产物。该理论强调：当一个底物中的中心碳原子连接四个不同基团时，其空间排列决定了该碳原子的手性构型（*R*或*S*）。而在酶催化的合成反应中，酶通过调控这四个基团在活性中心的空间定向，可选择性地生成某一特定手性的产物。与三点附着模型强调识别已存在的立体结构不同，四点附着学说更多地用于解释酶在反应中如何控制手性中心的形成。例如，在某些不对称合成或转氨酶催化反应中，产物始终以L-或D-构型为主，正是由于酶对底物反应路径的空间控制，使得其中一个手性构型更有利地形成。

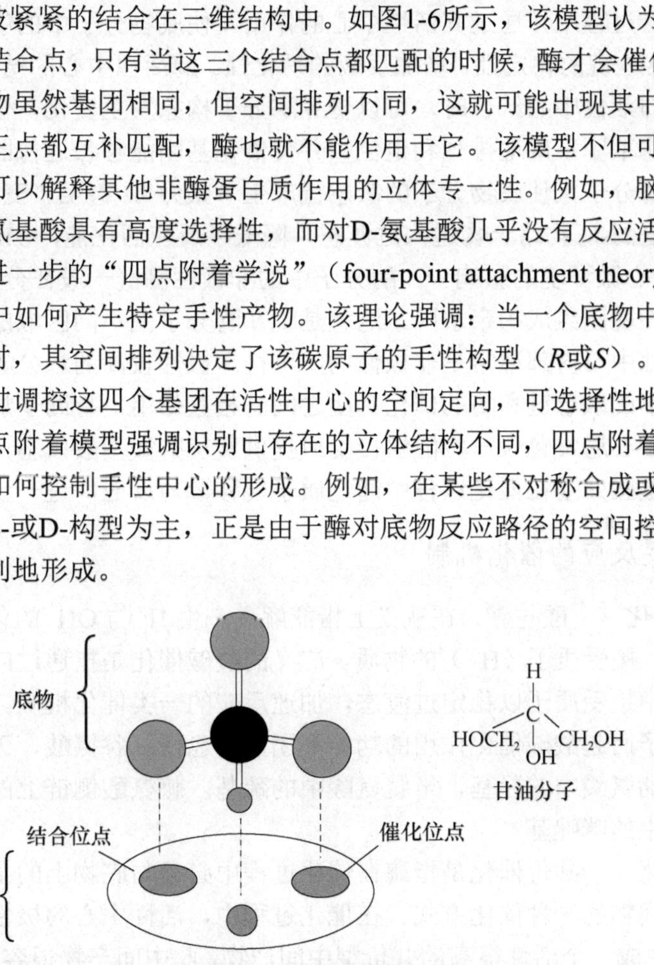

图 1-6　三点附着模型

（二）酶的高效催化

1. 邻近效应与定向效应　　酶和底物复合物的形成既是专一性的识别过程，也是分子间反应转变为分子内反应的过程。这一过程具体包括邻近效应（proximity effect）与定向效应（orientation effect）。

邻近效应是指酶在催化反应过程中，通过将底物集中于其活性中心，使底物分子之间（如双分子反应）、酶的催化基团与底物分子之间彼此靠近（邻近），从而大大提高反应速率。具体而言，酶的活性中心能够准确地定位并结合底物，通过诱导契合的方式使其发生构象变化，将底物固定在一个有利于反应的位置上。这样，底物分子之间的有效浓度显著增加，反应从一个分子间反应变成了一个近似于分子内的反应，极大地提高了反应速率。同时，定向效应也在此过程中发挥重要作用。通过特定的空间排列和定向，使底物分子以最佳的取向结合到酶的活性中心，从而提高反应效率。这种定向效应确保了底物分子在进入酶的活性中心时，能够以最有利于反应发生的方式排列，从而减少了底物分子的无效碰撞，增加了反应的成功率。

2．底物分子敏感键扭曲形变 酶催化中的底物分子敏感键扭曲形变效应指的是酶在与底物结合过程中，通过其活性中心的作用，使底物分子中的敏感键发生扭曲或形变，从而降低这些键的稳定性，增加反应的易化性。酶活性中心的结构有一种可适应性，当专一性底物与活性中心结合时，可以诱导酶分子构象发生变化，使反应所需要的酶的结合基团与催化基团正确地排列和定位，并使催化基团能够邻近待断裂的化学键。与此同时，变化的酶分子又使底物分子的敏感键产生“张力”，甚至“变形”，减小这些键的键能，从而促进酶-底物络合物进入过渡态，降低了反应活化能，加速了酶促反应。

3．活性中心微环境的影响 酶分子中的非极性侧链一般在分子内部组成疏水区，而表面则为极性基团组成的亲水区，这就是说在酶分子上不同区域的微环境有着很大的区别。酶的活性中心内部通常是非极性的，可排斥极性较高的水分子，介电常数较低，增强了底物分子的敏感键和酶的催化基团之间的相互作用，有助于加快反应的进行。此外，酶的活性中心通常包含一些能够接受或提供质子的氨基酸残基，如天冬氨酸、谷氨酸和组氨酸。这些残基在催化过程中通过质子转移参与反应，进一步增强催化效率。

（三）酶促反应的催化机制

1．酸碱催化 酸与碱，在狭义上指能解离产生 H^+ 与 OH^- 的化合物，而广义的酸碱是指能提供、接受质子（H^+）的物质。广义的酸碱催化是指通过向反应底物提供质子或从反应底物中接受质子以稳定过渡态，加速反应的一类催化机制。活性中心可以提供质子或接受质子而起酸碱催化作用的功能基团主要包括：谷氨酸、天冬氨酸侧链上的羧基，丝氨酸、酪氨酸中的羟基，半胱氨酸中的巯基，赖氨酸侧链上的氨基，精氨酸中的胍基和组氨酸中的咪唑基。

2. 共价催化 共价催化是指酶在催化过程中必须与底物上的某些基团暂时形成不稳定的共价中间物的一种催化方式。在催化过程中，活性中心的极性基团首先以共价键与底物结合，生成一个活性很高的共价型中间产物，此中间产物很容易转化为最终产物，故大大降低了反应所需的活化能，整体反应速率明显加快。根据活性中心处极性基团对底物进攻的方式不同，共价催化可分为亲电催化（electrophilic catalysis）与亲核催化（nucleophilic catalysis）两种。

亲核催化是指具有一个非共用电子对的原子或基团（亲核试剂），攻击缺少电子而具有部分正电性的原子，并利用非共用电子对形成共价键的催化反应。酶活性中心部位常见的亲核基团有巯基、羟基、咪唑基。亲核催化涉及的氨基酸残基如组氨酸、半胱氨酸和丝氨酸，这些氨基酸能提供一对孤对电子，进而攻击底物的亲电中心。这种机制通过形成一个共价中间体，改变底物的电子分布，降低反应的活化能。亲电催化剂正好与亲核催化剂相反，它是指亲电子催化剂从底物中汲取一个电子对的过程。最典型的亲电催化剂是酶中非蛋白质组分的辅因子，如 Mg^{2+}、Mn^{2+}、Fe^{2+}等。亲电催化和亲核催化在酶催化中发挥着关键作用，这两种机制都通过形成共价中间体来降低反应的活化能，从而提高反应速率。

3．多元催化与协同效应　酶分子是一个由多种不同侧链基团组成活性中心的大分子，这些基团在催化过程中根据各自的特点发挥不同作用。因此，一种酶的催化作用常常是以上多种催化机制综合作用的结果。

第三节　酶促反应动力学和抑制作用

一、单底物酶促反应动力学

酶促反应动力学主要研究酶促反应的速率以及各种因素对反应速率的影响。其中，单底物酶促反应是相对最简单的酶促反应，主要包含水解酶、异构酶及多数裂解酶的催化反应。

（一）米氏方程及其应用

1913 年，Michaelis 和 Menten 根据酶反应的中间产物学说，提出了酶促反应的快速平衡法，并推导出一个数学方程式来表示底物浓度和反应速率之间的定量关系。1925 年，Briggs 和 Haldane 对该模型进行了修正，提出稳态假设，最终形成了酶学中极为重要的米氏方程，该方程可有效描述大多数不具有变构效应的酶（即典型米氏酶）的动力学行为。米氏方程的拟合如图 1-7 所示，而其表示式为

$$v=\frac{V_{max}[S]}{K_m+[S]}$$

式中，v 为酶反应速率；K_m 值为米氏常数；V_{max} 为酶被底物饱和时的反应速率；$[S]$ 为底物浓度。

米氏常数 K_m 代表酶促反应速率达到最大速率一半时的底物浓度，是酶的特征性常数之一，仅与酶的性质相关，而与酶的浓度无关，并受温度、pH 和离子强度等条件影响。不同酶的 K_m 值不同，可用于判断最适底物，K_m 值越小，底物亲和力越高。例如，已糖激酶催化葡萄糖（$K_m=1.5\times10^{-4}$mol/L）优于果糖（$K_m=1.5\times10^{-3}$mol/L），表明葡萄糖是其最适底物。此外，K_m 值可用于推测代谢途径流向，通过测定可逆反应的正逆反应 K_m，判断酶催化方向及其生理功能。测定 K_m 还可区分同种酶与同工酶，用于鉴别催化相同反应但来源不同的酶是否为同一种酶。

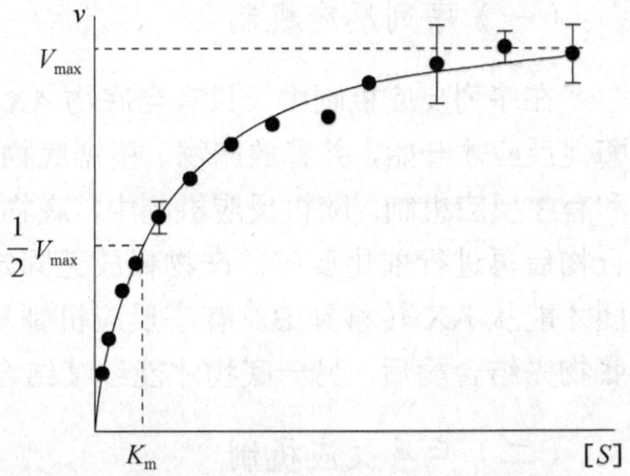

图 1-7　米氏方程的拟合与动力学参数（王镜岩等，2006）

V_{max} 表示在一定酶量下的最大反应速率，即酶完全被底物饱和时的反应速率，与酶浓度成正比。在酶浓度不变时，对于特定底物而言，V_{max} 也是一个常数。如果酶浓度已知，可从 V_{max} 计算酶的催化常数，即转换数 K_{cat}。计算公式为 $V_{max}=K_{cat}$ [E_0]。K_{cat} 表示单位时间内每个酶分子可催化底物的最大分子数。K_{cat} 越大，表示酶催化效率越高。当 $v=V_{max}$ 时，反应速率与底物浓度无关，只与 [E] 成正比，表明酶的活性部位均被底物所占据。

测定不同抑制剂对某个酶的 K_m 及 V_{max} 的影响，可区别抑制剂是与底物竞争性的还是非竞争性的。

（二）双倒数作图法

通常情况下，K_m 或 V_{max} 值通过米氏方程的双倒数形式来确定，即双倒数（Lineweaver-Burk）作图法，也可称为双倒数方程（double-reciprocal plot），其表示式为

$$\frac{1}{v}=\frac{K_m+[S]}{V_{max}[S]}=\frac{K_m}{V_{max}}\frac{1}{[S]}+\frac{1}{V_{max}}$$

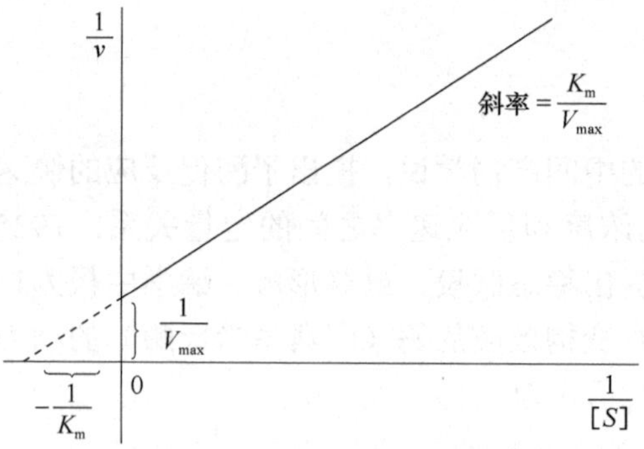

图 1-8　米氏方程的 Lineweaver-Burk 作图法（王镜岩等，2006）

由上述方程发现，将 $1/v$ 对 $1/[S]$ 作图，即可得到一条直线，该直线在 Y 轴的截距即为 $1/V_{max}$，在 X 轴上的截距即为 $1/K_m$ 的绝对值，如图 1-8 所示。

二、多底物酶促反应动力学

多底物酶促反应涉及底物和产物的结合以及释放顺序。以如下的基团转移反应为例：

$$E+AX+B \rightleftharpoons E+A+BX$$

X 基团从底物 AX 转移到底物 B 上，那么在反应过程中底物 AX、B 是按照一定顺序还是随机与酶（E）结合？因此，根据动力学机制的不同，可以把双底物反应分为序列反应机制和乒乓反应机制。

（一）序列反应机制

在序列反应机制中，只有当底物 AX 和 B 均与酶结合形成三元复合物 E·AX·B 后，酶促反应才开始，并释放产物。根据底物与酶的结合顺序，序列反应可分为随机反应机制和有序反应机制。随机反应机制中，底物可按任意顺序结合至酶的活性部位，形成中间复合物后再进行催化反应，产物释放无固定顺序，但必须形成 E·AX·B 复合物后，X 基团才能从 AX 转移到 B。有序反应机制与此类似，但要求底物按特定顺序结合，即一种底物先结合酶后，另一底物才能继续结合，最终形成 E·AX·B 复合物并启动催化反应。

（二）乒乓反应机制

乒乓反应机制也称为双-置换反应机制，该机制不形成三元复合物中间体，而是分为

两部分反应。如下列反应式所示，底物 AX 首先与酶（E）结合，X 基团被转移到酶分子的活性中心形成 EX 复合物中间体（通常 EX 为共价复合物），产物 A 被释放后，底物 B 则与 EX 复合物结合，X 基团从酶分子上转移到底物 B 上，最终形成的 BX 产物被释放。在该反应机制中，底物 B 只能与 EX 复合物结合，而不能与游离的酶分子结合。

$$\mathrm{E} \underset{K^{\mathrm{AX}}}{\overset{+\mathrm{AX}}{\rightleftharpoons}} \mathrm{E\cdot AX} \rightleftharpoons \mathrm{EX\cdot A} \overset{\nearrow \mathrm{A}}{\rightleftharpoons} \mathrm{EX} \underset{K^{\mathrm{B}}}{\overset{+\mathrm{B}}{\rightleftharpoons}} \mathrm{EX\cdot B} \rightleftharpoons \mathrm{E\cdot BX} \longrightarrow \mathrm{E+BX}$$

三、酶抑制作用

对酶分子的抑制作用进行研究，有助于研究酶的催化机制，识别酶的活性中心，解析酶的结构与功能的关系。酶抑制作用（enzyme inhibition）是指酶的功能基团受到某种物质的影响，而导致酶活力降低或丧失的作用，该物质即称为酶抑制剂。由酶蛋白变性造成的酶失活，以及除去活化剂（如酶活力所必需的金属离子）而造成酶活力的降低或丧失，不属于酶抑制作用的范畴。酶抑制剂根据其作用机制可以分为不可逆抑制和可逆抑制。

（一）不可逆抑制

酶的不可逆抑制是指抑制剂与酶结合后，导致酶活性永久丧失，即使去除抑制剂后也无法恢复活性。大多数不可逆抑制是通过形成共价键将抑制剂稳定地结合在酶的活性位点上实现的。根据抑制剂的选择性，不可逆抑制可分为非专一性抑制和专一性抑制。

非专一性不可逆抑制是指抑制剂对多种酶具有广谱抑制作用。例如，重金属离子（如 Pb^{2+}、Hg^{2+}）可与酶活性中心的巯基结合使酶失活；氰化物和一氧化碳通过与金属离子络合抑制细胞色素氧化酶；有机磷化合物（如敌敌畏、敌百虫）能与酶活性中心的丝氨酸共价结合导致酶失活。而专一性抑制指抑制剂仅针对特定酶，因其高度选择性，可用于研究酶的活性部位。

专一性不可逆抑制剂分为 K_s 型和 K_{cat} 型。K_s 型不可逆抑制剂具有底物类似结构，可与酶结合，同时携带活泼化学基团，对活性中心的必需基团进行化学修饰，从而抑制酶活力，其专一性取决于抑制剂与活性部位及非活性部位的解离常数比值。K_{cat} 型不可逆抑制剂不仅类似于天然底物，而且本身也是酶的底物，可进入酶的催化过程，但其潜伏反应基团在酶作用下暴露或活化，与活性部位必需基团或酶的辅基发生反应，使酶不可逆失活，因此又称自杀性底物。例如，β-卤代-D-Ala 是细菌丙氨酸消旋酶的自杀性底物，与酶中磷酸吡哆醛形成稳定加合物，导致酶不可逆失活。

（二）可逆抑制

抑制剂与酶以非共价键方式结合而引起酶的活性降低或丧失，用透析、超滤等方法除去抑制剂后酶可以恢复活性，这种抑制作用称为可逆抑制。可逆抑制剂可以与酶分子的活性中心结合，也可以与非活性中心部位结合。根据可逆抑制剂与酶分子结合部位的不同，可将可逆抑制作用分为下列 4 种。

1. 竞争性抑制作用　竞争性抑制作用指的是有些抑制剂（I）的结构与底物（S）的结构类似，可与 S 竞争与酶活性中心的结合，并与酶形成可逆的 EI 复合物，但 EI 不能分解成产物（P），致使酶反应速率下降。由于竞争性抑制剂干扰了酶与底物的结合过程，因此酶与底物的亲和力降低，酶促反应的米氏常数 K_m 增大。

2. 非竞争性抑制作用 非竞争性抑制作用的特点是 S 和 I 可同时与 E 结合，两者没有竞争作用。S 和 E 结合后还可与 I 结合，同样 I 与 E 结合后还能与 S 结合，即 E 可以同时与 I 及 S 结合，形成酶-底物-抑制剂（ESI）三元复合物，但该三元复合物不能转变为产物。在非竞争性抑制剂存在的条件下，随着［I］的增加，最大反应速率减小，但 K_m 不受这种抑制剂存在的影响。如亮氨酸是精氨酸酶的一种非竞争性抑制剂，亮氨酸的存在并不会影响精氨酸与酶的结合，但是会降低最大反应速率。

3. 反竞争性抑制作用 反竞争性抑制作用的特点是 I 不单独与酶结合，只与 ES 复合物结合，即 $ES+I \longrightarrow ESI$，但 ESI 不能转变成产物。由于底物同酶的结合反而促使抑制剂同酶的结合，故称这种抑制作用为反竞争性抑制作用。产生这种现象的原因可能是 S 和 E 的结合改变了 E 的构象，使其与抑制剂的结构相契合。

这种抑制剂的存在会降低酶的 V_{max}，因为它减少了酶-底物复合物的转化效率。同时，它也会降低 K_m 值，即在抑制剂存在的情况下，酶对底物的亲和力提高了。反竞争性抑制剂的作用效果会随着底物浓度的增加而更加显著，因为只有在底物已经存在的情况下，抑制剂才能发挥作用。

4. 复合抑制作用 复合抑制作用是一种结合了竞争性和非竞争性抑制特征的机制，其中抑制剂既与酶的活性位点结合，影响底物的结合（类似竞争性抑制），也与酶-底物复合物结合，干扰催化转化（类似非竞争性抑制）。S 和 I 可同时与 E 结合，而 S 和 E 结合后还可与 I 结合，同样 I 与 E 结合后还能与 S 结合，但 I 和 E 的结合改变了底物的解离常数 K_s，而 S 和 E 的结合改变了抑制剂从复合物上解离的解离常数。这种抑制作用会降低酶的 V_{max}，而 K_m 的变化则介于竞争性抑制和非竞争性抑制之间。

不同类型可逆抑制作用的米氏方程和常数变化见表 1-1。

表 1-1 不同类型可逆抑制作用的米氏方程和常数（王镜岩等，2006）

类型	方程式	V_{max}	K_m
无抑制剂	$v=\dfrac{V_{max}[S]}{K_m+[S]}$	—	—
竞争性抑制作用	$v=\dfrac{V_{max}[S]}{K_m\left(1+\dfrac{[I]}{K_i}\right)+[S]}$	不变	增加
非竞争性抑制作用	$v=\dfrac{V_{max}[S]}{(K_m+[S])\left(1+\dfrac{[I]}{K_i}\right)}$	减小	不变
反竞争性抑制作用	$v=\dfrac{V_{max}[S]}{K_m+\left(1+\dfrac{[I]}{K_i}\right)[S]}$	减小	减小
复合抑制作用	$v=\dfrac{V_{max}[S]}{K_m\left(1+\dfrac{[I]}{K_i}\right)+[S]\left(1+\dfrac{[I]}{K_i}\right)}$	减小	增大或减小

第四节　酶活力及其影响因素

一、酶活力与酶活力单位

酶活力（酶活性）指酶催化某一化学反应的能力，其大小以反应速率表示，速率越快，酶活力越高。反应速率可通过单位时间内底物的减少量或产物的生成量测定。由于一般酶促反应体系中底物过量，而产物从无到有，测量误差较小，因此通常用单位时间内产物的生成量表示酶活力。

酶活力大小通常以酶活力单位（U）表示。1961 年国际生物化学学会（IUB）酶学委员会（EC）提出国际单位（IU），定义为在最适条件下，每分钟催化 1μmol 底物转化为产物的酶量。如果底物含多个可作用的键或基团，则 1IU 指每分钟催化 1μmol 相关基团或键变化的酶量。1972 年，国际酶学委员会为统一酶活力单位与国际单位制，推荐使用 Katal（Kat）作为标准单位，定义为在最适条件下，每秒钟催化 1mol 底物转化为产物的酶量。

$$1\text{Kat}=1\text{mol/s}=60\text{mol/min}=60\times10^6\mu\text{mol/min}=6\times10^7\text{IU}$$

酶的转换数（turnover number）表示酶的催化中心活性，它是指在一定条件下每秒钟每个活性中心或每个酶分子转换底物的分子数，也可以是每秒钟每微摩尔酶分子转换底物的微摩尔数。它相当于一旦 ES 中间复合物形成后，酶将底物转换成产物的效率。如果每一个酶分子只有一个催化中心，那么“催化中心活性”和“摩尔催化活性”是相等的。如果一个酶分子有 n 个催化中心，那么“催化中心活性”等于“摩尔催化活性”除以 n。

酶活力（也称总活力）是指在特定条件下，样品中酶所具有的总催化能力。比活力（specific activity）是指每毫克总蛋白质中所含的酶活力（U/mg）。酶的比活力也称为比活性，是指每毫克酶蛋白所具有的酶活力。比活力是酶纯度的量度，在酶的纯化过程中酶的比活力会增高。

二、酶活力的影响因素

（一）底物浓度

底物浓度增加可提高酶促反应速率，直至达到最大反应速率（V_{max}），此时所有酶的活性位点均被底物占据，反应速率饱和。根据米氏方程，当底物浓度远低于米氏常数（K_m）时，反应速率与底物浓度成正比，而当底物浓度远高于 K_m 时，反应速率接近 V_{max}。但过高底物浓度可能引发底物抑制作用。

（二）酶浓度

在温度、pH 恒定且底物足量的情况下，反应速率与酶浓度成正比。酶促反应中，酶与底物结合形成中间产物，再转化为最终产物。底物充分过量时，酶浓度越高，中间产物形成越多，反应速率越快。

（三）温度

温度对酶促反应速率具有双重影响：①温度升高增加活化分子数，使反应加快，Q_{10}

值通常为1～2，即温度每升高10℃，反应速率增加1～2倍。②酶是蛋白质，温度过高会导致其变性失活，大多数酶在60℃以上失活，少数如细菌淀粉酶在93℃活力最高。最适温度并非固定值，受作用时间影响，短时间反应耐受较高温度，但长时间反应时最适温度降低。

（四）pH

pH影响酶的活性位点氨基酸电离状态，进而影响底物结合和催化效率。酶在最大活力时的pH称为最适pH，其值因底物种类、浓度及缓冲液成分不同而变化。动物体内酶的最适pH多在6.8～8.0，植物和微生物酶一般在4.5～6.5，特殊例子如胃蛋白酶（pH 1.9）和肝脏精氨酸酶（pH 9.7）。

（五）激活剂与抑制剂

激活剂通过改变酶构象或稳定活性中心提高催化效率，可为金属离子或小分子有机物，如K^+、Na^+、Mg^{2+}、Zn^{2+}、Fe^{2+}、Ca^{2+}等离子体。某些阴离子也可激活酶，如Cl^-可增强唾液淀粉酶活力。此外，还原剂（如半胱氨酸、还原型谷胱甘肽）可还原含巯基酶，提高酶活力。蛋白质大分子激活剂可催化无活性酶原水解特定位点，使其转变为有活性形式。

酶抑制剂是一类可以与酶结合并降低其活性的分子。正如前文所述，抑制剂通过作用于酶的活性中心或其他必需基团，导致酶活力下降或丧失。

第五节　酶的多样性

一、酶的分子组成

酶的多样性体现在其分子组成上，可分为单纯酶和结合酶。单纯酶仅由蛋白质组成，而结合酶则由酶蛋白和辅因子组成，辅因子可以是金属离子（如锌、镁等）或有机分子（如维生素衍生物）。

单纯酶可进一步分为单体酶、寡聚酶、多酶复合体和多酶体系。单体酶由单条多肽链构成，催化活性依赖完整蛋白质结构。寡聚酶由多个相同或不同的亚基组成，亚基间协同作用并通过构象变化调节活性。多酶复合体由多个通过非共价键结合的酶组成，催化连续反应，前一反应产物即为后一反应底物，如丙酮酸脱氢酶复合物（含3种酶）和催化脂肪酸β-氧化的复合体（含4种酶）。一旦解体，其催化活性丧失。多酶体系由多个相互独立的酶顺序催化同一代谢通路中的不同反应步骤，如糖酵解中的11种酶虽协同作用，但彼此结构上无直接关联。

二、恒态酶与调节酶

按不同酶在生物体代谢中所处的地位、含量和活性情况，可将其分为恒态酶（static enzyme）与调节酶（regulatory enzyme）。

恒态酶是指在细胞中始终存在并持续合成的酶，这些酶的合成和活性不受环境变化或底物浓度的显著调节，仅受反应动力学系统本身的组成因素调节。恒态酶通常参与细胞的基础代谢过程，如能量生成和细胞结构的维持，确保细胞的基本生理功能稳定进行。

调节酶则是一类能够通过各种机制调节其活性的酶，它们在细胞代谢中起着至关重要的作用。这些酶的活性可以受到细胞内外信号的调控，以适应不同的生理状态和环境条件。调节酶的活性可以通过多种方式进行调节，包括酶抑制、酶激活、共价修饰及反向反馈等。

三、组成酶与诱导酶

按不同酶在细胞中是否天然存在，可将其分为组成酶（constitutive enzyme）与诱导酶（induced enzyme）。

组成酶是细胞内始终存在的酶，其合成仅受遗传物质控制，即由内因决定。诱导酶则是在环境中存在诱导物（通常为底物）时，由诱导物诱导合成。例如，能合成α-淀粉酶的微生物在不含淀粉的培养基中不会产生α-淀粉酶，而在含淀粉培养基中则大量合成，以分解淀粉提高酶活力。诱导酶的合成不仅受诱导物影响，还取决于细胞内相关基因的存在，若缺乏该基因，即使有诱导物也无法合成酶。因此，诱导酶的合成受内因和外因共同调控。此外，组成酶常被视为恒态酶，两者常可互换使用，而诱导酶则可归类为调节酶的一种。

四、别构酶

别构酶（allosteric enzyme）是一类调节酶，在代谢过程中起关键作用，其催化活性受空间构象变化调控，也称别构酶。目前已知的别构酶均为寡聚酶，含两个或以上亚基。其分子上除具有与底物结合并催化反应的活性中心外，还含有专门结合调节物质的别构中心（变构中心），两者可位于不同亚基或同一亚基的不同部位。当调节物与别构中心结合时，可诱导或稳定酶的特定构象，影响活性中心对底物的结合及催化，从而调节酶促反应速率和代谢过程，这一作用称为别构效应（allosteric effect）。引起别构效应的物质称为别构效应剂，其中加快酶反应的称为别构激活剂（正效应剂），通常为别构酶的底物；降低酶反应的称为别构抑制剂（负效应剂），一般为代谢终产物。

五、同工酶与多功能酶

同工酶（isoenzyme）是一组催化相同化学反应但分子结构不同的酶，广泛存在于动物、植物及微生物中。这类酶由两个或多个肽链聚合而成，其生理和理化性质，如血清学特性、K_m值、溶解度、分子量、电泳行为及对激活剂和抑制剂的反应均有所不同。目前已发现几十种同工酶，其中研究较多的是人和动物体内的乳酸脱氢酶（LDH）。

近年来，某些酶分子被发现具备多种催化活性，被称为多功能酶（multifunctional enzyme）。例如，大肠杆菌 DNA 聚合酶 I 是一条 109kDa 的多肽链，具备 DNA 合成、3′-5′核酸外切酶和 5′-3′核酸外切酶活力。哺乳动物的脂肪酸合成酶由两条多肽链组成，每条链均具备脂肪酸合成所需的 7 种催化活性。与多酶复合体相比，多功能酶在分子结构上更具优势，因为相关反应在同一酶分子上完成，通常比多酶复合体更高效，这也是生物进化的结果。

第六节 总结与展望

酶工程是酶学与工程学交叉融合的综合技术，是现代生物技术的重要支柱。21 世纪，微生物酶源仍是研究重点。微生物因其多样性、快速生长、可控培养、低成本生产、便捷基因操作及高效表达系统，成为优良基因工程菌的首选。研究表明，微生物酶源在工业中的应用潜力不断提升。此外，将动物和植物酶基因转入微生物，实现跨物种基因转化、优化物种性能，以及整合小基因与异源基因，已成为研究热点，显著提升了微生物在工业生产中的应用价值。

酶结构与功能研究仍是酶工程的核心。深入理解天然酶的静态与动态结构及催化机制，是改造与设计新酶的关键。人工智能（AI）的应用正推动这一领域变革。AI 通过高级计算模型快速识别酶的结构与功能关系，提高设计精确性。机器学习与深度学习可整合功能基因组信息、催化活性、构象变化及稳定性，为酶改造提供更精准的预测和优化，减少传统方法中的盲目性，加速新酶开发。

固定化酶技术与酶反应器的研究极大推动了酶工程应用。改进固定化方法（如纳米材料、智能高分子材料）及优化固定化条件，可显著提高酶的稳定性、催化效率及重复使用性。微流体反应器和连续流反应器等先进设计提升反应控制精度和生产效率，拓宽固定化酶在工业、环境保护及医药领域的应用。

随着技术进步，酶工程应用不断扩展，从传统工业到现代医学及环保领域，推动行业变革。作为绿色化工的重要组成部分，酶工程通过高效、生物催化减少污染排放，助力“双碳”目标和生态文明建设。酶法合成在有机合成中展现专一性与选择性优势，尤其在手性化合物合成方面表现出色，如脂肪酶广泛用于氨基酸、羧酸和手性醇的合成。

构建功能不同于天然酶的新型酶种是酶工程研究的前沿。抗体虽能特异性结合抗原，但通常无催化活性，抗体酶在临床治疗中展现潜力，如特异性多肽水解酶可破坏病毒蛋白、清除凝血块、用于癌症治疗等。人工合成酶近年来受到广泛关注。例如，2022 年我国研究团队结合光催化剂与光催化机制，构建新型人工光酶，突破天然酶热催化机制的局限，拓展生物催化反应类型（数字资源 1-2）。

数字资源 1-2

总的来说，随着科学研究的不断深入，酶工程必然会蓬勃发展，在理论方面和应用方面取得更大的创造性成就，造福人类。

思 考 题

1. 简述酶工程的主要内容。
2. 酶命名的方式有几种？命名的原则是什么？有何优缺点？
3. 酶的辅因子有哪些？什么是辅酶、辅基？两者是如何区分的？
4. 什么是酶的活性中心？什么是酶的必需基团？必需基团有哪几类？它们的功能有哪些？
5. 与一般化学催化剂相比，酶具有哪些催化特性？
6. 简述影响酶催化作用的因素。
7. 酶活力的高低如何衡量？常用的酶活力表示方法有哪些？
8. 米氏方程中 K_m 有何意义？

9．4 种可逆抑制作用对 K_m 和 V_{max} 有何影响？

10．中间产物学说和诱导契合学说的基本观点是什么？

11．影响酶稳定性的因素有哪些？并举例说明其中一种因素影响酶稳定性的机制。

12．酶活力调节控制的方式有哪些？试举例说明。

13．如何理解酶的多样性？

14．如何通过酶工程技术实现更高效的资源利用和环境保护，从而推动绿色发展？

主要参考文献

郭蔼光，范三红．2016．基础生物化学．3 版．北京：高等教育出版社．

郭勇．2016．酶工程．4 版．北京：科学出版社．

江正强，杨邵青．2018．食品酶学与酶工程原理．北京：中国轻工业出版社．

王镜岩，朱圣庚，徐长法．2006．生物化学．3 版．北京：高等教育出版社．

Buchholz K, Kasche V, Bornscheuer U T. 2022. Biocatalysis and Enzyme Technology. 2nd ed. Hoboken, NJ: Wiley-Blackwell.

Eisenmesser E Z, Bosco D A, Akke M, et al. 2002. Enzyme dynamics during catalysis. Science, 295(5559): 1520-1523.

Landwehr G M, Bogart J W, Magalhaes C, et al. 2025. Accelerated enzyme engineering by machine-learning guided cell-free expression. Nat Commun, 16: 865.

Lilley D. 2005. Structure, folding and mechanisms of ribozymes. Curr Opin Struct Biol, 15(3): 313-323.

Reetz M T. 2020. Directed Enzyme Evolution: Advances and Applications. Cham: Springer.

第二章

酶的发酵生产

酶普遍存在于动物、植物和微生物中。利用动物和植物分离提取产酶由于工艺复杂，成本较高等原因，在工业上应用很少。而利用微生物发酵产酶则有如下优点：微生物种类多，酶的种类齐全；微生物生长繁殖快，酶的产量高；微生物培养基来源广泛、可选择性强；微生物生长周期规律，发酵重复性较好；微生物易于改造，可以利用基因工程、蛋白质工程等现代生物学技术进行选育和开发。正是由于微生物发酵产酶具有这些独特的优点，目前工业生产的酶绝大多数来自微生物发酵制备。因此，本章将主要介绍微生物发酵法产酶的一般原理和工艺。

第一节　微生物产酶菌种

一、优良产酶菌种的标准

任何微生物都能在一定条件下合成某些酶，但是并不是所有的微生物都能用于酶的发酵生产。发酵产酶的前提之一，是根据产酶的需要，选育得到性能优良的微生物。一般来讲，优良的产酶微生物应当具备下列条件：①具有高产的特性；②能够利用廉价的原料，发酵周期短；③菌种性能稳定，产酶稳定性好；④发酵副产物少，利于酶的分离纯化；⑤非病原菌，安全无毒性。

二、常用的产酶微生物

现在大多数酶都采用微生物细胞进行发酵生产。有不少性能优良的产酶菌株已在酶的发酵生产中得到广泛应用。常用的产酶微生物简介如下所示。

（一）细菌

用于发酵产酶的细菌比较多，枯草芽孢杆菌和大肠杆菌是研究较多的两类细菌。枯草芽孢杆菌是芽孢杆菌属的一种，具有培养条件粗放、酶系较丰富、生长温度范围宽泛、发酵周期短等优点。据不完全统计，枯草芽孢杆菌所产的酶占整个酶市场的50%左右，是目前工业上生产酶应用最广泛的菌种之一，可用于生产α-淀粉酶、蛋白酶、β-葡聚糖酶、碱性磷酸酶等。大肠杆菌是埃希菌属（*Escherichia*）代表菌，具有易于实验室操作、生长迅速、营养要求低等特点，很早就作为基因工程的宿主菌，用于生产各种酶。例如，谷氨酸脱氢酶、天冬氨酸酶、青霉素酰化酶、β-半乳糖苷酶、限制性核酸内切酶、DNA聚合酶、DNA连接酶、核酸外切酶等。

（二）霉菌

黑曲霉在自然界分布极广，是曲霉菌属黑曲霉群霉菌。黑曲霉具有多种酶系，可在各种基质上普遍存在。黑曲霉可用于生产多种酶，包括胞外酶和胞内酶。如糖化酶、淀粉酶、酸性蛋白酶、果胶酶、葡萄糖氧化酶、过氧化氢酶、核糖核酸酶、脂肪酶、纤维素酶、橙皮苷酶、柚苷酶等。用于发酵产酶的霉菌还有米曲霉、青霉、木霉、根霉、毛霉和链霉菌等。

（三）酵母菌

用于发酵产酶的酵母菌主要有酿酒酵母和假丝酵母。酿酒酵母是在工业上广泛应用的酵母，主要用于酿造啤酒、乙醇、饮料酒和面包制造等，目前酿酒酵母已用于转化酶、丙酮酸脱羧酶、醇脱氢酶等的生产。假丝酵母是单细胞蛋白的主要生产菌，同时可用于生产脂肪酶、尿酸酶、尿囊素酶、转化酶、醇脱氢酶。假丝酵母具有烷类代谢的酶系，具有较强的17α-羟化酶活力，可用于甾体转化、制造睾丸素等。

三、酶制剂高产菌种的选育

菌种的优劣对酶制剂的产量起着至关重要的作用，而从自然界中分离得到的野生菌，无论在产量上还是在质量上都难以满足工业化大生产的要求。因此选育优良的高产菌株具有重要的工业意义。目前诱变育种和基因工程育种等人为育种的方法在菌种选育中占据着主导地位。菌株通过诱变不仅可以提高产酶能力，还可以提高单位酶活力；此外，通过分子生物学手段，构建基因工程菌是育种的重要发展趋势。

（一）诱变育种

微生物诱变育种通常以图 2-1 所示工作流程进行。

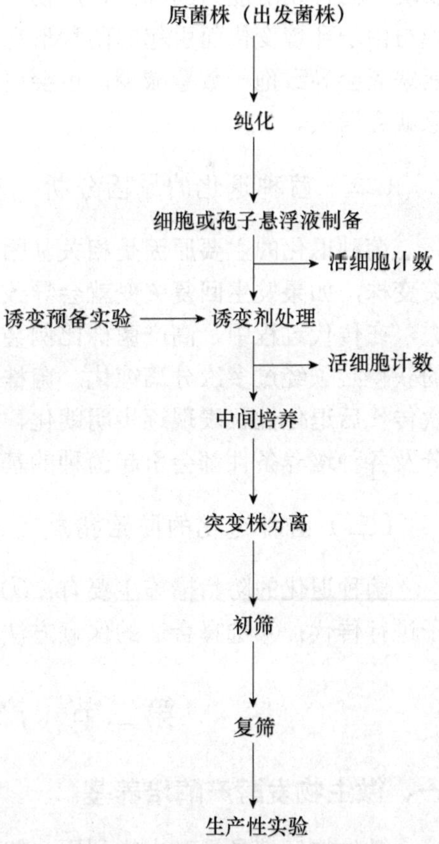

图 2-1　诱变育种工作流程

（二）基因工程育种

基因工程是指人们利用分子生物学的理论和技术，自主设计、操纵、改造和重建细胞的遗传核心——基因组，从而使生物体的遗传性状发生定向变异，以最大限度地满足人们的需要。

基因工程菌种的基本操作程序：目的基因的获取→基因表达载体的构建→目的基因导入受体细胞→目的基因的检测与鉴定（数字资源 2-1）。

数字资源 2-1

四、产酶菌种的保藏

优良的产酶菌种必须得到妥善的保藏，这是酶发酵生产中一个很重要的工作。保藏的目的是用适当的方法妥善保藏，使之不死、不衰、不变异、不污染，在长时间内保持原有的生产性状和生命活力，从而保证优良菌种产酶的良好重复性，保证生产应用的持续高产。

菌种保藏方法包括传代培养保藏法、砂土管保藏法、矿物油保藏法、冷冻真空干燥保藏法等。无论何种保藏方法，主要是根据微生物生理、生化特点，人工创造条件，在低温、干燥、缺氧等环境下，使微生物的代谢处于不活泼、生长繁殖受抑制的休眠状态。另外，在此条件下，菌株很少发生突变，可以达到保持纯种的目的。

五、产酶菌种的退化及防治措施

微生物在菌种保藏或发酵生产过程中常常面临菌种退化的问题，尤其是在酶的工业化生产中，菌种退化是个共性问题。所以，如何保持菌种优良性状的稳定十分重要。

（一）菌种的退化现象

常见的菌种衰退在形态上表现为产孢子能力衰退或菌落颜色的改变等，而在生理上表现为菌种发酵能力的降低、产物产量下降或抗噬菌体能力减弱等。菌种的真正退化必须与由于环境变化而引起的菌种形态、生理上的变化区别开来。例如，培养基中微量元素缺乏会导致孢子数量减少，也会引起孢子颜色的改变。但只要恢复正常条件，这些现象就会消失。

（二）菌种退化的原因分析

菌种退化的主要原因是相关基因的负突变。例如，在发酵生产中常用的营养缺陷型突变株，如果发生回复突变就会导致产量下降。菌株的性状分离也会引起高产性状的丧失，在传代过程中，高产菌株比例会逐渐降低、产量随之下降，因此一个较稳定变异株的获得必须经过多次分离纯化。菌株的连续传代是加速菌种退化的直接原因，但经过多次传代后退化性状表现逐步明朗化，最终成为退化菌株。其他如温度、湿度、培养基成分及各种培养条件都会引起菌种的基因突变。

（三）菌种退化的防治措施

菌种退化的防治措施主要有：①控制传代次数；②选择合适的培养条件；③利用孢子进行传代；④选择合适的保藏方法；⑤退化菌种的复壮。

第二节 产酶培养基及种子培养

一、微生物发酵产酶培养基

微生物发酵是指微生物利用一些原料养分在合适的发酵条件下经特定的代谢途径生成产物的一类复杂的生物过程。其中涉及许多相互影响的因素，产物生物合成水平除受微生物内部代谢机制、调控机制等影响外，还受外界环境（培养基组成与配比、发酵温度、发酵 pH、溶解氧等）的影响。

微生物产酶培养基与一般微生物发酵培养基大同小异，主要包括碳源、氮源、无机盐和生长因子等。

（一）碳源

目前，在酶发酵生产中最常用的碳源是淀粉及其水解物，如糊精、麦芽糖、葡萄糖等，工业上常用的碳源有甘薯、玉米、麸皮、米糠等。应尽量选用对目的产物有诱导作用的碳源，同时尽量避免使用有阻遏作用的碳源。例如，生产 α-淀粉酶，应使用对酶的合成具有诱导作用的淀粉作为碳源，而不用对该酶的合成有分解代谢物阻遏作用的果糖作为碳源；同理，生产 β-半乳糖苷酶应选用乳糖作为碳源诱导酶的合成，而不用或少用对酶合成有阻遏作用的葡萄糖。

（二）氮源

氮源分为有机氮源和无机氮源两大类。有机氮源主要是各种蛋白质及其水解产物，常用的有豆饼、花生饼、菜籽饼、蛋白胨、酵母膏、牛肉膏等；无机氮源是含氮无机化合物，常用的有硫酸铵、氯化铵、硝酸钾、铵盐和硝酸盐等。不同的细胞对氮源的要求不同，微生物细胞中，异养型细胞要求有机氮源，自养型细胞可以采用无机氮源。例如，草酸青霉固态发酵生产果胶酶时可选用硫酸铵作为氮源。同时碳氮比（C/N）对酶的合成有显著的影响。

（三）无机盐

微生物生长需要 Mg、P、K、S、Ca、Cl、Na 等元素，一般通过添加水溶性的硫酸盐、磷酸盐或氯化物等无机盐来提供。其他如 Co、Cu、Fe、Mn、Mo、Zn 等微量元素，微生物对它们的需求量很少，当使用合成培养基时，需要添加这些微量元素。

（四）生长因子

生长因子是指对细胞正常代谢必不可少且不能用碳源和氮源自行合成的微量有机物，主要包括各种氨基酸、嘌呤、嘧啶、维生素及它们的衍生物、脂肪酸及其他膜成分。一般在培养基中添加含有多种生长因子的天然原料的水解物，如酵母膏、玉米浆、麦芽汁、麸皮水解液等，以提供细胞生长繁殖所需的生长因子。

二、培养基的配制

培养基是人工配制的用来进行细胞培养及发酵生产各种目的产物的混合物。微生物的生长、代谢产物的形成、提取工艺的选择及产品的产量与质量等都受到培养基成分及配比的影响。培养基通常具备以下要求：①含有合成细胞组成的原料；②满足微生物代谢的基本要求；③具有合适的 pH。不同的微生物需要通过一系列的实验获得合适的培养基。在酶的发酵生产中，培养基的配制与灭菌是非常重要的环节。

工业发酵所用的培养基一般具备以下要求：①营养组成丰富，浓度适当，能满足菌

生素、氨基酸、有机酸和维生素等发酵产品均采用液态发酵法进行生产。

2．液态发酵的分类

1）*液体表面发酵法*　该法将已灭菌的液体培养基接入微生物菌种后装入可密闭的发酵箱内盘架上的浅盘中，液体厚 1～2cm，然后向盘架间通入无菌空气，通过浅盘内培养基的表面以供给氧气，并维持一定的温度进行发酵。

2）*液体深层通气发酵法*　该法是我国目前酶制剂发酵中应用最广泛的方法，所用的主要设备发酵罐是一个具有搅拌浆叶和通气系统的密闭容器。发酵罐的容量，国内多采用 10～5t，国外普遍用 100t 以上。目前从培养基灭菌、冷却到发酵都在同一罐内进行。

液体深层通气发酵法的液态培养基流动性大，对工艺条件如温度、溶解氧、pH 和营养成分等较易控制，有利于实现自动化，同时在密闭的发酵罐内纯种发酵，因而产酶纯度高、质量也较稳定，还具有机械化程度高、劳动强度小、设备利用率高等优点。

3．液态发酵工艺流程

液态发酵工艺流程如图 2-5 所示。

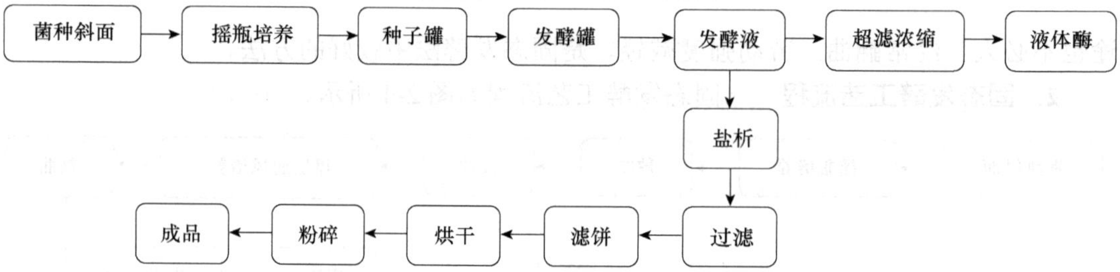

图 2-5　液态发酵工艺流程

数字资源 2-2

4．液态发酵的应用　液态发酵生产酶制剂，目前主要采用分批发酵法，同时连续发酵法也研究应用进展较快，连续发酵的成功实施将大大提高酶制剂工业的技术水平和经济效益（数字资源 2-2）。

三、酶发酵动力学

发酵动力学以研究发酵过程的反应速率和环境因素对反应速率的影响为主要内容，该研究有助于系统有效地控制发酵过程，动力学模型的建立可以帮助设计和控制微生物过程。细胞的生长、代谢是一个非常复杂的生物化学过程。因此要对这样一个复杂的体系进行精确的描述几乎是不可能的。为了工程上的应用，首先要将发酵过程进行合理的简化，在简化的基础上建立过程的物理模型，再据此推出数学模型。

（一）细胞生长动力学

在分批培养过程中，细胞生长一般要经历延迟期、对数期、稳定期和衰亡期 4 个阶段。

人们对细胞生长动力学的研究开始于 20 世纪 40 年代，法国的 Monod 于 1942 年首次提出了微生物生长的动力学方程：

$$\mu X=\frac{dX}{dt} \tag{2-1}$$

式中，μ 为比生长速率；X 为细胞浓度；t 为培养时间。

当培养物中只有一种限制性基质时，上述动力学方程可表示为

$$\mu=\frac{dX}{dt}\cdot\frac{1}{X}=\frac{\mu_{max}\cdot S}{K_s+S} \tag{2-2}$$

式中，μ_{max} 为最大比生长速率；S 为营养物浓度（生长限制基质浓度）；K_s 为莫诺德常数或饱和常数或营养物利用常数。

有时，高浓度的基质会对细胞的生长产生抑制，此时细胞的比生长速率可表示为

$$\mu=\frac{\mu_{max}}{1+K_s/S+S/K_{is}} \tag{2-3}$$

式中，K_{is} 为抑制常数。

（二）产物生成速率模型

1. 酶生物合成的模式　根据酶的合成与细胞生长之间的关系，可将酶的生物合成分为 3 种模式，即生长偶联型、部分生长偶联型和非生长偶联型。

1）生长偶联型　生长偶联型又称同步合成型，即酶的生物合成与细胞生长同步进行，如利用根霉生产脂肪酶、树状黄杆菌生产葡萄糖异构酶都属于生长偶联型酶。它的特点是酶的合成可以诱导，但不受分解代谢物阻遏和反应产物阻遏。当去除诱导物，细胞进入稳定期后，酶的合成立即停止，表明这类酶所对应的 mRNA 很不稳定。

在生长偶联型中还存在一种特殊的形式：中期合成型，即酶的合成在细胞生长一段时间后才开始，而在细胞生长进入稳定期以后，酶的合成随之停止，如利用枯草芽孢杆菌进行碱性磷酸酶的合成。它的特点是酶合成受产物的反馈阻遏或分解代谢物阻遏，所对应的 mRNA 也不够稳定。

2）部分生长偶联型　部分生长偶联型又称延续合成型，即酶的合成在细胞的生长阶段开始，在细胞生长进入平衡期后，酶还可以延续合成较长一段时间，如利用黑曲霉进行聚半乳糖醛酸酶的合成。它的特点是酶的合成可受诱导，一般不受分解代谢物和产物阻遏，所对应的 mRNA 相当稳定。

3）非生长偶联型　非生长偶联型又称滞后合成型，即只有当细胞生长进入平衡期后，酶才开始合成并大量积累，许多水解酶的生物合成都属于这一类型。它的特点是酶的合成受分解代谢物的阻遏作用，所对应的 mRNA 稳定性高。

2. 产酶动力学　产酶动力学主要研究细胞产酶速率及各种因素对产酶速率的影响。一般产酶动力学方程可表达为

$$\frac{dE}{dt}=(\alpha\mu+\beta)\cdot X \tag{2-4}$$

式中，X 为细胞浓度（g/L）；μ 为细胞比生长速率（h^{-1}）；α 为生长偶联的比产酶系数（IU/g）；β 为非生长偶联的比产酶速率［IU/（g·h）］；E 为酶浓度（IU/L）；t 为时间（h）。

根据细胞产酶模式的不同，产酶速率与细胞生长速率的关系也有所不同。

生长偶联型的酶，其产酶与细胞生长偶联，在稳定期产酶速率为 0 时，非生长偶联

比产酶速率 $\beta=0$，所以其产酶动力学方程可表示为

$$\frac{dE}{dt}=\alpha\mu X \tag{2-5}$$

部分生长偶联型的酶，酶在对数生长期和稳定期均可产酶，产酶速率是生长偶联与非生长偶联产酶速率之和，因此其产酶动力学方程可表示为

$$\frac{dE}{dt}=\alpha\mu X+\beta X \tag{2-6}$$

非生长偶联型的酶，生长偶联的比产酶系数 $\alpha=0$，所以其产酶动力学方程可表示为

$$\frac{dE}{dt}=\beta X \tag{2-7}$$

动力学模型对发酵过程分析、优化和控制等方面均有重要意义，然而实际的发酵过程是一个复杂的不断变化的过程，因此上述动力学方程的应用必须建立在取得大量实验数据的基础上，运用数学物理方法，对其进行分析和综合，对动力学模型进行修正和发展，得出比较切合实际过程的合理可行的动力学模型和方程。之后，还必须对动力学模型参数进行估算，由于实验中所观察到的现象以及所测量出的数据均受到各种客观条件和主观因素的影响，呈现出随机性，必须经过周密的分析和综合，找出其规律，才可能得到比较符合实际的参数值。

四、发酵条件对产酶的影响

微生物发酵的生产水平取决于生产菌种自身的特性，提供合适的发酵条件才能使它的生产能力充分表现出来，影响产酶的主要培养条件包括培养基 pH、培养温度、溶解氧等。

（一）pH

1．pH 对发酵的影响 微生物需要在特定的 pH 环境中方能正常生长繁殖，如果 pH 不合适，不但妨碍菌体的正常生长繁殖，而且改变其代谢途径和代谢产物的性质。一般细菌和放线菌的生长最适 pH 为中性或微碱性（pH 6.5～8.0），霉菌和酵母菌的生长最适 pH 为偏酸性（pH 4.0～6.0）。细胞发酵产酶的最适 pH 与生长最适 pH 往往有所不同，生产碱性蛋白酶最适 pH 为碱性（pH 8.5～9.0），生产中性蛋白酶的 pH 以中性或微酸性（pH 6.0～7.0）为宜，而酸性条件（pH 4.0～6.0）适合酸性蛋白酶的生产。

2．pH 的调控 在发酵过程中，必须对培养基的 pH 进行适当调控。调控 pH 的方法可以通过改变培养基的组分或比例，也可以使用缓冲液来稳定 pH，或者直接加入酸或碱来调控。以绿色木霉发酵产纤维素酶为例，纤维素酶系中的关键酶组分对 pH 敏感，最适 pH 在 4.8 左右；黑曲霉在起始 pH 4.0～7.0 的培养基上均可产生葡萄糖氧化酶，但是在 pH 为 4.0 和 7.0 时，酶的产率很低，在 pH 5.6 时菌丝酶活力达 6.29U/g，当 pH 为 6.5 时迅速降至 1.17U/g。

目前已比较成功地采用补料的方法来调节 pH。这种方法既可以达到稳定 pH 的目的，又可以不断补充营养物质，特别是对于能产生阻遏作用的物质，少量多次补加还可以解除对产物合成的阻遏作用，提高产物产量。

（二）培养温度

1. 温度对发酵的影响 细胞的生长繁殖和发酵产酶需要适宜的温度条件，微生物的生长和产物合成都是在各种酶的催化下进行的，温度是保证酶活力的重要条件，因此发酵系统中必须保证稳定且合适的温度环境。不同的细胞有各自不同的最适生长温度。例如，枯草芽孢杆菌的最适生长温度为34～37℃，黑曲霉的最适生长温度为28～32℃等。

2. 最适温度的选择与控制 细胞发酵产酶的最适温度与最适生长温度有所不同，而且往往低于最适生长温度。在有些酶的发酵生产过程中，要在不同的发酵阶段控制不同的温度，即在细胞生长阶段控制在细胞生长的最适温度，产酶阶段控制在产酶的最适温度。例如，耐冷蜡样芽孢杆菌 *B. cereus* SYPA3-2 能在0～38℃生长，最适生长温度为25℃，但最适产酶温度为15℃；黑曲霉菌种的培养温度在30～35℃，而产酶温度在25～37℃，如果在培养初期的15～20h将温度固定在30～35℃，以后降至30～31℃，产葡萄糖氧化酶量最高，将增加3～4倍。

（三）溶解氧

1. 溶解氧对发酵的影响 为了获得满足细胞生长和发酵产酶所需的能量，发酵过程中必须提供充足的氧气。但氧是一种难溶的气体，而且培养基中含有大量有机物和无机盐，因而在培养基中的溶解度很低，所以在发酵过程中需要连续不断地供给无菌空气，使培养基中的溶解氧保持在一定水平，以满足细胞生长和产酶的需要。

2. 溶解氧的调控 溶解氧的调控就是要根据细胞对溶解氧的需要量，连续不断地进行补充，使培养基中溶解氧保持恒定。不同的细胞呼吸强度各不相同，同种细胞不同的生长阶段呼吸强度也不同，一般处于对数生长期的细胞，呼吸强度较大；处于产酶高峰期，由于要合成大量的酶，能量需求大，呼吸强度也较大。

随着发酵过程的进行，细胞耗氧速率发生改变时，需要对溶氧速率进行相应地调控。调控溶解氧的方法主要有以下几种：调节通气量、调节氧的分压、调节气液接触时间、调节气液接触面积和改变培养基性质等。

第四节 酶合成的调节

酶是一种蛋白质，蛋白质的合成是一个十分复杂的过程，涉及三种 RNA（tRNA、mRNA 和 rRNA）、几种核苷酸（ATP、GTP、CTP 等）、一系列的酶及蛋白质的辅因子等，因此与蛋白质合成有关的调节和控制因素都会影响酶的产量。

一、酶合成调节的类型

酶合成调节主要有两种类型：酶的诱导和酶的阻遏。能够促进酶生物合成的现象，称为诱导；阻遏酶生物合成的现象，称为阻遏。

（一）酶的诱导

根据酶合成与环境影响的不同关系，可以将酶划分为组成酶和诱导酶两大类。组成酶是细胞固有的酶类，其合成与环境无关，随菌体生长而合成，在菌体内的含量相对稳定，如糖酵解途径有关的酶。诱导酶主要是当环境中存在诱导剂时才开始合成，一旦环境中无诱导剂时，酶的合成就会终止。例如，对数期的大肠杆菌培养基中加入乳糖时，会产生β-半乳糖苷酶和半乳糖苷通透酶等。

酶的诱导合成又可以分为两种：一种是同时诱导，是指在加入诱导物后，微生物可以同时诱导几种酶的合成，主要存在于短的代谢途径中。例如，在大肠杆菌培养基中加入乳糖时，会同时诱导β-半乳糖苷通透酶、β-半乳糖苷酶和半乳糖苷乙酰转移酶合成；另一种是顺序诱导，即先合成能够分解底物的酶，然后再依次合成分解中间代谢物的酶，主要用于较复杂的代谢途径的分段调节。例如，纤维素酶是一个由多种酶组成的体系，其诱导表达受到复杂的代谢调控。

（二）酶的阻遏

代谢途径中，当末端产物过量时，微生物的调节体系就会阻止代谢途径中包括关键酶在内的一系列酶的合成，从而限制该代谢途径，减少末端产物生成，这种现象称为酶合成的阻遏。酶合成的阻遏类型主要有分解代谢物阻遏和反馈阻遏两种。

1．分解代谢物阻遏　当细胞内同时存在两种可利用底物（碳源或氮源）时，利用快的底物会阻遏与利用慢的底物有关酶的合成。由于这种阻遏并不是快速利用的底物直接作用的结果，而是由这种底物分解过程中产生的中间代谢物引起的，所以称为分解代谢物阻遏。例如，大肠杆菌在含乳糖和葡萄糖的培养基中生长时，它会优先利用葡萄糖，并只有当葡萄糖耗尽后才开始利用乳糖，会出现“二次生长现象”。

2．反馈阻遏　酶合成的反馈阻遏又称为末端代谢产物阻遏，是指由于某代谢途径末端产物的过量积累而引起酶合成的（反馈）阻遏，通常发生在合成代谢中。例如，往大肠杆菌的培养基中加入精氨酸会阻遏精氨酸合成酶系（氨甲酰基转移酶、精氨酸代琥珀酸合成酶和精氨酸琥珀酸裂合酶）的合成；许多杆菌在含有过量氨基酸的培养基中不产生蛋白酶，去除培养基中的这些氨基酸后能大幅度提高酶的产量。

在细菌中，葡萄糖对纤维素酶的合成存在阻遏作用，该阻遏作用是由一种阻遏蛋白与靶基因启动子上游一段特异性核苷酸基序（motifs）的相互作用调控的，在黑曲霉和酵母菌中也有类似发现。已证实：黑曲霉（*Aspergillus niger*）、构巢曲霉（*Aspergillus nidulans*）和酿酒酵母（*Saccharomyces cerevisiae*）中均有葡萄糖阻遏效应的阻遏蛋白，分别为CREA和MIGI。

二、酶合成的调节机制

（一）原核生物中酶合成的调节与控制

对于原核生物而言，转录水平的调节是主要的，翻译水平的调节影响比较小。原核生物的转录控制主要通过操纵子（operon）实现，操纵子又可分为诱导型操纵子和阻遏型操纵子。

1．诱导型操纵子　诱导型操纵子同时具有分解代谢物阻遏作用和诱导作用，常见的诱导型操纵子有乳糖操纵子、半乳糖操纵子、阿拉伯糖操纵子等。以乳糖操纵子

（图 2-6）为例进行说明：乳糖操纵子由调控元件 *P*（启动子）、*O*（操纵基因）及结构基因［*lacZ*（编码β-半乳糖苷酶）、*lacY*（编码半乳糖苷通透酶）和 *lacA*（编码硫代半乳糖苷乙酰转移酶）］构成。在无诱导物存在时，调节基因产生的阻遏蛋白与操纵基因结合，使结构基因不能正常转录，酶的合成受阻。在有诱导物（乳糖或 IPTG）存在时，诱导物可与阻遏蛋白结合，使阻遏蛋白的结构发生改变，不能与操纵基因结合，RNA 聚合酶通过启动子和操纵基因进行转录，合成结构基因所对应的三种酶类。

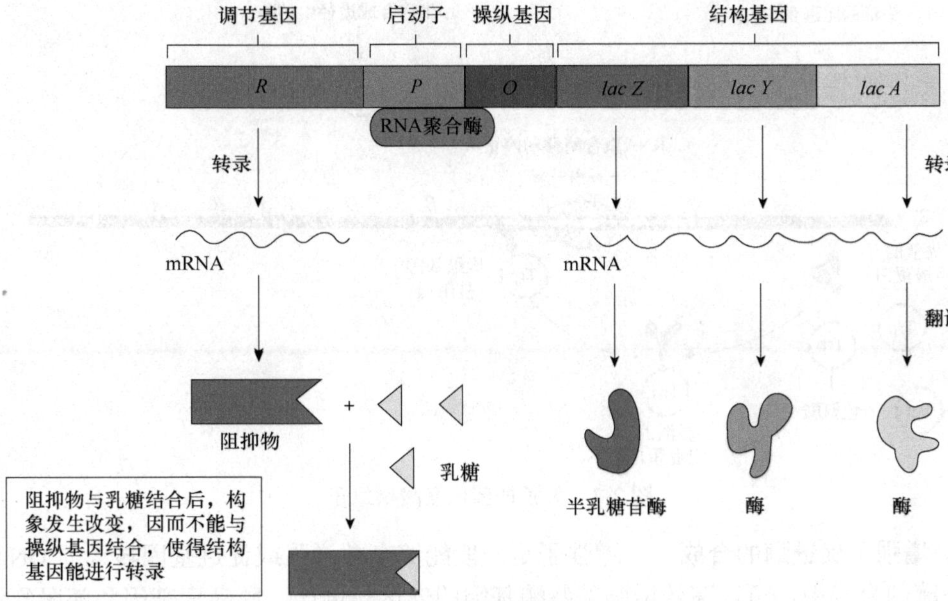

图 2-6　大肠杆菌乳糖操纵子

2．阻遏型操纵子　阻遏型操纵子同时具有操纵基因的调节和弱化子的调节两种反馈阻遏作用，常见的阻遏型操纵子有色氨酸操纵子、组氨酸操纵子、苯丙氨酸操纵子、亮氨酸操纵子、苏氨酸操纵子、异亮氨酸操纵子等。以色氨酸操纵子（图 2-7）进行说明：在没有共阻遏物（色氨酰-tRNATrp）存在时，调节基因产生的阻遏蛋白不能与操纵基因结合，RNA 酶可以与启动基因结合，进行转录，合成结构基因所对应的酶类；当环境中存在色氨酸时，阻遏蛋白与操纵基因结合，使转录无法进行，酶的合成因此受到阻遏。

（二）真核生物中酶合成的调节与控制

真核微生物产酶的基因水平调节和控制与原核生物有很大的差别，其调节和控制机制也比原核生物复杂得多，但是到目前为止，还没有统一的理论和模型来阐述真核生物中酶合成的调节机制。下面从基因扩增加速酶的合成、增强子促进酶的合成两个方面来介绍真核生物中酶合成的调节机制。

1．基因扩增加速酶的合成　基因扩增发生在个体发育的某一阶段或在细胞分化的某一过程，是通过增加基因数量调节基因表达的一种方式，在特殊条件下发生可以使酶的合成大量增加。例如，中国田鼠细胞在含有氨甲基蝶呤的培养基中生长时，细胞中编码二氢叶酸还原酶的基因会急速扩增，在短时间内合成大量的二氢叶酸还原酶。

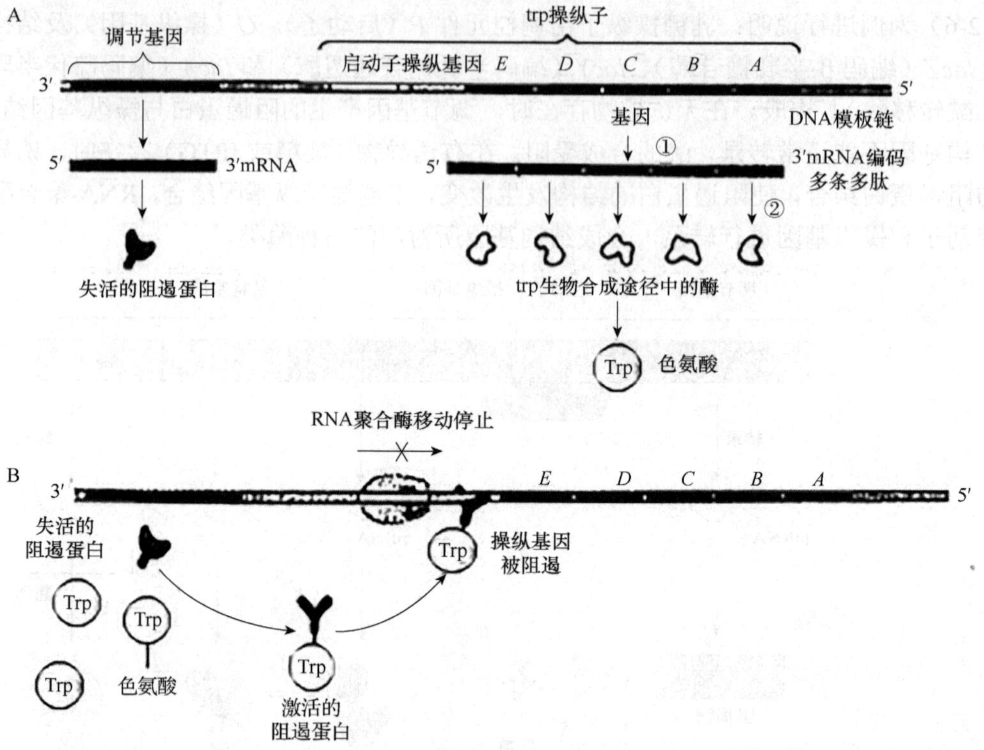

图 2-7　大肠杆菌色氨酸操纵子

2．增强子促进酶的合成　增强子是一段能够高效增强或促进基因转录的 DNA 序列，在酶的合成中，可以高效增强某些酶基因的表达。例如，胰岛素基因和胰凝乳蛋白酶基因的增强子均能明显促进氯霉素乙酰转移酶基因在胰细胞中的表达。

增强子能够促进同源或者异源基因的转录，但是由于许多增强子具有细胞或者组织特异性，所以其增强效果有所不同。例如，胰岛素基因增强子在胰腺细胞中优先促进氯霉素乙酰转移酶基因的转录，而胰凝乳蛋白酶基因增强子则优先在分泌胰凝乳蛋白酶的细胞中促进氯霉素乙酰转移酶基因的表达。

通过基因水平酶合成调节和控制机制的研究可以为产酶菌种的选育和产酶工艺条件的优化提供方向，从而大大加快菌种选育的进度，并大幅度提高酶的产量。

第五节　提高发酵产酶的措施

在酶的发酵生产过程中，除了选择产酶的优良菌种或细胞，提供必要而合理的营养物质（培养基）并且控制好发酵条件以外，还可以采取一些其他措施来提高酶的产量，如补料发酵、添加诱导物、降低阻遏物浓度、添加表面活性剂、添加产酶促进剂等。

一、补料

（一）补料对发酵的影响

补料发酵就是指在分批发酵过程中，间歇或连续地补加含有限制性营养成分的新鲜培养基。发酵类型按补料方式分，有连续补料、不连续补料和多周期补料；按补料的组分分，可分为完全补料（补入完全的培养基）和半分批补料（补入一种或几种营养成分）；按补料控制方式分，有反馈控制补料和无反馈控制补料，反馈控制补料还可分为直接控制补料和间接控制补料；按反应器数目分，有单级和多级之分；按反应器中发酵液体积变化分，有变体积补料和恒体积补料。合适的补料工艺能够有效地控制微生物的中间代谢，使之向着有利于产物积累的方向进行。

（二）补料发酵的控制

补料发酵的控制方法主要有两种，一种是无反馈控制的补料，另一种是通过实际发酵过程中的在线检测，以某些参数的变化为反馈标志进行补料（数字资源 2-3），见表 2-1。

数字资源 2-3

表 2-1　补料分批培养的流加技术

补料技术		注解
非反馈补料	恒速补料	预先设定的恒定的营养流加速率，细菌的比生长速率逐渐下降，菌体密度呈线性增加
	变速补料	在培养过程中流加速率不断增加（梯度、阶段、线性等），细菌比生长速率在不断改变
	指数补料	流加速率呈指数增加，比生长速率为恒定值，菌体密度呈指数增加
反馈补料	恒 pH 法	在线检测葡萄糖或甘油浓度控制碳源的浓度。通过 pH 的变化，推测细菌的生长状态，调节流加葡萄糖速率，调节 pH 为恒定值
	恒溶解氧法	以溶解氧为反馈指标，根据溶解氧的变化曲线调整碳源的流加量
	菌体浓度反馈	通过检测菌体的浓度，拟合营养的利用情况，调整碳源的加入量
	CER 法	通过检测二氧化碳的释放率（CER），估计碳源的利用情况，控制营养的流加
	DO-Stat 法	通过控制溶解氧、搅拌和补料速率，维持恒定的溶解氧，控制减少有机酸的生成

二、添加酶的诱导物提高产量

在酶的发酵生产过程中，在某个适当的时机添加适量的诱导物，可以显著提高酶的产量。通常，各种酶的诱导物各不相同，但有时一种诱导物可以诱导同一酶系的若干种酶的合成。

酶的诱导物主要分为 3 类：酶的作用底物、酶的催化反应产物及酶作用底物的类似物。

（一）酶的作用底物

许多诱导酶可以由其作用底物诱导产生。例如，微晶型纤维素可以诱导纤维素酶的合成；β-葡聚糖对产 β-葡聚糖酶具有诱导作用。果胶酶、青霉素酶、右旋糖苷酶、淀粉酶、蛋白酶等均可以由各自的作用底物诱导产生；酪蛋白和谷蛋白是蛋白酶最有效的诱导物，分别可以使产量提高 59%和 77%。

（二）酶的催化反应产物

有些酶可以由其催化反应产物诱导产生。例如，纤维二糖可以诱导纤维素酶的生物合成；半乳糖醛酸是果胶酶催化果胶水解的产物，可以作为诱导物诱导果胶酶的生物合成。

（三）酶作用底物的类似物

研究表明，有些酶的最有效诱导物往往不是酶的作用底物，也不是酶的反应产物，而是可以与酶结合、但不能被酶催化的底物类似物。异丙基硫代-β-D-半乳糖苷（IPTG）是一种非常高效的非代谢性的乳糖启动子诱导剂，可以直接进入大肠杆菌细胞内部而发挥诱导作用，不会被菌体所消耗，且只需极少量就能稳定地诱导乳糖启动子转录。

三、降低阻遏物浓度

阻遏物对酶的合成产生阻遏作用。阻遏物的存在，会导致该酶的合成受阻或产酶量降低。因此在酶的发酵生产过程中，必须设法解除或降低阻遏物对酶合成的影响。

降低阻遏物的浓度是解除或降低阻遏作用的关键。例如，枯草芽孢杆菌碱性磷酸酶的生物合成受到其反应产物无机磷酸的阻遏，当培养基中无机磷酸浓度超过 1.0mmol/L 时，该酶生物合成完全受到阻遏，当无机磷酸含量降低至 0.01mmol/L 时，阻遏解除，该酶可以正常合成。再如，β-半乳糖苷酶受葡萄糖引起的分解代谢物阻遏作用，当有葡萄糖存在时，即使添加诱导物 β-半乳糖苷酶也无法大量合成，只有当培养基中不存在葡萄糖或葡萄糖被利用完后，该酶才可以正常合成。

对于受代谢末端产物阻遏的酶，可以通过控制末端产物浓度的方法使阻遏解除，以及用其他物质代替阻遏物或者改变发酵工艺来减少末端产物对产酶的阻遏。例如，菌种 H325-13 发酵生产 β-葡聚糖酶时，采用二步发酵法改变发酵工艺减少末端产物的阻遏，将产酶菌种的营养生长和产酶发酵过程分开进行，与一步发酵法相比提高了 11.36 个酶活力单位；直链麦芽低聚糖是阻遏 *B. macorous* WSH 02-06 合成 γ-环糊精葡萄糖基转移酶（γ-CGT 酶）的淀粉分解代谢产物，采取指数流加发酵的方法，通过底物流加速率控制可基本实现对细胞最大比生长速率的限制，从而将直链麦芽低聚糖的阻遏作用有效地控制在较低水平，酶产量得到显著提高。

为了解除或减少分解代谢产物阻遏作用，应当控制培养基中葡萄糖等易利用碳源的浓度，可以采用补料、分批流加碳源等方法，控制碳源的浓度在较低的水平，这样有利于酶产量的提高。

四、添加表面活性剂

（一）表面活性剂的性质和分类

表面活性剂是一种两亲性分子，含有一个疏水基团和一个亲水基团，兼具疏水基团和亲水基团的两性分子的结构特征，可以降低界面能量（界面张力）或表面张力，这也是表面活性剂独有的特性，这种特性使得表面活性剂具有极其广泛的应用，包括乳化、发泡、去污、浸润、分散和增溶等。表面活性剂分为离子型表面活性剂和非离子型表面活性剂，脂肪酸、磺酸盐和季铵盐等是常见的离子型表面活性剂。不能电离生成离子的为非离子型表面活性剂。乙氧基化合物、氧化乙烯、氧化丙烯、山梨酸糖脂等是常见的非离子型表面活性剂。

（二）表面活性剂的应用

目前国内外对于添加表面活性剂发酵产酶的研究报道也比较多，如添加 Triton X-100 对大肠杆菌生产 α-环糊精葡萄糖基转移酶有明显的促进作用，当添加浓度分别为 0.5%、1%和 2%时，胞外酶活力分别比对照组提高了 12.97 倍、8.7 倍和 12.3 倍；张志波等（2007）研究表明，添加 0.05%的表面活性剂 Tween-80 能使放线菌栗褐链霉菌分泌淀粉酶、蛋白酶和半纤维素酶最高酶活力分别提高 46.5%、65.9%和 70.5%。Ebune 等（1995）研究表明，添加表面活性剂 Tween-80 和油酸钠对提高植酸酶的产率具有良好效果，而加入 Trinton X-100 的发酵体系中所得植酸酶的产率下降。

表面活性剂的作用机制目前尚不清楚，但有人认为可能是由于以下原因所致：①表面活性剂能改变细胞膜的通透性，使细胞内的酶更易透过细胞膜而分泌到细胞外，从而提高了酶产量；②表面活性剂能提高酶的稳定性；③表面活性剂改善了氧在气液界面的传递速率而提高了产酶能力。

五、添加其他产酶促进剂

产酶促进剂是指可以促进产酶，但是作用机制未阐明清楚的物质。在酶的发酵生产过程中添加适量的产酶促进剂可以提高酶的产量。例如，黑曲霉 SL-09 产菊粉酶，蔗糖脂肪酸酯是一种菊粉酶促进剂，其亲水的蔗糖残基暴露在外面、吸附在真菌菌丝体表面，作为持续刺激信号促进细胞不断合成用于生产菊粉酶的 mRNA 的合成；在生产霉菌蛋白酶或者桔青霉磷酸二酯酶时，添加一定量的植酸钙镁可以使酶的产量提高 1～20 倍。

产酶促进剂对不同的细胞、不同的酶作用效果各不相同，目前作用机制尚未阐明，只能通过实验确定需要添加的产酶促进剂的种类和浓度。

思 考 题

1. 简述微生物发酵产酶的一般工艺流程图，并分析如何在每一步流程中提高产酶效率。
2. 原核生物酶合成调节控制模式的实质是什么？在酶的发酵生产中如何运用？
3. 在碳源的选择和使用上，如何注意酶生物合成的调节作用？
4. 在酶的发酵生产中，有哪些措施可以提高酶的产量？
5. 何为操纵子？简述大肠杆菌乳糖操纵子的诱导产酶机制。

主要参考文献

曹利群．2009．高产 β-葡聚糖酶菌种选育及产酶条件研究．重庆：西南大学硕士学位论文．

陈亮，任随周，许玫英，等．2009．乳糖替代 IPTG 诱导脱色酶 *TpmD* 基因在大肠杆菌中的高效表达．微生物学通报，36（4）：551-556．

冯月，蒋建新，朱莉伟，等．2009．表面活性剂 Tween 80 及皂荚皂素对纤维素酶活力促进作用的研究．林产化学与工业，29：154-158．

耿冰，郭美锦，张嗣良，等．2008．pH 值对绿色木霉产纤维素酶的影响．工业微生物，38（5）：1-6．

郭勇．2004．酶工程．北京：科学出版社．

郝常明，赵建锋，黄雪菊．2007．生物发酵染菌问题的探讨．医药工程设计，28（2）：11-15．

贺小贤. 2003. 生物工艺原理. 北京：化学工业出版社.

黄雪菊，郝常明. 2007. 阿维菌素发酵染菌问题的探讨. 农药，10：659-662.

贾新成，陈红歌. 2008. 酶制剂工艺学. 北京：化学工业出版社.

李素荣，袁晓明. 2009. 抗生素菌种制备过程中染菌的防治. 河北化工. 32（1）：38-39.

刘守安，李多川，张燕，等. 2006. 嗜热毛壳菌 CT2 纤维二糖水解酶 I 在毕赤酵母中的高效表达. 菌物学报，25（2）：256-262.

刘振祥，尹业华. 2006. 菌种生产过程中的杂菌污染与防治对策. 湖北植保，6：30-31.

刘振宇. 2006. 发酵工程技术与实践. 上海：华东理工大学出版社.

罗立新，娄文勇. 2008. 酶制剂技术. 北京：化学工业出版社.

裴云. 2008. 不同碳源条件下草菇葡聚糖内切酶诱导表达的分析. 南京：南京林业大学硕士学位论文.

任玮. 2008. 产菊粉酶微生物水解菊芋粉的应用研究. 无锡：江南大学博士学位论文.

任晓冬. 2005. 重组嗜热酯酶工程菌的发酵工程研究. 长春：吉林大学博士学位论文.

史劲松，陶文沂，许正宏，等. 2005. 温度和氮源对耐冷蜡状芽孢杆菌产冷适蛋白酶的影响. 南京师范大学学报，28（4）：77-82.

王峰，堵国成，顾正彪，等. 2008. *Bacillus macorous* 合成 γ-CGT 酶过程中阻遏效应与指数流加发酵. 过程工程学报，8（1）：109-114.

王福源. 2006. 生物工艺技术. 北京：中国轻工业出版社.

吴丽洁，林连兵，陈克利，等. 2008. 不同诱导物对白腐菌 XG8 菌株产漆酶的影响. 昆明理工大学学报，33（6）：94-97.

夏世仁，欧国兵，童刚平. 2007. 酸奶发酵过程中防止噬菌体感染的措施. 中国奶牛，6：49-51.

杨志平，王筱兰，孙兵兵. 2007. GL-7ACA 酰化酶基因工程菌（*E. coli* BL21（DE3）Pyw-GA）发酵工艺的优化. 南昌大学学报（工科版），29（3）：229-233.

叶春苗，陈丽，王淑琴，等. 2008. 表达金丝桃素合成酶的基因工程菌发酵工艺研究. 中国酿造，184：39-41.

余龙江. 2006. 发酵工程原理与技术应用. 北京：化学工业出版社.

张志波，曾光明，时进钢，等. 2007. 表面活性剂对栗褐链霉菌（*Streptomyces badius*）产酶的影响. 高技术通讯，l7（9）：962-967.

张志东，王玮，茆军，等. 2009. 低温淀粉酶发酵动力学模型的研究. 食品科学，30（3）：137-140.

Ebune A, Asheh S, Duvnjak Z. 1995. Efects of phosphate, surfactants and glucose on phytase production an hydrolysis of phytic acid in canola meal by Aspergillus ficuum during solid-state fermentation. Bioresource Technology, 54(3): 241-247.

Harsh P B, Ramaro V, Christopher B, et a1. 2003. Molecular and biochemical characterization of an enzyme responsible for the formation of hypericin in St. John's Wort (*Hypericmn pcrforatum* L.). J Biol Chem, 278(34): 32413-32422.

Jecu L. 2000. Solid state fermentation of agricultural wastes for endoglucanase production. Industrial Crops and Products, 11: 1-5.

Kashyap P, Sabu A, Pandey A. 2002. Extra-cellular L-glutaminase production by *Zygosaccharomyces rouxii* under solid-state fermentation. Process Biochmistry, 38: 307-312.

Malarvizhi K, Murugesan K, Kalaichelvan P T. 2003. Xylanase production by *Ganoderma lucidum* on liquid and solid state fermentation. Indian Journal of Experimental Biology, 41(6): 620-626.

Pinsach J, de Mas C, Lopez-Santin J. 2006. A simple feed back control of *Escherichia coli* growth for recombinant aldolase production in fed-batch mode. Biochemical Engineering Journal, 29(3): 235-242.

Ravindran B, Ganesh-Kumar A, Aruna-Bhavani P S. 2011. Solid-state fermentation for the production of alkaline protease by Bacillus cereus 1173900 using proteinaceous tannery solid waste. Current Science, 100(5): 726-730.

第三章 酶的提取与分离纯化

酶的分离纯化工作，是酶学研究的基础，也是酶工程的主要内容之一。从概念上讲，酶的分离纯化是指将酶从细胞或其他含酶的原材料中提取出来，再与杂质分开，从而获得符合使用目的、有一定纯度和浓度的酶制剂的过程。合理设计和优化分离纯化过程可以降低生产成本，有利于酶制剂的工业生产。

酶分离纯化过程主要包括：粗酶液的制备、酶的分离纯化、酶浓缩、结晶与干燥等工艺。酶的来源不同，其理化特性不同，分离纯化过程也各异。图 3-1 表述了酶的提取、分离纯化技术路线。

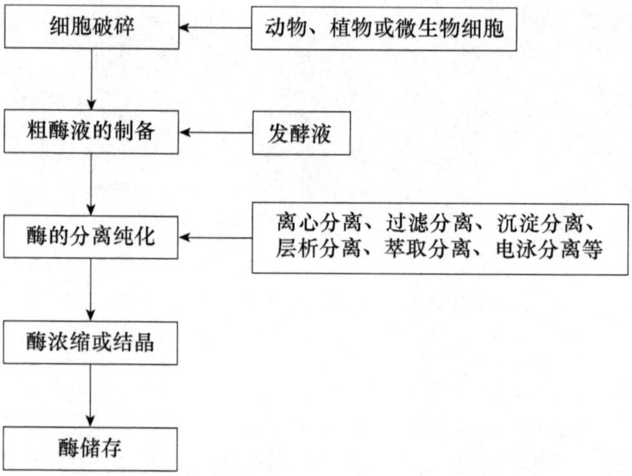

图 3-1 酶的提取、分离纯化技术路线

第一节 粗酶液的制备

对于分泌于细胞外的酶，酶的提取过程较为简单，只需通过离心操作，去除细胞体，收集细胞发酵液。许多酶存在于细胞内，称为胞内酶，为了提取这些胞内酶，首先需要对细胞进行破碎处理。

一、细胞破碎法

（一）破碎方法

不同微生物细胞壁的组成及结构差异较大，因而细胞破碎的方法各异。表 3-1 列举了多种细胞破碎方法的作用机制及其适用性。大部分酶类等蛋白质类物质必须在一定的盐离子浓度和一定 pH 范围内才稳定。因此，细胞破碎都需要在一定的缓冲液中进行，有时还需要加入保护剂，防止酶分子降解与变性失活。

表 3-1　细胞破碎法分类

分类		作用机制	适应性
机械法	球磨法	固体剪切作用	破碎率较高，可较大规模操作，大分子目的产物易失活，浆液分离困难
	高压匀浆法	液体剪切作用	破碎率较高，可较大规模操作，不适合丝状菌和革兰氏阳性菌
	超声破碎法	液体机械法剪切作用	对酵母菌效果较差，破碎过程升温剧烈，不适合大规模操作
	X 压碎器法	固体剪切作用	破碎率高，大分子物质活性保留率高，不适应对冷冻敏感的目的产物的分离
非机械法	酶溶法	酶分解作用	具有高度专一性，条件温和，浆液易分离，溶酶价格高，通用性差
	化学渗透法	改变细胞膜的渗透性	具有一定选择性，浆液容易分离，但释放率低，通用性差
	渗透压法	渗透压剧烈改变	破碎率较低，常与其他方法结合使用
	冻结融化法	反复冻结-融化	破碎率较低，不适合对冷冻敏感的目的产物
	干燥法	改变细胞膜渗透性	条件变化剧烈，易引起大分子物质失活

（二）破碎率的测定

细胞破碎率定义为被破碎细胞的数量（N）占原始细胞数量（N_0）的百分比数，计算公式为 $S=[(N_0-N)/N_0]\times 100$。细胞破碎率是一个重要的生物学指标，用于评估细胞在特定条件下破碎的程度。该指标可以评估不同处理方法对细胞完整性的影响，从而优化实验条件或方法。通过这个公式，可以计算出破碎的细胞数量占原始细胞数量的百分比，从而量化细胞的破碎程度。

在实际操作中，破碎率可以通过多种方法进行，破碎过程要尽量提高细胞破碎率，使目的蛋白释放到溶液中。目前测定破碎率的方法主要有以下 3 种。

（1）直接测定法：通过测定细胞破碎前后细胞数计算破碎率。

（2）目的产物测定法：通过测定破碎液中目的产物的释放量来计算破碎率。

（3）电导率测定法：利用测定破碎前后电导率的变化，快速测定破碎率。

二、溶液提取法

酶的溶液提取是指在一定的条件下，用适当的溶剂或溶液处理含酶原料，使酶充分溶解到溶剂或溶液中的过程，也称为酶的抽提。酶提取时应根据酶的结构和溶解性质，选择适当的溶剂。通常可用水或稀酸、稀碱、稀盐溶液等进行提取，有些酶与脂质结合或含有较多的非极性基团，则可用有机溶剂提取。为了提高酶的提取率并防止酶的变性失活，在提取过程中还要注意控制好温度、pH 等提取条件。表 3-2 中列举了粗酶液的几种主要溶液提取方法及适用对象。

表 3-2 粗酶液的溶液提取法

提取方法	溶剂或溶液	提取对象
盐提取	0.02～0.5mol/L 盐溶液	用于提取在低浓度盐溶液中溶解度较大的酶，如固体发酵生产麸曲中的淀粉酶、蛋白酶等胞外酶以及核酸类酶等
酸提取	pH 2～6 酸溶液	用于提取在稀酸溶液中溶解度大，且稳定性较好的酶，如胰蛋白酶
碱提取	pH 8～12 碱溶液	用于提取在稀碱溶液中溶解度大且稳定性较好的酶，如细菌 L-天冬酰胺酶
有机溶剂提取	可与水混溶的有机溶剂	用于提取那些与脂质结合牢固或含有较多非极性基团的酶，如胆碱酯酶、琥珀酸脱氢酶、细胞色素氧化酶和激素等

第二节 酶的分离纯化

酶的分离纯化方法主要有沉淀分离、离心分离、过滤分离、层析分离、萃取分离和电泳分离等。

一、沉淀分离

沉淀分离是通过改变某些条件或添加某种物质，使酶的溶解度降低，从溶液中沉淀析出，从而达到与其他溶质分离的技术过程。沉淀以浓缩为主要目的，或用于除去留在液相或固相中的非必要成分。在蛋白质和酶的分离纯化过程中，常采用的沉淀分离方法有盐析沉淀法、等电点沉淀法、有机溶剂沉淀法、复合沉淀法和选择性变性沉淀法等。表 3-3 列举了常用沉淀分离方法及其原理。

表 3-3 常用沉淀分离方法及其原理

沉淀分离方法	分离原理
盐析沉淀法	利用不同蛋白质在不同的盐浓度条件下溶解度不同的特性，通过添加一定浓度的中性盐，使酶或杂质从溶液中沉淀析出
等电点沉淀法	利用两性电解质在等电点时溶解度最低，以及不同的两性电解质有不同的等电点这一特性，通过调节溶液的 pH，使酶或杂质沉淀析出
有机溶剂沉淀法	利用酶与其他杂质在有机溶剂中的溶解度不同，通过添加一定量的某种有机溶剂，使酶或杂质沉淀析出
复合沉淀法	在酶液中加入某些物质，使它与酶形成复合物而沉淀
选择性变性沉淀法	选择一定的条件使酶液中存在的某些杂质变性沉淀，而不影响所需的酶

（一）盐析沉淀法

盐析法是粗分离蛋白质的重要方法之一。许多蛋白质在纯水或低盐溶液中溶解度较低，若稍加一些无机盐则溶解度增加，这种现象称为“盐溶”。而当盐浓度继续增加到某一浓度时，蛋白质溶解度降低，从溶液中自动析出，这种现象称为“盐析”。盐析是一个可逆的过程，蛋白质沉淀后仍可溶解在水中，不影响其性质。原理是：蛋白质是亲水胶体，表面分布着各种亲水基团（如—COOH、$—NH_2$、—OH 等），这些基团与极性水分子形成水化层，包围于蛋白质分子周围形成 1～100nm 大小的亲水胶体，蛋白质分子表面的亲水基团越多，水化层越厚，蛋白质分子的溶解度也越大；同时，蛋白质分子表面带有一定的电荷，因同种电荷相互排斥，使蛋白质分子彼此分离；当加入少量盐时，蛋白质分子上的极性基团增多，因而蛋白质在水中溶解度增大，出现“盐溶”现象。但当盐浓度增加到一定浓度时，中性盐对水分子的亲和力大于蛋白质，一方面盐分子与大量的水结合，抢夺本来与蛋白质分子结合的自由水，导致蛋白质分子周围的水化层减弱乃至消失；另一方面，高浓度的中性盐溶液中存在大量的正负电荷，它们能中和蛋白质分子表面的电荷，使蛋白质分子间的静电排斥作用减弱甚至消失，使蛋白溶解度降低，蛋白质分子之间聚集而沉淀，出现“盐析”现象。各种蛋白质“盐析”出来所需的盐浓度不同，盐析所需的最小盐量称为盐析浓度。盐析法就是通过控制盐的浓度，使蛋白质混合溶液中的各个成分分步“盐析”出来，达到分离蛋白质的目的。其机制如图 3-2 所示。

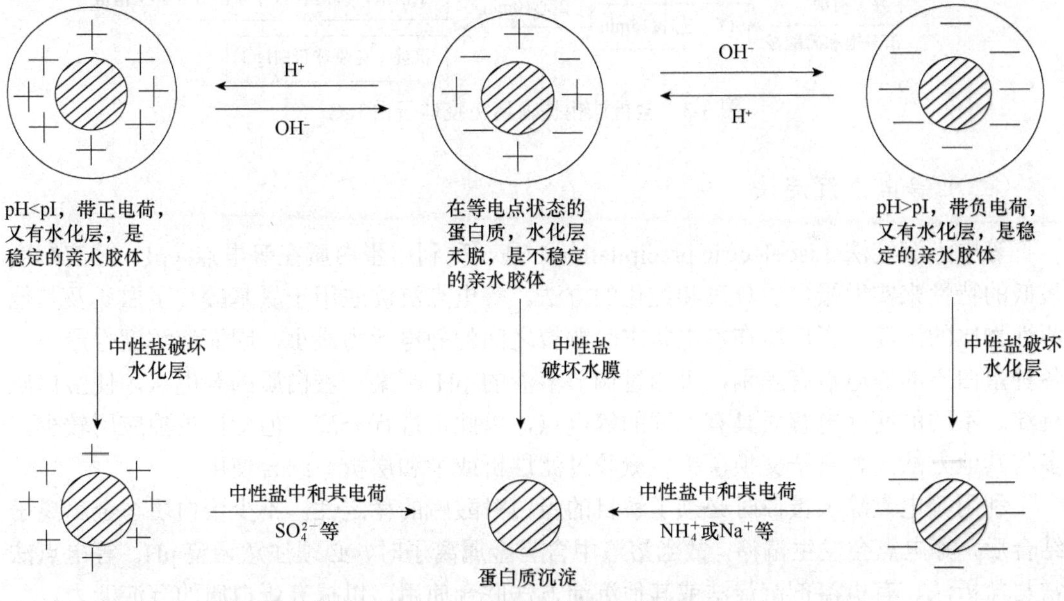

图 3-2　盐析沉淀机制示意图

多种中性盐，如硫酸钠、硫酸镁、硝酸铵、氯化钠、磷酸钠和硫酸铵等均可用于盐析沉淀蛋白质，应用最广的是硫酸铵。因为硫酸铵有许多其他盐所不具备的优点。例如，在水中化学性质稳定；溶解度大，25℃时能达到 4.1mol/L；溶解度的温度系数变化较小，在 0～30℃范围内溶解度变化不大，如 25℃时饱和溶解度为 4.12mol/L，0℃时饱和溶解度为 3.9mol/L；硫酸铵价廉易得，性质温和，即使浓度很高也不会影响蛋白质的生物学活性。所以，现在所指的盐析法多为硫酸铵盐析法。硫酸铵的加入有以下方法：①固体盐法，用于要求饱和度较高而不增加溶液体积；②饱和溶液法，用于要求饱和度不高而原溶液体积不大；③透析平衡法，先将盐析样品装于透析袋中，然后浸入饱和硫酸铵中进行透析，透析袋内硫酸铵饱和度逐渐提高，达到设定浓度后，目的蛋白析出，停止透析。

盐析的一般操作步骤是：选择一定浓度范围的盐溶液（如 0～25%饱和度的硫酸铵）使部分杂蛋白呈“盐析”状态，从溶液中沉淀出来，经离心去除，而目的蛋白呈盐溶状态，存在于上清液中。增加盐浓度（如 25%～60%饱和度的硫酸铵），使得目的蛋白呈“盐析”状态，从溶液中分离出来。适当的盐析条件，包括蛋白质浓度、离子强度和类型、

pH和温度是影响盐析效果的主要因素。例如，蛋白质浓度过高可能导致严重的共沉淀作用，而低浓度则需要更多的盐，但共沉淀作用较少。图3-3所示为盐析法粗提血清免疫球蛋白IgG的实例。

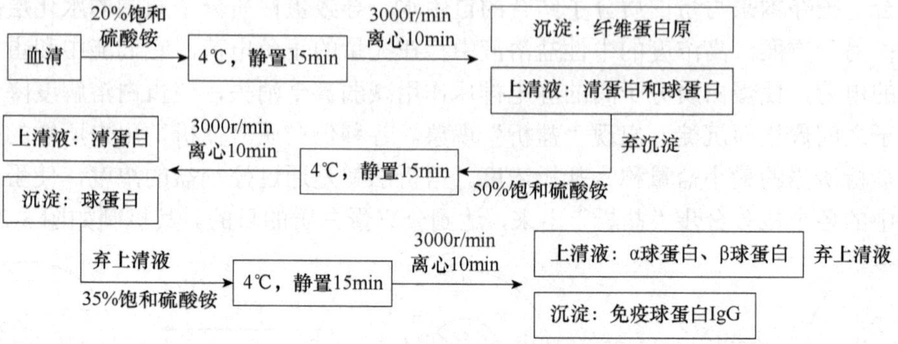

图3-3　盐析法粗提血清免疫球蛋白IgG

（二）等电点沉淀法

等电点沉淀法（isoelectric precipitation）是一种利用蛋白质在等电点（pI）时溶解度最低的特性来实现蛋白质分离和纯化的方法。等电点沉淀法用于氨基酸、蛋白质及其他两性物质的沉淀。蛋白质在静电状态时颗粒之间的静电斥力最小，因而溶解度也最小。各种蛋白质的等电点有差别，可通过调节溶液的pH至某一蛋白质的等电点，使蛋白质沉淀。不同的两性电解质具有不同的等电点，以此可进行分离。但此法单独应用较少，多与其他方法（如离子交换层析、凝胶过滤层析或亲和层析）结合使用。

利用等电点除杂蛋白时必须了解目的蛋白对酸碱的稳定性。不少蛋白质与金属离子结合后，等电点会发生偏移，故当溶液中含有金属离子时，必须注意调整pH。等电点法常与盐析法、有机溶剂沉淀法或其他沉淀方法联合使用，以提高蛋白质的沉淀能力。

例如，工业生产纯化胰岛素时，胰岛素的等电点为5.3，在工业生产分离过程中，根据等电点的差异去除碱性与酸性杂蛋白。先调pH至8.0左右进行等电点沉淀，除去共存的碱性蛋白质，再调pH至3.0进行等电点沉淀，除去共存的酸性蛋白质。留存在溶液中的物质即为胰岛素。该制备方法简单高效，适用于工业放大生产胰岛素。

（三）有机溶剂沉淀法

有机溶剂沉淀法是一种利用有机溶剂降低蛋白质溶解度，从而实现蛋白质分离和纯化的方法。有机溶剂之所以能使酶沉淀析出，是由于有机溶剂的存在会使溶液的介电常数降低，导致具有表面水化层的蛋白质分子脱水，相互聚集，最后析出。溶液的介电常数降低，就使溶质分子间的静电引力增大而易于凝集。同时，对于具有水化层的酶蛋白分子来说，有机溶剂与水互相作用，使溶质分子表面的水化层破坏，也使其溶解度降低而沉淀析出。该法的优点在于：①分辨能力比盐析法高，即蛋白质或其他溶剂只在一个比较窄的有机溶剂浓度范围内沉淀；②沉淀不用脱盐，过滤较为容易；③在生化制备中应用比盐析法广泛。其缺点是对具有生物活性的大分子容易引起变性失活，操作要求在低温下进行。常用于酶沉淀分离的有机溶剂有乙醇、丙酮、异丙醇、甲醇等。有机溶剂沉淀法特别适用于那些难以通过盐析或等电点沉淀法分离的蛋白质。由于有机溶剂可能对蛋白质结构和功能产生影响，通常不适用于需要保持蛋白质活性的分离纯化。在实际应用中，有机溶剂沉淀法常与其他蛋白质分离技术联合使用，以获得最佳效果。图 3-4 为乙醇沉淀法大规模提纯免疫球蛋白（IgG）和白蛋白的工艺技术路线，提纯后的免疫球蛋白的纯度高达 99%，白蛋白的纯度达 96%～99%。

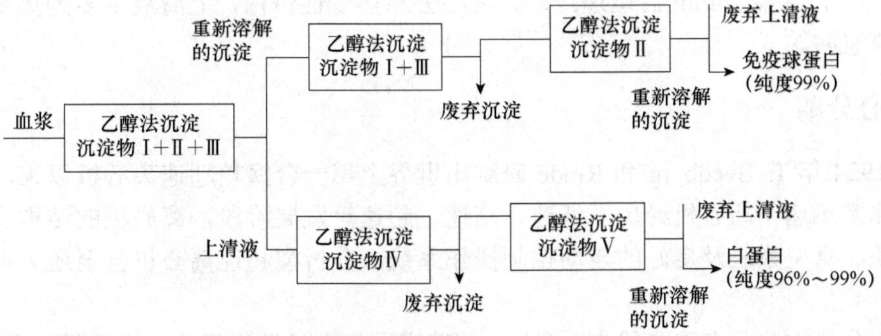

图 3-4 乙醇沉淀法大规模提纯免疫球蛋白和白蛋白的工艺技术路线

（四）复合沉淀法

在蛋白质纯化过程中，常采用以下几种复合沉淀法。

1. 金属盐法 许多蛋白质在碱性溶液中带负电荷，能与金属离子形成沉淀。蛋白质-金属离子复合物的溶解度对溶液的介电常数非常敏感，调整水溶液的介电常数（如加入有机溶剂），即可沉淀多种蛋白质。

2. 有机盐法 含氮有机酸如苦味酸、苦酮酸、鞣酸等能与蛋白质的碱性功能团形成复合物而沉淀析出。但此法常发生不可逆的沉淀反应，故用于制备蛋白质时，需采用较温和的条件，有时还需加入一定的稳定剂。

3. 非离子多聚物法 非离子多聚物是一类重要沉淀剂，最早用于提纯免疫球蛋白，近年来逐渐广泛应用于酶的分离提纯。非离子多聚物包括不同分子量的聚乙二醇、葡聚糖、右旋糖酐硫酸钠等，其中应用最多的是聚乙二醇，其分子量多在 2000～6000，多数认为 PEG 6000 沉淀蛋白质较好。

（五）选择性变性沉淀法

选择性变性沉淀法的原理是利用蛋白质对某些物理或化学因素敏感性不同，有选择地使之变性沉淀，以达到分离提纯的目的。常用的变性剂包括高浓度的盐（如硫酸铵、硫酸钠）、有机溶剂（如甲醇、乙醇、丙酮）、酸或碱（如盐酸、氢氧化钠）、尿素、盐酸胍等。这些变性剂可以破坏蛋白质的二级、三级或四级结构，降低其溶解度。此方法可分为：①利用表面活性剂（三氯乙酸）或有机溶剂引起变性，如加入氯仿、十二烷基硫酸钠等有选择性地使蛋白质变性沉淀，从而与核酸分离。②利用蛋白质对热的不稳定性，加热破坏某些蛋白质组分，而保存另一些蛋白质组分，如选择性热变性沉淀法提纯酵母菌中热稳定醇脱氢酶。③酸碱变性。热变性及酸碱变性沉淀法用于选择性地除去某些不耐热及在一定 pH 下易变性的杂蛋白。例如，用 2.5%的三氯乙酸处理胰蛋白酶、抑肽酶或细胞色素 c 粗提取液，均可除去大量杂蛋白，而对所提取的酶活力没有影响。

例如，以选择性热变性沉淀法提纯酵母菌中热稳定醇脱氢酶时，热稳定醇脱氢酶的热稳定性普遍要比其他酶高，其最高可耐受 60～70℃，而常规酶对热比较敏感，高温容易失活。根据此原理，在纯化酵母菌干粉中热稳定醇脱氢酶的过程中，在酵母菌干粉中加入 0.066mol/L 磷酸氢二钠溶液，37℃水浴保温 2h，室温搅拌 3h，离心收集上清液，升温至 55℃，保温 20min 后迅速冷却，离心去除热变性蛋白，上清液中多为热稳定性较高的醇脱氢酶。

二、离心分离

自 1924 年 T. Svedberg 和 Rinde 研制出世界上第一台涡轮超速离心机以来，离心技术发展非常迅速。离心机经历了低速、高速、超速等发展阶段，离心机的结构也加入了冷却系统、真空系统及良好的自动控制操作系统，分析型超速离心机甚至还装有分析光学系统。

离心分离方法具有许多优点。例如，超速离心可在低温下操作，保护了酶蛋白活性；制备型的离心机负载量大，比层析、电泳上的样品量大得多；分析离心机不仅可测物质的分子量，还可检验物质的纯度、构象、沉降系数等，是分离纯化蛋白质最方便、最有效的工具之一。

（一）离心原理

离心是利用旋转运动的离心力以及物质的沉降系数等差异进行分离、浓缩和提纯生物样品的一种方法。悬浮液在高速旋转下，由于巨大的离心力作用，使悬浮的微小颗粒以一定的速率沉降，从而使溶液得以分离。

颗粒的沉降速率取决于离心机的转速，以及颗粒的质量、大小和密度。在重力场的作用下，悬浮的颗粒逐渐下沉，颗粒越重，下沉越快。小于几微米的蛋白质在溶液中呈胶体或半胶体状态，在强离心力作用下，样品中具有不同沉降系数和浮力密度的蛋白质被分离。沉降系数是指颗粒在单位离心力场中粒子移动的速率，以每单位重力的沉降时间表示，通常在 1×10^{-13}～200×10^{-13}s，10^{-13} 这个因子叫作沉降单位（S），即 $1S=10^{-13}$s，如血红蛋白的沉降系数约为 4×10^{-13}s 或 4S。大多数蛋白质和核酸的沉降系数在 4～40S。

（二）离心分离的常用方法

1. 沉淀离心法 沉淀离心法是目前应用最广的一种离心方法，指选用一种离心速度，使悬浮溶液中的悬浮颗粒在离心力的作用下完全沉淀下来的方法。沉淀离心法是一种简单、快速、有效的分离技术，可以用于各种生物分子的分离和纯化。然而，它通常不改变样品的化学或物理性质，因此常用于与其他纯化技术（如层析、电泳等）联合使用，以实现更高纯度的样品制备。

2. 差速离心法 采用不同的离心速度和离心时间，使沉降速率不同的颗粒分步分离的方法，称为差速离心法（又称分步离心法）。此法适用于分离沉降系数相差较大的蛋白质分子。在一定的离心时间内，以一定的离心力进行离心时，在离心管底部就会得到最大的蛋白质分子沉淀，将上清液倾倒于另一离心管中，再加大离心力，离心一定时间，又得到第二部分较大的蛋白质分子沉淀及含较小分子的上清液，如此多次离心处理，即能把液体中的不同蛋白质分子较好地分离开。图 3-5 为差速离心法示意图。

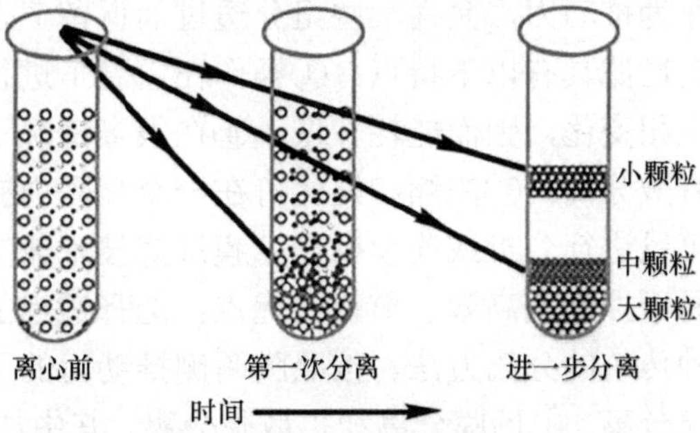

图 3-5　差速离心法示意图

3．密度梯度离心法　密度梯度离心法（区带离心法）通过在惰性梯度介质（如蔗糖、氯化铯）中离心，使不同颗粒分布于特定位置，实现分离。具体方法主要包括：①速率区带离心法（差速区带离心法），颗粒依据沉降速率不同，在密度梯度介质中形成分离区带，关键在于控制离心转速和时间，常用蔗糖溶液作为介质；②等密度区带离心法，颗粒在离心场作用下，移动至密度相等处形成区带，适用于分离复合蛋白质，常用氯化铯作为梯度介质。

（三）离心机的分类

根据用途不同，离心机可分为制备型离心机和分析型离心机。制备型离心机主要用于蛋白质分子的分离，每次分离样品容量较大；分析型离心机则主要用于生物大分子（如核蛋白体）的研究，每次样品分析量较少。

1．制备型离心机　制备型离心机主要用于对不同密度、不同形状的分子进行分离提纯，按离心转速大小可分为低速离心机（又称普通离心机）、高速离心机和超速离心机三类。低速离心机的最大转速在 8000r/min 以内，相对离心力在 1×10^4g 以下，常用于微生物菌体的离心分离。高速离心机的最大转速为 $1\times10^4\sim2.5\times10^4$r/min，相对离心力达到 $1\times10^4\sim1\times10^5$g，常用于细胞碎片、硫酸铵沉淀和免疫沉淀物等的分离纯化，但不能有效地沉降小细胞器（如核蛋白体）或单个分子。超速离心机的最大转速达 $2.5\times10^4\sim12\times10^4$r/min，相对离心力可以高达 5×10^5g，甚至更高，能使亚细胞器分级分离，并用于蛋白质、核酸分子量的测定等。一般高速离心机和超速离心机装设有冷冻装置，以防止蛋白质在高速离心过程中变性失活。

2．分析型离心机　分析型离心机都是超速离心机，它使用特殊设计的转头和光学检测系统，能在短时间内，用少量样品获得一些重要信息。例如，确定蛋白质大分子是否存在，其大致的含量、沉降系数、分子大小、分子均一性及其在混合物中的比例，以及检测蛋白质分子的构象变化等。

三、过滤分离

过滤分离是指在一定条件下，借助于一定的过滤介质，将混合液中的固相与液相及相对分子量大小不同的物质进行分离的技术过程。根据过滤介质的不同，可将过滤分为膜过滤和非膜过滤两种。膜过滤（又称膜分离）采用各种高分子膜为过滤介质，而非膜过滤（又称非膜分离）采用高分子膜以外的物质作为过滤介质。

（一）膜过滤

利用半透膜作为选择障碍层，利用膜的选择性（孔径大小），以膜两侧存在的能量差作为推动力，允许某些组分透过而保留混合物中其他组分，从而达到分离目的的技术。膜过滤具有以下特点：①操作在常温下进行；②物理过程，不需加入化学试剂；③不发生相变化，因而能耗较低；④在很多情况下选择性较高，可以根据分子大小或性质进行有效分离；⑤浓缩和纯化可在一个步骤内完成，易于实现自动化控制；⑥设备易放大，可以进行分批或连续操作。膜过滤技术兼具分离、浓缩和纯化的功能，又有使用简单、易于控制及高效、节能的优点，选择适当的膜过滤技术，可替代沉淀、萃取、吸附等多种传统的分离方法。按照膜两侧推动力的不同，膜过滤可分为 3 种类型（图 3-6）：加压膜分离、电场膜分离和扩散膜分离。其中加压膜分离方法包括微滤、超滤和反渗透 3 种；电场膜分离方法包括电渗析和离子交换膜电渗析；扩散膜分离方法主要包括透析。

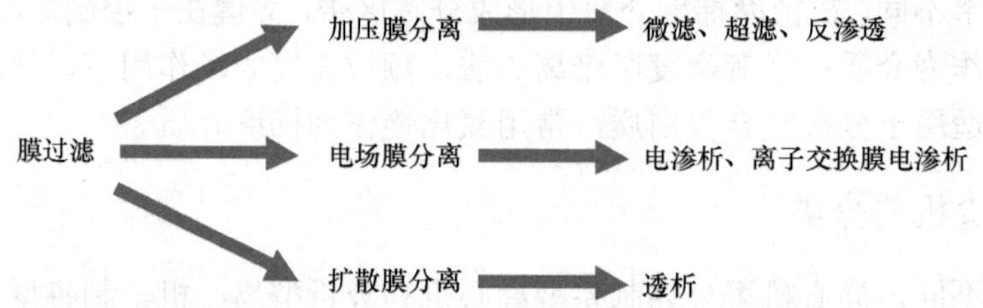

图 3-6　膜过滤的种类（依据推动力的不同分类）

膜过滤所使用的薄膜主要是由丙烯腈、醋酸纤维素、赛璐玢及尼龙等高分子聚合物制成的高分子膜，有时也可以采用动物膜等。膜过滤过程中，薄膜的作用是选择性地让小于其孔径的物质颗粒或分子通过，而把大于其孔径的颗粒截留。膜的孔径有多种规格可供使用时选择。按分离粒子大小，膜过滤可分为以下多种类型，如微滤、超滤、纳滤、反渗透等。表 3-4 中归纳了 4 种常用膜过滤技术的基本特征。

表 3-4　4 种常用膜过滤技术的基本特征

膜技术	截留分子量	推动力/kPa	分离机理
微滤	＞40 000	＞100	筛分
超滤	10 000～40 000	＞100	筛分
纳滤	100～1 000	＜1 000	优先吸附、表面电位
反渗透	100～200	＞1 000	优先吸附、溶解扩散

（二）非膜过滤

采用高分子膜以外的材料（如滤纸、滤布、纤维、多孔陶瓷、烧结金属等）作为过滤介质的过滤技术称为非膜过滤，包括粗滤和非膜微滤。

1．粗滤　借助于过滤介质截留悬浮液中直径大于 3μm 的大颗粒，使固形物与液体分离的技术称为粗滤，即通常所说的过滤。粗滤主要用于分离酵母菌、霉菌等培养物及其他大颗粒固形物。在实际操作中，为了加快过滤速率，提高分离效果，往往需要加入助滤剂，如硅藻土、活性炭等。

2．非膜微滤　微滤截留的物质颗粒直径为 0.2～2.0μm。在实验室和生产中通常利用微滤技术除去细菌、灰尘等光学显微镜下可以看到的物质颗粒。

四、层析分离

酶的层析分离也称色谱分离，是一种物理的分离方法。它是利用混合物中各组分物理化学性质（如吸附力、分子大小、极性、亲和力、分配系数等）的差异，使各组分以不同程度分布在两个相中，其中一个相是固定的（称为固定相）；另一个相是流动的，流过此固定相（称为流动相），各组分以不同速度移动，从而达到分离目的。酶的层析分离主要包括吸附层析、分配层析、离子交换层析、凝胶层析、亲和层析等柱层析方法。表 3-5 所示为 5 种主要的层析分离方法及其原理。

表 3-5　酶的层析分离方法及原理

层析方法	分离原理
吸附层析	利用吸附剂对不同物质的吸附力不同而使混合物中各组分分离
分配层析	利用各组分在两相中的分配系数不同，而使各组分分离
离子交换层析	利用离子交换剂上的可解离基团（活性基团）对各种离子的亲和力不同而达到分离目的
凝胶层析	以各种多孔凝胶为固定相，利用流动相中所含各种组分的分子量不同而达到分离目的
亲和层析	利用生物分子与配基之间（如酶和其抑制剂、抗原和抗体）所具有的专一而又可逆的亲和力，使生物分子分离纯化

（一）吸附层析

吸附层析是各种层析技术中应用最早的技术，是利用吸附剂表面对不同物质吸附性能的差异进行分离的一种方法。具体来讲，利用混合物中各组分的物理性质的差异（如溶解度、吸附能力、分子形状和大小及分子极性等），使各组分随流动相通过由吸附剂组成的固定相时，由于吸附剂对混合物中不同组分有不同的吸附力，不同组分随流动相移动的速度不同，从而将混合物中不同组分分离。吸附层析的效果取决于待分离物质被吸附剂（固定相）所吸附的能力，以及它们在分离时所用的溶剂（流动相）中溶解度两方面的差异。吸附层析通常采用柱型装置，将吸附剂装在吸附柱中，制成吸附层析柱。吸附层析的过程如图 3-7 所示。吸附层析的固定相即吸附剂种类很多，常用的吸附剂有硅胶、氧化铝、活性炭、硅酸镁、聚酰胺、硅藻土等。根据操作方式不同，吸附层析可以分成柱层析与薄层层析两种。

1. 柱层析　柱层析是利用玻璃柱装载吸附剂（固定相）进行混合物的分离。在进行吸附柱层析时，柱中填充用溶剂湿润的吸附剂，在柱顶部加入样品溶液，样品缓慢向下流过层析柱时即被吸附剂吸附。待样品液全部流入柱内的吸附剂后，再加入适当的

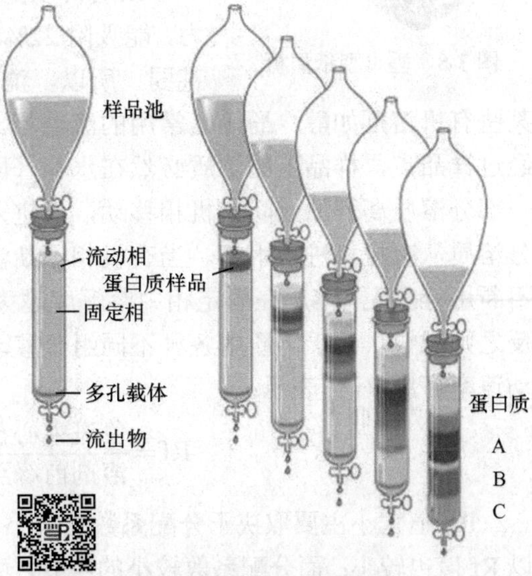

彩图

图 3-7　吸附层析示意图

洗脱液，样品就随着洗脱液向下流动而移动，各组分在管内连续发生溶解-吸附-再溶解-再吸附的过程。由于溶剂与吸附剂对各组分的溶解力与吸附力不完全相同，因此各组分移动的距离也不同，经过一定时间，即可逐步解吸下来而分离。

2. 薄层层析 薄层层析（thin-layer chromatography，TLC）是将吸附剂均匀地在玻璃板上铺成薄层，再把样品点在薄层板上，点样的位置靠近板的一端，然后把板的点样端浸入适当的溶剂在薄层板上扩散，并在此过程中通过吸附-解吸附-再吸附-再解吸附的反复进行，而将样品各个组分分离出来。薄层层析的优点是：设备简单，样品用量小，层析展开时间短，灵敏度高，显色方便。

（二）分配层析

分配层析是利用各组分在两相中的分配系数不同，而使各组分分离的方法。分配层析是根据物质在两种不相混溶（或部分混溶）的溶剂间溶解度及分配系数的不同来实现物质分离的方法。分配系数是指一种溶质在两种互不相溶的溶剂中溶解达到平衡时，该溶质在两相溶剂中的浓度的比值。在层析条件确定后，分配系数是一常数。

现在应用的分配层析技术，大多数是以一种多孔性固体支持物（如滤纸、硅藻土、纤维素等）吸着一种极性溶剂为固定相，另一种与固定相溶剂互不相溶的溶剂可沿着固定相流动，称为流动相。当某溶质在流动相的带动下流经固定相时，该溶质在两相之间进行连续的动态分配。

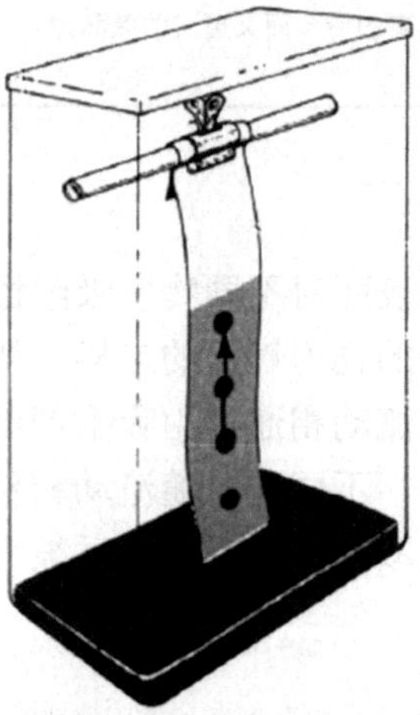

图 3-8 垂直型纸层析

根据固定相支持物的使用方式不同，分配层析可分为纸层析（纸上分配层析）、柱层析及薄层层析等。分配层析中应用最广泛的是纸层析。按操作方法，纸层析法可分成两类，即垂直型纸层析和水平型纸层析。其中垂直型纸层析（图 3-8）使用较广。

纸层析以滤纸为惰性支持物。滤纸纤维和水有较强的亲和力，能吸附 22%左右的水，然而滤纸纤维与有机溶剂的亲和力甚弱，所以，滤纸可看作是含水的惰性支持物，水是固定相，某些有机溶剂如醇、酚等是常用的流动相。把欲分离的物质加在纸的一端，并使流动相经过样品点，样品上的溶质必然在水相（固定相）与有机相（流动相）之间进行分配，一部分溶质离开原点随有机相移动，而进入无溶质的区域，此时又重新进行分配，一部分溶质从有机相进入水相。当有机相不断流动时，溶质也就沿着有机相流动方向移动，不断进行分配。溶质在固定相中溶解度越大，该溶质在纸上随流动相移动的速率就越慢，反之则越快。由于溶质中各种不同组分移动速率不同，就能彼此分开。溶质在纸上的移动速率可用 Rf 值表示：

$$Rf=\frac{\text{色斑中心至样品原点的距离}}{\text{溶剂前缘至样品原点的距离}}$$

Rf 值大小主要取决于分配系数的大小，一般分配系数大的组分，移动速率较慢，所以 Rf 值也较小；而分配系数较小的组分，则 Rf 值也较大。物质在一定溶剂中的分配系数是一定的，故移动速率（Rf 值）也是恒定的，因此可以根据 Rf 值来鉴别被分离的物质。

上述方法只用一种溶剂系统进行一次展开称为单向层析。如果样品成分较多，而且彼此的 Rf 值相近，单向层析分离效果不佳，此时可采用双向纸层析法，即在长方形或方型滤纸的一角点样，卷成圆筒形，先用第一种溶剂系统展开，展开完毕吹干后，旋转 90°，再放于另一种溶剂系统中，向另一方向进行第二次展开，如此各成分分离效果较好（图 3-9）。

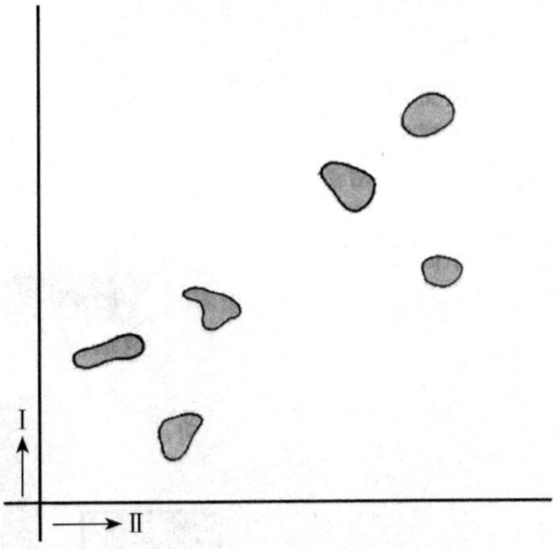

图 3-9　双向纸层析法分离蛋白质

（三）离子交换层析

离子交换层析（IEC）利用离子交换剂作为固定相，通过流动相中离子与交换剂上离子的可逆交换，实现分离。它是蛋白质纯化与浓缩最有效的方法之一。蛋白质在不同 pH 下带电性质不同，通过静电相互作用吸附在交换剂上，并随盐浓度增加或 pH 变化依次洗脱。工业生产多采用盐浓度梯度洗脱，而非调节 pH，以便更好控制。实验室通常借助泵平稳提升盐浓度进行洗脱，而工业生产则因控制难度较大，多采用分步洗脱。IEC 主要有两种模式：一种使目的蛋白结合固定相，通过梯度洗脱；另一种让杂质结合固定相，而目的蛋白直接穿透流出。

离子交换剂通过在不溶性高分子载体上引入可解离基团（活性基团）制成，主要分为阳离子交换剂和阴离子交换剂。常见载体包括离子交换树脂、纤维素、葡聚糖和琼脂糖等。根据交换基团的电离特性，阳离子交换剂可分为强酸型（如含 $-SO_3H$ 基团）和弱酸型，而阴离子交换剂可分为强碱型（如含季铵碱 $-N^+R_3$ 基团）和弱碱型。例如，阳离子交换树脂在电离时释放 H^+，可与介质中的 Na^+ 交换；阴离子交换树脂释放 OH^-，可与介质中的 Cl^- 交换（图 3-10）。

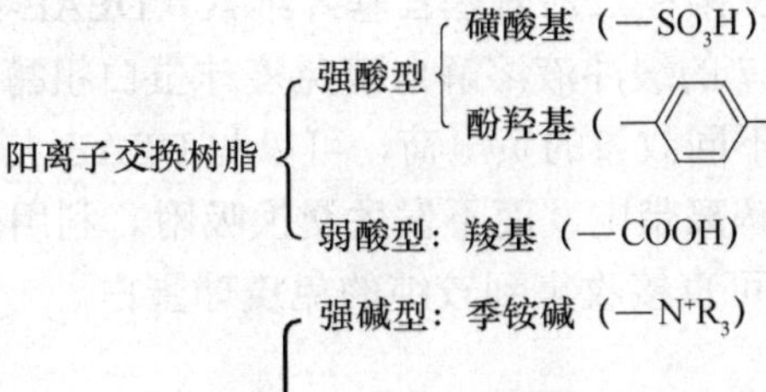

图 3-10　离子交换树脂类型

由于酶分子具有两性性质，所以既可用阳离子交换剂，也可用阴离子交换剂进行酶的分离纯化。图 3-11 是阴离子交换层析分离蛋白质的示意图。对于等电点小于 5.0 的酸性蛋白质，推荐使用阴离子交换；对于等电点大于 7.0 的碱性蛋白质，推荐使用阳离子交换。大多数蛋白在生理 pH（6～8）下带负电荷，需用阴离子交换柱纯化，极端 pH 下

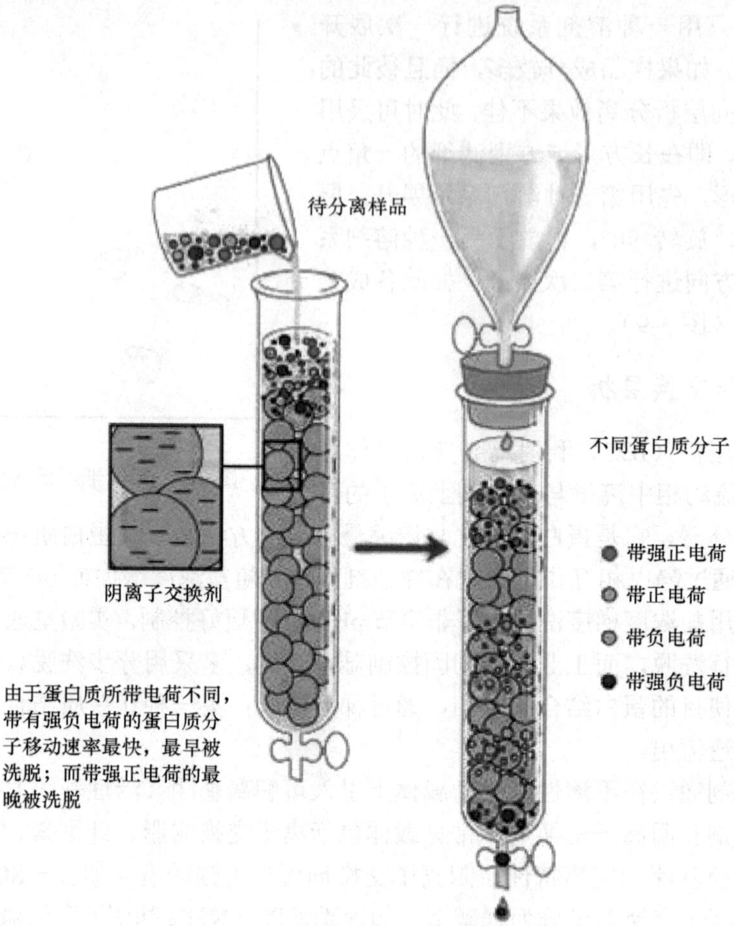

彩图

图 3-11 阴离子交换层析示意图

蛋白质容易变性失活，应尽量避免。

例如，用弱碱型阴离子交换柱二乙氨基乙基纤维素（DEAE-纤维素）层析柱纯化血清免疫球蛋白时，先用 pH 6.7 的缓冲液溶解血清免疫球蛋白粗酶液样品，此时除免疫球蛋白外，其他杂蛋白均带上不同数量的负电荷，可以与 DEAE 上的阴离子发生交换、吸附于柱上。免疫球蛋白因不解离带电，而不发生交换吸附。利用此特点，让溶解后的样品流过 DEAE 纤维素柱，即可直接收集到较纯的免疫球蛋白。

（四）凝胶层析

凝胶层析又称凝胶过滤、分子筛层析等，是利用多孔凝胶作为固定相，根据分子量差异进行分离的技术。当混合溶液流经层析柱时，大分子因无法进入凝胶微孔，仅在颗粒间隙中流动，速率较快，最早洗脱；小分子则可进入微孔，不断进出，移动速率较慢，从而使组分按分子量由大到小依次洗脱，实现分离（图 3-12）。

常用的凝胶有葡聚糖凝胶、琼脂凝胶、琼脂糖凝胶和聚丙烯酰胺凝胶，目前最常用的凝胶是交联葡聚糖凝胶。它的型号有 8 种（表 3-6），“G”表示交联度，交联度越高，网状结构越密，“网眼”越小，吸水量越少，适用于分离分子量小的物质。反之，交联度越低，网状结构越松，“网眼”越大，吸水量越大，适用于分离分子量大的物质。

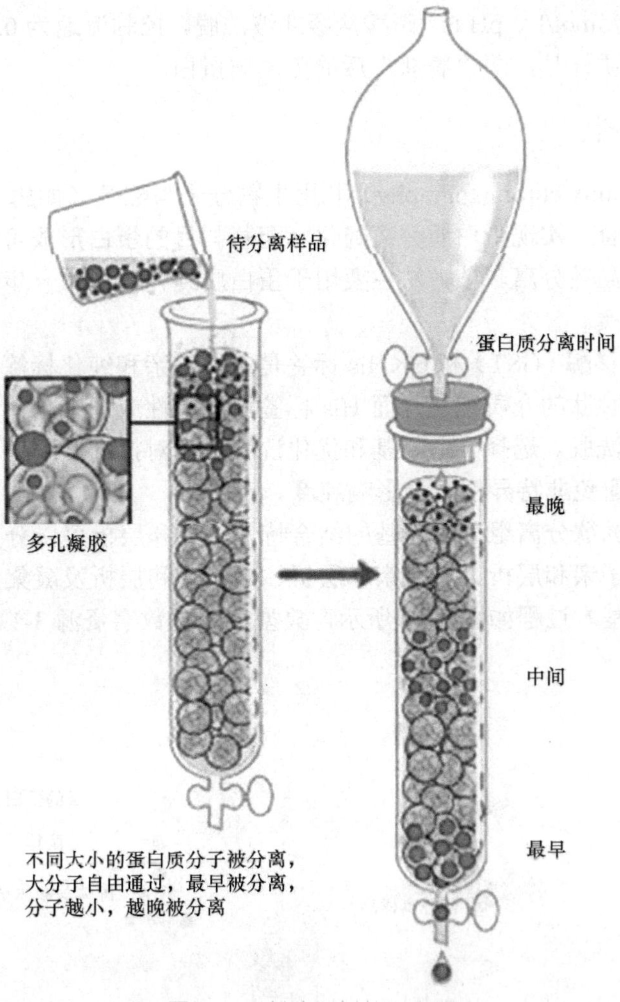

图 3-12　凝胶层析的示意图

彩图

凝胶层析的主要应用范围是：分级分离各种蛋白质；去除各种小分子物质，如脱盐、荧光素、致热原质及水解的蛋白质碎片等；蛋白质的分子量测定。凝胶层析在蛋白质纯化中是一种常用的技术，但实际操作过程中可能会遇到一些挑战，如柱子过载或过度填充、柱子被污染、样本太黏稠等问题，具体的问题需要根据实际操作进一步解决。

表 3-6　葡聚糖凝胶的型号与分离范围

型号	分离范围（分子量）	型号	分离范围（分子量）
G_{10}	＜700	G_{75}	3 000～80 000
G_{15}	＜1 500	G_{100}	4 000～150 000
G_{25}	＜5 000	G_{150}	5 000～300 000
G_{50}	1 500～20 000	G_{200}	5 000～600 000

例如，取 Sephadex G-25 层析柱，加入 3 倍体积的 0.0175mol/L，pH 6.7 磷酸盐缓冲液流过 Sephadex G-25 层析柱，以平衡凝胶柱。将盐析后所得的免疫球蛋白（溶解于 0.0175mol/L，pH 6.7 磷酸盐缓冲液）粗品上样到凝胶柱，控制流速让粗品溶液经过凝胶

柱内。然后用 0.0175mol/L、pH 6.7 磷酸盐缓冲液洗脱，控制流速为 0.5mL/min 左右。收集最早洗脱的蛋白质样品，即“脱盐”后的免疫球蛋白。

（五）亲和层析

亲和层析（affinity chromatography）利用生物分子与配基（如酶-底物、抗原-抗体）之间的专一可逆结合，实现蛋白质分离纯化。配基与目的蛋白形成可解离的络合物，利用这一亲和力实现高效分离。该方法主要用于蛋白质纯化，通常一步即可从复杂混合物中获得高纯度蛋白质。

谷胱甘肽 *S*-转移酶（GST）和 6×His 标签是常用的亲和纯化标签。GST 标签的重组蛋白可用交联谷胱甘肽的介质纯化，而 His 标签可在中性或弱碱条件下结合镍柱，并在低 pH 或咪唑竞争洗脱。选择合适配基和优化洗脱条件对提高回收率和活性至关重要，同时需避免非特异性结合影响纯度。

数字资源 3-1

根据欲分离组分与配基的结合特性，亲和层析可以分为共价亲和层析、金属离子亲和层析、免疫亲和层析、染料亲和层析及凝集素亲和层析。亲和层析的基本过程如图 3-13 所示，典型案例见数字资源 3-1。

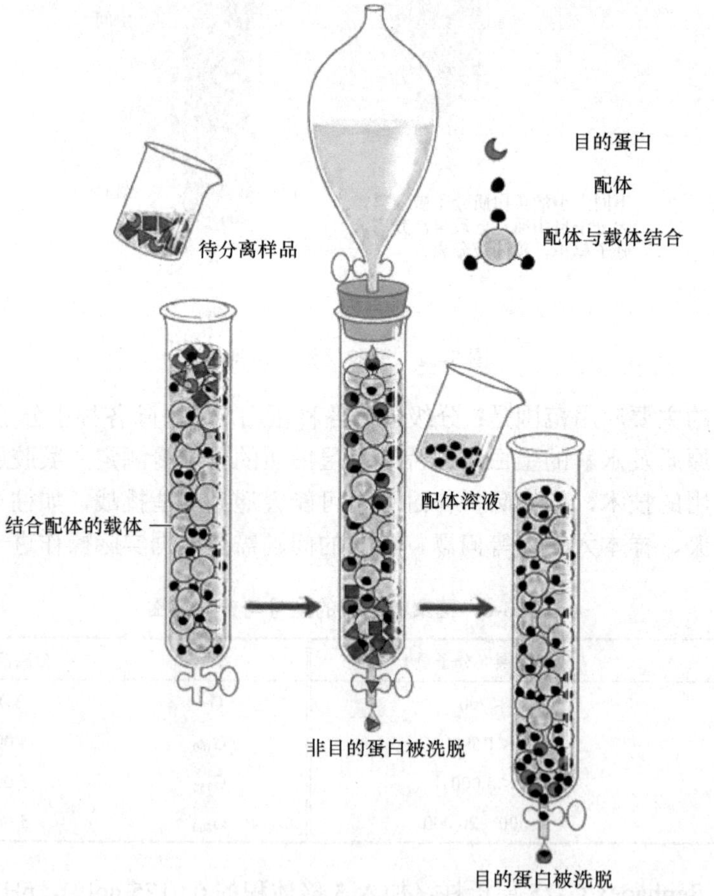

彩图

图 3-13　亲和层析示意图

待分离样品中目的蛋白被相应配体吸附，不能被吸附的杂质直接流出。变换溶液，使被吸附的目的蛋白与配体解离，获得提纯的目的蛋白

五、萃取分离

（一）有机溶剂萃取

有机溶剂萃取是利用生化物质在互不相溶的两相间选择性分配，实现提纯和浓缩。其优点包括选择性强、可与其他步骤结合、减少水解、适用于不同规模、传质快、周期短，且易于连续操作。其主要缺点是有机溶剂具有毒性，可能对环境造成安全隐患。

（二）双水相萃取

双水相萃取（aqueous two-phase extraction，ATE）与水-有机相萃取的原理相似，都是依据物质在两相间的选择性分配，但萃取体系的性质不同。当物质进入双水相体系后，由于表面性质、电荷作用和各种力（如疏水键、氢键和离子键等）的存在和环境因素的影响，使其在两相中的浓度比不同而进行分离。

双水相萃取具有如下特点：①含水量高（70%～90%），是在接近生理环境的温度和体系中进行萃取，不会引起生物活性物质失活或变性；②分相时间短，自然分相时间一般为 5～15min；③界面张力小（10^{-7}～10^{-4}mN/m），有助于强化相际间的质量传递；④不存在有机溶剂残留问题；⑤大量杂质能与固体物质一同除去，使分离过程更经济；⑥易于工程放大和连续操作。双水相萃取由于具有上述优点，因此被广泛用于生物化学、细胞生物学和生物化工等领域的产品分离和提取。

双水相萃取技术用于直接从细胞匀浆液中分离纯化胞内酶，十分方便。例如，在 PEG 1500 和磷酸钾系统中，细胞碎片进入下相，酶进入上相，一步即可达到固液分离和纯化的目的。迄今为止，用此法研究过的酶已有不下百种，许多实例表明，双水相分离纯化可以全部除去细胞碎片；酶的得率一般都在 80%～90%或更高；酶纯化可达 2～16 倍。

例如，Miyuki 和 Kilikiay1998 在 PEG/K_3PO_4 双水相体系中用两步法对葡糖淀粉酶进行了萃取纯化。第一步使用 PEG 4000 萃取，然后用萃取后含有酶的下相和 PEG 1500 组成双水相作为第二步萃取体系，由此葡糖淀粉酶的纯化系数提高了 3 倍。

（三）超临界流体萃取

超临界流体萃取（supercritical fluid extraction，SFE）是一种先进的蛋白质分离技术，利用超临界流体的溶解能力随压力和温度变化的特性进行分离。在超临界状态下，流体选择性萃取不同极性、沸点和分子量的成分，随后通过减压或升温使流体转为气体，被萃取物析出，从而实现分离提纯。可作为超临界流体的物质很多，如 CO_2、一氧化二氮、六氟化硫、乙烷、庚烷、氨等，其中多选用 CO_2。因其具有以下优点：临界温度接近室温，且无色、无毒、无味、不易燃、化学惰性、价廉、易制成高纯度气体等。超临界状态下，CO_2 具有选择性溶解特征。

（四）反胶束萃取

反胶束萃取（reverse micelle extraction）是一种液-液萃取技术，利用反胶束作为介质分离和富集水不溶性物质。反胶束是双亲物质在非极性有机溶剂中自发聚集形成的，又称为反胶团、逆胶束。当表面活性剂溶于水中，其浓度超过临界胶束浓度时，表面活性剂就会在水溶液中聚集在一起而形成聚集体，在通常情况下，这种聚集体是水溶液中的胶束，称为正常胶束，结构示意见图 3-14A。在胶束中，表面活性剂的排列方向是极性基团在外，与水接触，非极性基团在内，形成一个非极性的核心、在此核心可以溶解非极性物质。若将表面活性剂溶于非极性的有机溶剂中，并使其浓度超过临界胶束浓度，便会在有机溶剂内形成聚集体，这种聚集体称为反胶束，其结构示意见图 3-14B。在反胶束中，表面活性剂的非极性基团在外与非极性的有机溶剂接触，而极性基团则排列在内形成一个极性核。此极性核具有溶解极性物质的能力，极性核溶解水后，就形成了“水池”。

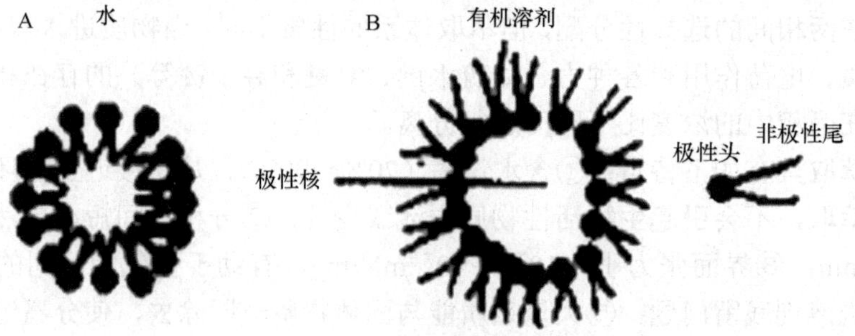

图 3-14　正常胶束和反胶束

A. 正常胶束；B. 反胶束

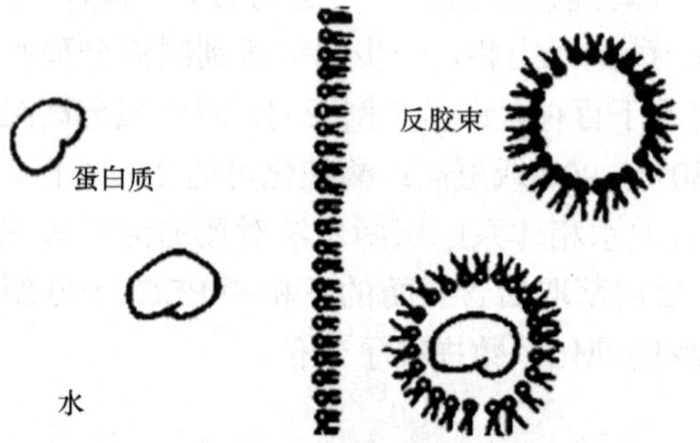

图 3-15　蛋白质于反胶束的有机溶剂中的溶解过程

当含有此种反胶束的有机溶剂与蛋白质的水溶液接触后，蛋白质及其他亲水物质能够通过螯合作用进入此“水池”。蛋白质溶解于小水池中，其周围有一层水化层及表面活性剂极性头的保护，使其避免与有机溶剂接触而失活，保持了蛋白质的天然构型。蛋白质的溶解过程如图 3-15 所示。改变 pH、盐浓度等条件蛋白质又可回到水相（反萃取），实现了蛋白质的萃取分离、纯化目的。反胶束萃取蛋白质的机制目前尚不十分清楚。一般认为，萃取过程是静电力、疏水力、空间力、亲和力或几种力协同作用的结果，其中蛋白质与表面活性剂极性头间的静电相互作用是主要推动力。

通过选用不同表面活性剂，控制水相的 pH 及离子强度，可以达到正萃取和反萃取的目的。在反胶束萃取蛋白质的研究中，用得最多的是阴离子表面活性剂 AOT，其化学名为丁二酸-2-乙基己基酯磺酸钠。这种表面活性剂容易获得，其特点是具有双链，极性基团较小，形成反胶束时不需加助表面活性剂，并且所形成的反胶束较大，半径为 170nm，有利于大分子蛋白质进入。

例如，用 AOT/异辛烷反胶束纯化胰蛋白酶时（翁亚军，2004），正萃取最佳条件为 pH 5.2～5.3，离子强度为 0.1mol/L $CaCl_2$；反萃取最佳条件为 pH 9.9～10.0，离子强度为 1mol/L KCl，表面活性剂浓度为 0.05mmol/L。当相浓度为 1mg/mL，萃取和反萃取相比为 1∶1，萃取和反萃取时间均为 5min，用 AOT/异辛烷反胶束方法纯化胰蛋白酶时，胰蛋白酶的总萃取率为 22.7%，纯化倍数为 3.6，比活力达到 78.9U/mg，比活力纯化倍数为 3.1。

六、电泳分离

电泳是指带电质点在直流电场中与溶液发生相对运动的现象，常用于分析和分离各种蛋白质。其分离的依据为：①质点所带电荷种类、数量不同；②质点大小或形状不同；③质点的 pI 不同。几种常用的电泳分离技术包括：天然聚丙烯酰胺凝胶电泳、十二烷基硫酸钠-聚丙烯酰胺凝胶电泳、等电聚焦、双向电泳、免疫电泳、蛋白质印迹、毛细管电泳。电泳分离技术不仅可以分离目的蛋白，也可以作为一种蛋白质纯度的主要检测手段。

（一）聚丙烯酰胺凝胶

聚丙烯酰胺凝胶具高分辨率，不仅可分离大分子混合物，还可研究生物大分子的特性，如电荷、分子量、等电点等。通常聚丙烯酰胺凝胶的孔径大小与蛋白质分子属同一数量级，是分子筛凝胶。常用的凝胶电泳仪器包括圆盘电泳、垂直平板电泳、水平电泳 3 种（图 3-16）。

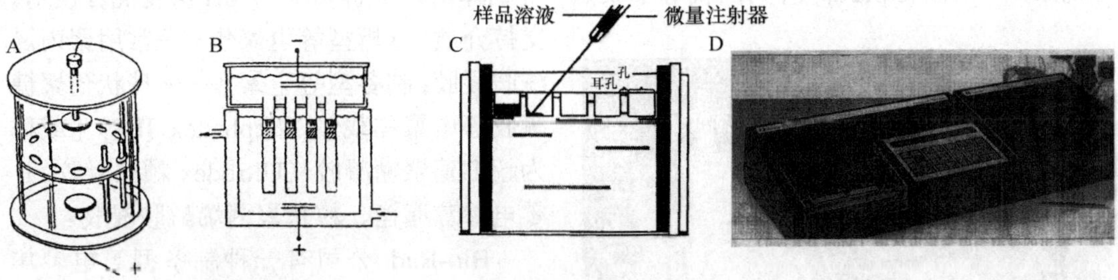

图 3-16 圆盘电泳（A 为正面、B 为剖面）、垂直平板电泳（C）、水平电泳（D）示意图

聚丙烯酰胺凝胶电泳（PAGE）又分为两种类型：天然聚丙烯酰胺凝胶电泳和十二烷基硫酸钠-聚丙烯酰胺凝胶电泳（SDS-PAGE）。天然 PAGE 测定蛋白质的分子量需排除电荷的影响，因此需测量蛋白质分子在不同浓度凝胶中的相对迁移率从而得到蛋白质的分子量。具体方法为：先用不同浓度的凝胶同时测量未知和已知分子量的蛋白质的相对迁移率；对不同蛋白质分子，以其相对迁移率的对数对凝胶浓度作图，直线的斜率为阻滞系数；用已知分子量的蛋白质的阻滞系数对它们的分子量作图，得到一条直线，在此直线上根据未知蛋白质的阻滞系数可查得它的分子量。

当样品中加入含—S—S—的还原剂时，可打开蛋白质分子二硫键。SDS 破坏蛋白质分子的氢键和疏水键，并与之形成蛋白质-SDS 复合物（图 3-17）。结果导致：①复合物带大量负电荷，不同蛋白质电荷密度相同；②球状蛋白质变成雪茄状，长轴与蛋白质分子量（MW）成正比；③电泳迁移率仅与 MW（长轴）有关。

（二）等电聚焦

等电聚焦电泳（isoelectric focusing electrophoresis，IFE）是在一种特殊的两性电解

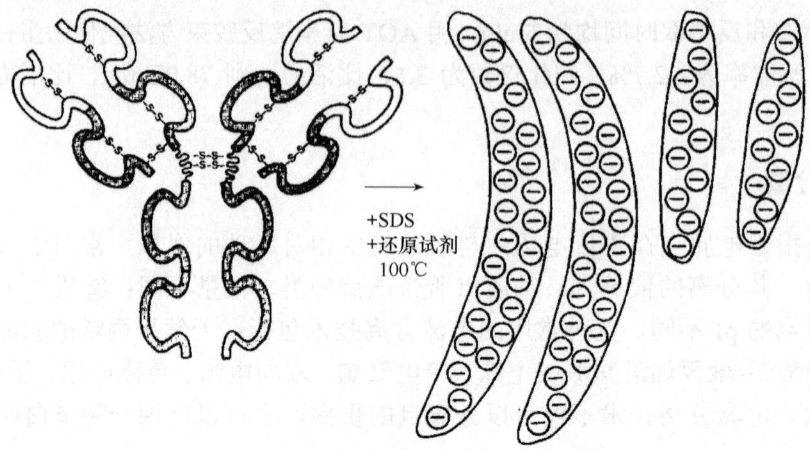

图 3-17　蛋白质样品处理前后示意图

质两端施加直流电场，可形成线性的 pH 梯度，利用蛋白质的 pI 差别，可在其上相应位置聚焦分离。

等电聚焦电泳通常采用恒功率模式，因电流随样品迁移而减小，为加快分离并提高分辨率，电压应尽量提高，但需避免烧胶，受多种因素影响。等电聚焦技术的发展历程可归纳为：第一代等电聚焦——等电谱；第二代等电聚焦——载体两性电解质；第三代等电聚焦——固相 pH 梯度；第四代等电聚焦——载体两性电解质/固相 pH 梯度混合技术。

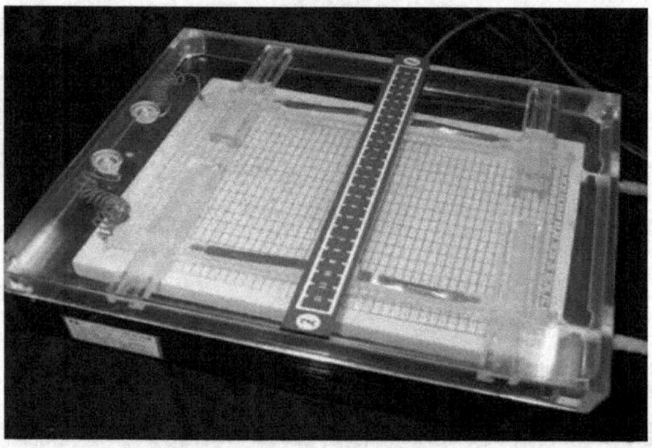

图 3-18　等电聚焦电泳仪

支持介质：分析型等电聚焦——常用聚丙烯酰胺凝胶；制备型等电聚焦——珠状葡聚糖凝胶等电聚焦载体（Sephadex IEF）[或称为超细葡聚糖凝胶（Ultrodex 颗粒凝胶）]、零电渗琼脂糖、粒状聚丙烯酰胺凝胶。

Bio-Rad 公司有一种制备型等电聚焦电泳仪（图 3-18），它不采用凝胶做介质，而是直接在螺旋管内的自由溶液中进行等电聚焦，最后将分离后的各个螺旋管组分分别引到对应的收集管中，一般 3h 之内即可达到很好的分离效果。

（三）双向电泳

双向电泳结合等电聚焦电泳和 SDS-PAGE，先按 pH 梯度分离蛋白质至等电点，再沿垂直方向按分子量分离，最终获得二维蛋白质图谱，是蛋白质组学的关键技术。1975 年首次建立，成功分离约 1000 种大肠杆菌蛋白质（图 3-19），并揭示蛋白质谱受环境影响。随着技术发展，目前可分离 10 000 余种蛋白质斑点，使蛋白质组分析更加高效可行。

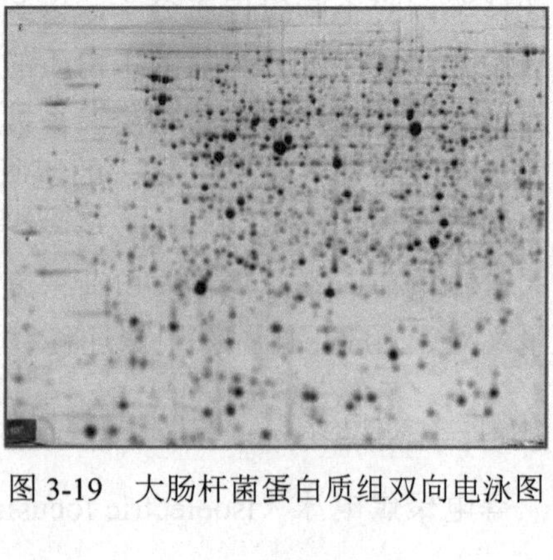

图 3-19　大肠杆菌蛋白质组双向电泳图

（四）蛋白质印迹

蛋白质印迹（Western blot）是一种检测固定在固相载体上的蛋白质的免疫化学技术。首先，通过 PAGE 分离蛋白质，并转移至聚偏二氟乙烯（PVDF）膜或硝酸纤维素（NC）膜，保持其分子特性和活性。随后，膜上的蛋白质与特异性抗体（一抗）结合，去除未结合抗体后，再与酶标二抗结合，最终通过显色或化学发光检测目的蛋白。该技术结合了电泳的高分辨率和免疫测定的高特异性，适用于复杂样品的蛋白质鉴定和定量分析。

待测蛋白质既可以是粗提物也可以是经过一定的分离和纯化的蛋白质。另外蛋白质印迹技术的应用需要利用待测蛋白质的单克隆或多克隆抗体进行识别。如果无合适抗体用来检测抗原，也可用一般的蛋白质染料，如丽春红等，检测转移到膜上的蛋白质，验证转移是否成功。常用的两种电转移方法如下所述。

1. 半干法 凝胶和固相载体被夹在用缓冲液浸湿的滤纸之间，转移时间为 10～30min。

2. 湿法 凝胶和固相载体夹心浸放在转移缓冲液中，转移时间可从 45min 延长到过夜进行。

例如，在 SDS-PAGE 分离蛇毒血清蛋白后，如图 3-20A 所示通过印迹技术将膜上的蛋白质原位、定量转移到 NC 膜上（300mA，印迹 2h）。印迹完毕后，用镊子小心取出 NC 纸，放置于塑料盒中进行免疫反应，最后进行显色。操作过程如图 3-20B 所示（张卫柱等，2008）

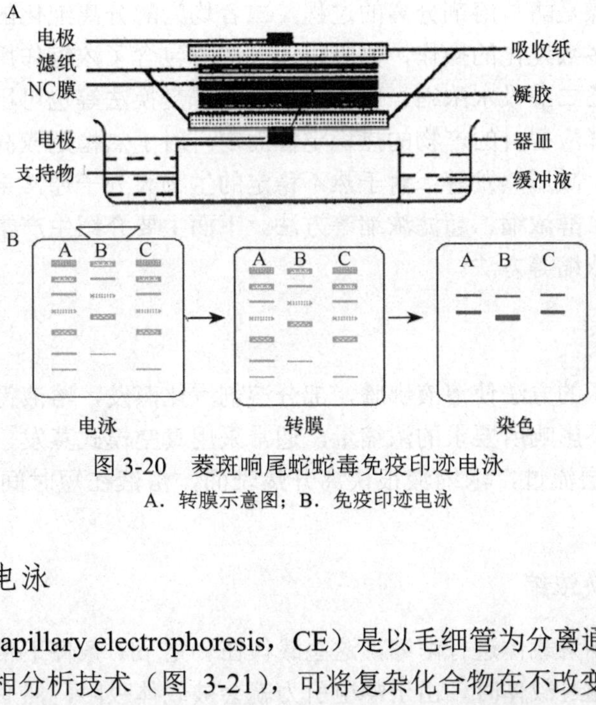

图 3-20 菱斑响尾蛇蛇毒免疫印迹电泳
A. 转膜示意图；B. 免疫印迹电泳

（五）毛细管电泳

毛细管电泳（capillary electrophoresis，CE）是以毛细管为分离通道，高压直流电场为驱动力的新型液相分析技术（图 3-21），可将复杂化合物在不改变其性质的前提下进行分离。毛细管电泳在蛋白质分析中的应用包括：①分子量的测定；②等电点的测定；③肽谱分析（指纹图）测定蛋白质的一级结构；④迁移率的测定。

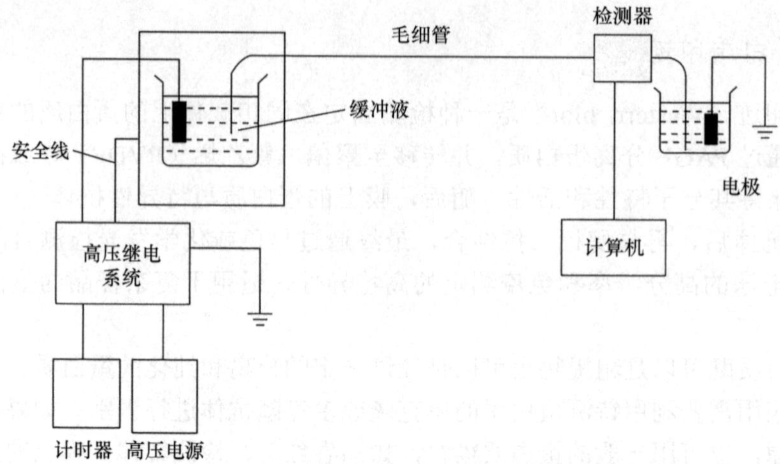

图 3-21　毛细管电泳仪结构示意图

数字资源 3-2

芦荟过氧化氢酶的分离纯化案例见数字资源 3-2。

第三节　酶制剂工艺

酶经过蛋白质纯化后，通常是液态的，且浓度较低，不能符合工业酶制剂的使用要求。因此，需要进一步精制，这个过程包括浓缩、干燥和结晶等工艺。

一、酶液的浓缩

酶的浓缩和干燥是酶与溶剂分离的过程，二者均为酶分离纯化的重要环节。浓缩的方法很多，除了大多数纯化的操作，如吸附、沉淀等包含了浓缩作用，还有蒸发浓缩、凝胶吸水浓缩、聚乙二醇吸水浓缩、冷冻干燥、离子交换法等也可用于蛋白质溶液的浓缩。浓缩方法的选择应视目的产物的热稳定性而定；对于热稳定较高的目的产物可用常规的水浴常压蒸发、减压蒸发等；对于热不稳定的生物大分子通常采用冷冻浓缩、葡聚糖凝胶浓缩、聚乙二醇浓缩、超滤浓缩等方法。下面主要介绍生产常用的蒸发浓缩、离子交换浓缩、吸水浓缩等方法。

（一）蒸发浓缩

通过加热或减压的方法使溶液沸腾，部分溶剂汽化蒸发，溶液得以浓缩的过程。为了缩短受热时间而不影响所要求的浓缩量，通常采用真空模式蒸发，即让溶液在蒸发器的表面以很薄的液层流过，浓缩液很快离开热表面，溶液在短时间内就可得到汽化、浓缩。

（二）离子交换浓缩

利用离子交换剂为载体进行浓缩。这些载体在一定 pH 条件下带有一定的电荷，当带有相反电荷的酶通过载体时，由于静电引力就会被载体吸附，然后用离子强度大的缓冲液洗脱，此时大部分目标酶立即被洗脱下来而达到浓缩的目的。常用于浓缩的离子交换剂有二乙基氨基乙基-葡聚糖 A-0、二乙基（2-羟丙基）季胺基-葡聚糖 A-50 等。

（三）吸水浓缩

吸水浓缩是一种简单易行的生物大分子浓缩方法。吸水浓缩主要采用葡聚糖凝胶浓缩和聚乙二醇浓缩两种方法。

二、酶的干燥

在固体酶制剂制备过程中，为了提高酶的稳定性，便于保存、运输和使用，一般都需要对酶进行干燥。干燥是指将固体、半固体或浓缩液中的水分或溶剂除去一部分，以获得含水分较少物质的过程。常用的干燥方法有真空干燥、冷冻干燥、喷雾干燥、气流干燥、吸附干燥等。

（一）真空干燥

真空干燥是在密闭干燥器中抽真空并加热，使酶液在低温下蒸发干燥。为防止水蒸气进入真空泵，需设置水蒸气凝结收集器。干燥温度一般控制在 60℃以下。该方法温和，适用于酶、蛋白质等热敏感物质，可通过优化条件尽可能保持生物分子的活性和功能。

（二）冷冻干燥

冷冻干燥是将酶液降温到冰点以下，使之冻结成固态。然后在低温下抽真空，使冰直接升华成气体，从而得到干燥的酶制剂。冷冻干燥得到的酶质量较高，结构保持完整，活力损失少，但是成本较高，特别适用于对热非常敏感而价值较高酶类的干燥。

（三）喷雾干燥

喷雾干燥是通过喷雾装置将酶液喷成直径仅为几十微米的雾滴，分散于热气流中，水分迅速蒸发而得到粉末状的干燥酶制剂。

喷雾干燥通过将酶液雾化成微小液滴，使其表面积增大，实现快速蒸发，几秒内完成干燥。由于水分迅速蒸发，吸收大量热量，使雾滴及周围空气温度低于气流进口温度。合理控制气流温度，可有效减少酶在干燥过程中的变性失活。

（四）气流干燥

气流干燥是在常压下，利用热气流直接与固体或半固体的物料接触，使蛋白质中的水分蒸发而得到干燥制品的过程。气流干燥的设备简单、操作方便，但是干燥时间较长，酶活力损失较大，需要控制好气流的温度、速度和流向，同时要经常翻动物料，使之干燥均匀。

（五）吸附干燥

吸附干燥是在密闭的容器中用各种干燥剂吸收物料中的水分，达到干燥的目的。

常用的吸附剂有硅胶、无水氯化钙、氧化钙、无水硫酸钙、五氧化二磷和各种铝硅酸盐的结晶等，可以根据需要选择使用。

三、酶的结晶

结晶是溶质以晶体形式从溶液中析出的过程，是酶分离纯化的一种手段。它不仅为酶的结构与功能等的研究提供了适宜的样品，而且有利于获得较高纯度的酶。

（一）基本原理

结晶形成的过程是自由能降到最小的过程。当自由能降至最小并逐渐达到平衡状态时，溶质分子开始结晶作用，平衡状态的热力学和动力学参数取决于溶剂和溶质的理化性质。当溶液处于过饱和状态时，分子间的分散或排斥作用小于分子间的相互吸引作用，便开始形成沉淀或结晶，由于溶液的过饱和，维持水合物的水分子相对减少而不足，溶质分子相互接触机会增加而聚集。但是，当溶液过饱和的速率过快时，溶质分子凝集太快，便会产生无定形的沉淀。如果控制溶液缓慢到达过饱和点，溶质分子就可能排列到晶格中，形成结晶。所以，在操作上必须注意：要调整溶液使之缓慢地趋向于过饱和；调整溶液的性质和环境条件，使得尽可能多的溶质分子互相接触，形成结晶。

（二）影响因素

1. 酶的浓度 一般来说，酶越纯，溶液越容易结晶，一般结晶所用的酶纯度应达到50%以上。

2. 酶蛋白的浓度 对大多数酶而言，酶蛋白浓度越高，越有利于分子间相互碰撞而聚合；但是酶蛋白浓度过高，蛋白质分子之间相互作用力加强，蛋白质容易产生沉淀；但是当蛋白质浓度过低时，又不易形成晶核。因此，蛋白质浓度在5～50mg/L时，有利于蛋白质结晶。

3. 晶种 有些不易结晶的蛋白质，往往需要加入微量的晶种才能结晶。

4. 温度 结晶温度一般控制在0～4℃范围内，低温条件不仅使蛋白质的溶解度降低，有利于结晶的形成，而且酶不易变性。

5. pH pH是结晶的一个重要条件，须在酶蛋白稳定的范围之内，一般应该选在被结晶酶的等电点附近。

6. 金属离子 许多金属离子能引起或有助于酶的结晶，不同酶选用不同金属离子。

不同酶蛋白的结晶条件往往不同，为了获得某种酶蛋白的结晶，往往需要进行一些适当的预备试验进行摸索。

7. 溶剂类型 不同的溶剂对酶的溶解度和结晶效果有影响。选择合适的溶剂可以提高酶的结晶效果。

8. 保护剂 在结晶过程中，添加适当的保护剂可以防止酶的聚集和变性。常用的保护剂包括糖类（如蔗糖、海藻糖）、多元醇（如甘露醇）、聚合物（如聚乙烯吡咯烷酮）等。

（三）结晶的主要方法

1. 盐析法 最常用的是硫酸铵和硫酸钠。一般是将盐加入到比较浓的酶溶液至能够使溶液呈现浑浊为止，然后放置，并缓慢增加盐浓度进行结晶。

2．有机溶剂法　一般在含有少量无机盐和适宜的 pH 条件下，于冰浴中缓慢滴入有机溶剂，并不断搅拌。当酶溶液微微浑浊时，在冰箱中放置几个小时后，便有可能获得结晶。

3．透析平衡法　透析平衡法是将酶溶液装入透析袋中，对一定的盐溶液或有机溶剂进行透析平衡，酶溶液可缓慢达到饱和而结晶。

4．等电点法　酶蛋白在其等电点时溶解度最小，通过改变酶溶液的 pH 可以缓慢地达到过饱和，从而析出酶蛋白晶体。

此外，一些不常用的结晶方法还有凝胶过滤结晶、亲和层析结晶、膜结晶法、冷冻干燥结晶等。

四、酶制剂的保存

（一）常见酶制剂类型

1．液体酶制剂　液体酶制剂包括稀酶液和浓缩酶液，一般除去固体杂质后，不再纯化直接制成，或加以浓缩而成。

2．固体酶制剂　发酵液经过杀菌后直接浓缩或喷雾干燥制成固体酶制剂。其有的加入淀粉等填充料，用于工业生产。有的经过初步纯化后制成，如用于洗涤剂、药物生产。若用于加工或生产某种产品时，务必除去起干扰作用的杂酶，才不会影响酶的质量。固体酶制剂适于运输和短期保存，成本也不高。

3．纯酶制剂　纯酶制剂包括结晶酶，通常用做分析试剂盒、医疗药物，要求较高的纯度和一定的活力单位数。医疗注射酶，还必须除去热源。

4．固定化酶制剂　将酶从微生物细胞中提取后，用固体支持物（称为载体）固定，使其成为不溶于水或不易散失和可多次使用的生物催化剂。

（二）酶制剂的保存

为了维持酶制剂的稳定，延长酶制剂的保存期，应注意以下几点。

1．温度　应该在低温条件下（0～4℃）保存。有的需要更低温度保存。低温保存时，加入适量的甘油或多元醇对酶蛋白有一定的保护作用。

2．pH　pH 应该在酶蛋白的 pH 稳定范围之内，常采用缓冲液来维持。

3．酶蛋白浓度　一般酶蛋白的浓度越高，蛋白质越稳定，低浓度时易于解离、吸附或发生表面变性失活。

4．氧气　有些酶蛋白容易被氧化而失活，因而酶制剂保存时，应尽可能隔绝空气。

另外，为了提高酶蛋白的稳定性，常常加入一些稳定剂，如对于巯基酶，可加入巯基保护剂二巯基乙醇、谷胱甘肽、二硫苏糖醇等。

乳糖酶固体酶制剂的制备案例见数字资源 3-3。

数字资源 3-3

五、酶制剂的质量

（一）酶制剂纯度的检测

物理化学方法检测蛋白质纯度主要包括：①电泳法，如等电聚焦、SDS-PAGE、毛细管电泳等，目的蛋白呈单一条带即为“电泳纯”；②比酶活测定，酶活力与蛋白质浓度的比值反映纯度，常用 Bradford 法测定蛋白质浓度；③沉降法，通过超速离心区分目的蛋白与杂质；④高效液相色谱法（HPLC），纯样品在洗脱谱上呈单一对称峰；⑤溶解度分析，纯蛋白质在恒定溶解度下表现出唯一折点；⑥N 端分析，纯蛋白质 N 端仅含单一氨基酸。需注意，单一方法仅能证明蛋白质均一性的一部分，不同检测方法可能得出不同的纯度结果，蛋白质纯度具有相对性。

（二）酶制剂的质量标准

不同用途的酶制剂对质量的要求不同，标准各异。

一般工业用酶制剂，通常以酶的活力达到某一稳定值时，就认为达到了质量标准。出厂产品的说明书中，包括酶制剂的外观性状、酶活力［固体制剂用每克活力单位数（U/g）表示，液体制剂用每毫升活力单位数（U/mL）表示］、酶制剂的简要使用方法、活力保持率。例如，某厂出售的糖化酶，标明“保存 6 个月活力保持率 90%以上，出厂时间”等。另外，固体制剂还包括细度或粒度、含水量。

食品用酶制剂，要求酶的纯度较高，除了酶活力、活力保持率等指标外，还有更为严格的卫生指标和有害物质限量指标；医药用酶的各项卫生指标和有害物质限量更严格，一定不能含有热源物质。

思考题

1．粗酶液的定义是什么？如何从重组大肠杆菌中提取出淀粉酶的粗酶液？设计一个平板显示法的实验来目测淀粉酶的酶活力。

2．硫酸铵沉淀法提取酶蛋白时应该注意哪些问题？

3．离子交换层析法的原理是什么？离子交换层析柱的填料有哪几种？它们在分离蛋白质时有什么差异？

4．查找文献，设计一个实验方案，从酿酒酵母细胞中提取并分离纯化脂肪酶。

5．请设计一个实验方案，将题 4 中所获得的脂肪酶制备成固体酶加以保存。

主要参考文献

柳建平，罗安才．2009．青梅果超氧化物歧化酶粗酶的提取及活性研究．安徽农业科学，37（19）：9126-9127．

王金胜．2007．酶工程．北京：中国农业出版社．

翁亚军．2004．反胶束纯化胰蛋白酶及含磷二肽的微水合成．重庆：重庆大学硕士学位论文．

禹邦超，胡耀星．2007．酶工程．2 版．武汉：华中师范大学出版社．

袁勤生，赵健．2005．酶与酶工程．上海：华东理工大学出版社．

张卫柱，曹璟，杨章民．2008．蛇毒蛋白组学研究进展．陕西师范大学学报（自然科学版），36（6）：74-79．

赵珊．2008．高温乳糖酶高产菌株发酵条件优化及酶制剂的研究．保定：河北农业大学硕士学位论文．

朱鸿．2010．芦荟过氧化氢酶的分离纯化及性质和功能基团研究．重庆：西南大学硕士学位论文．

Consums A. 2002. Protein purification Ⅰ: liquid chromatography. The Scientist, 16(2): 40.

Constans A. 2002. Protein purification Ⅱ: Afinity, tags. The Scientist , 16(4): 37.

Miyuki M N, Kilikian B V. 1998. Separation an purification of glucoamylase in aqueous two-phase systems by a two-step extraction. Journal of Chromatography, B: Biomedical Sciences and Applications, 711(1＋2): 309-312.

Nie Y, Xu Y, Mu X Q, et al. 2007. Purification, characterization, gene cloning and expression of a novel carbonyl reductase with anti-Prelog stereospecificity from *Candida parapsilosis*. Applied and Environmental Microbiology, 73(11): 3759-3764.

Soni K, Madamwar D. 2000. Reversed micellar extraction of an extracellular acid phosphatase from fermentation broth. Process Biochemistry, 36(4): 311-315.

Suresh K, Siva Kumar N. 2003. An immuno-affinity method for the purification of mannose 6-phesphate receptor proteins. Biochem Biophys Methods, 57(3): 237.

Zhang R Z, Xu Y, Sun Y, et al. 2008. Crystallization and preliminary X-ray crystallographic analysis of a carbonyl reductase from *Candida parapsilosis*. Acta Crystallographica, (F64): 252-254.

Zhang R Z, Zhu G Y, Zhang W C, et al. 2008. Crystal structure of a carbonyl reductase from *Candida parapsilosis* with anti-Prelog stereospecificity. Protein Science, 17(8): 1412-1423.

第四章 酶功能改造

酶是细胞产生的生物催化剂，主要成分是蛋白质。在酶催化的反应中，酶的蛋白质部分决定反应的专一性并实施催化，辅因子则参与电子、基团转移等。由于酶的蛋白质属性，天然酶一般只能在特定温度、pH 及离子强度区间内催化反应。开发新型、高活性、适应特殊环境、稳定性高、选择性高、价格低廉的生物催化剂成为酶工程研究的重要方向。因此，改造酶的工程——分子酶工程应运而生。

分子酶工程又称酶分子工程，是指应用化学、生物技术等原理和方法，在分子水平上实现酶的设计、改造及表达，生产出满足特殊需要的生物催化剂的方法和技术。酶的化学改造以现有的天然酶为对象，以化学方法或生物催化技术对其主链、侧链基团进行化学修饰或酶处理改造，获得理化性质和催化特性显著不同的改性酶。酶的基因工程改造则从源头入手，利用现代基因工程及遗传工程等生物技术彻底改变酶分子结构，甚至构建自然界中完全不存在的新酶，获得具有特殊肽链结构和催化功能的新型生物催化剂。这些经过分子改造的酶或者新获得的酶较自然界长久进化所产生的天然酶，性能得到改善，活性更强，催化效率更高，更能适应大规模化生产需要，因此生物酶工程已经成为新工业革命的新契机和现代分子生物技术的研究热点。

第一节　酶的理性设计

在对酶分子结构特征与催化功能充分了解的基础上，可以理性设计和改造酶分子，对特定位点进行突变。定点突变（site-directed mutagenesis）是指向酶分子基因序列中特定位点引入突变，这种突变包括特殊碱基的添加、删除、取代等，通过改变特定氨基酸来获得突变体酶，以改变天然酶的催化活性、底物特异性或稳定性。基因工程技术的发展，使得在任何一段 DNA 序列中插入、改变、删除特定的核苷酸成为可能，因此定点突变是酶基因操作的一项基本技术。

一、酶定点突变中突变位点的设计原则

为了使定点突变的突变结果可控，通过对蛋白质三维结构和立体化学参数的检验，人们确定了以下几条定点突变的经验法则。①酶催化中心附近的氨基酸突变对酶的活性会产生较大影响。②蛋白质表面环区的氨基酸突变不会对整体结构造成破坏。③只改变正负电荷交界区的残基位点可稳定蛋白质整体电荷分布。④将碱性氨基酸突变为中性氨基酸可能会提高酶在酸性条件下的稳定性。⑤将较大氨基酸突变为较小氨基酸可能会提高酶在有机溶剂中的稳定性。

二、酶定点突变常用的技术方法

（一）PCR 介导的定点突变

PCR 的出现推动了定点突变的发展，以 PCR 介导的定点突变为基因修饰、改造提供了更为快捷、简便的途径。其原理是在 PCR 反应中设计特殊的引物，使其 3′端核苷酸序列能足够好地与模板序列相匹配以引发 PCR，而引物的 5′端可以含有任何所想要的突变核苷酸序列。通过对需要改变的 DNA 序列的 PCR 扩增，携带突变的寡核苷酸引物序列被掺入到所产生的 DNA 分子的末端。利用这种方法，可以直接将突变引入，还可以通过重叠延伸（overlap extension）PCR 技术在目的基因的中心区段引入位点特异性的取代、插入或缺失突变（图 4-1）。

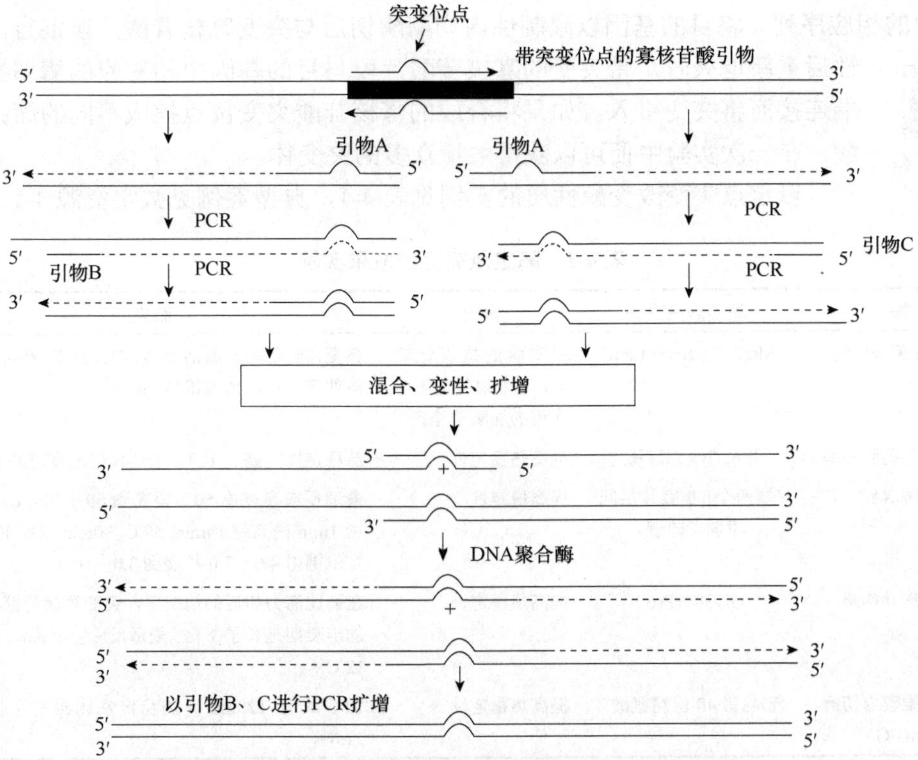

图 4-1 重叠延伸 PCR 介导的定点突变示意图

寡核苷酸引物介导的定点突变由加拿大生物化学家 Michael Smith 于 1978 年发明，其原理是用含有突变碱基的寡核苷酸片段作引物，在聚合酶的作用下启动 DNA 分子的体外复制，由此使得这段寡核苷酸引物成为新合成的 DNA 分子链的一部分而将突变引入。将复制产生的异源双链 DNA 分子转化入克隆载体，经复制形成突变型同源双链 DNA 分子。其操作的主要过程为：①首先合成一段 20 个左右碱基的寡核苷酸序列，该序列中除了有所需引入的突变碱基外，其余序列必须与待突变基因编码链的特定区段完全互补，而且突变碱基应设计在寡核苷酸分子的中央部位；②将待突变基因克隆到突变载体上；③使突变载体变性形成单链模板；④含突变位点的寡核苷酸引物与待突变的单链核苷酸模板退火，在 DNA 聚合酶的催化下进行 PCR 扩增，获得具突变碱基的异源双链 DNA 分子；⑤将获得的异源双链 DNA 分子转化大肠杆菌，细胞分裂扩增后产生带有野生型和突变型的同源双链 DNA 分子的克隆；⑥用限制性酶切法、探针杂交法和生物学法初步筛选出具有突变的酶基因，对突变体基因进行序列分析并检测突变体酶活力。

PCR 介导的定点突变操作简单，引入突变的效率可达 100%。但是容易在 PCR 过程中产生新的非预期突变，因此必须以 DNA 测序验证是否发生了其他突变，在扩增过程中应尽可能使用高保真 DNA 聚合酶。

（二）盒式诱变

盒式诱变（cassette mutagenesis）又称 DNA 片段取代（DNA fragment replacement），是利用目的基因中所具有的适当限制性内切酶位点，用一段含基因突变序列的双链寡核苷酸片段（其突变位点两端含有与目的基因待取代部位两端同样的酶切位点）取代目的基因中的相应序列。将目的基因以限制性内切酶酶切后与突变寡核苷酸片段混合，经变性后重新退火时，带突变的寡核苷酸片段与目的基因中相对应的酶切黏性末端连接而将突变引入。如果将合成的寡核苷酸突变位点换成不同的简并核苷酸，在一次实验中便可以获得数量众多的突变体。

数字资源 4-1

以定点突变改变酶性质的实例见表 4-1，典型案例见数字资源 4-1。

表 4-1　酶定点突变的成果实例

酶	氨基酸突变	目的	结果
枯草杆菌蛋白酶	Met222→Ser→Leu	提高酶的抗氧化能力，用来制备具漂白作用的加酶洗涤剂	突变体能保留原酶活力的 50%，但在 1mol/L H_2O_2 条件下，酶活力能维持 1h
嗜热丝孢菌脂肪酶	引入 Cys 二硫键	提高热稳定性	热稳定性提高了 12℃，最适作用温度提高了 10℃
木聚糖酶 XYN Ⅱ	N 端两个 β 折叠片层间添加二硫键	提高稳定性	最适反应温度由 50℃提高到 60～70℃，半衰期由 1min 提高到 14min，50℃ 30min 条件下 pH 稳定范围由 4.0～9.0 扩展到 3.0～10.0
葡萄糖异构酶	Gly38→Pro	提高热稳定性	在酶比活力相近的情况下，突变体葡萄糖异构酶的半衰期延长了 1 倍，最适反应温度提高了 10～12℃
中性纤维素内切酶 maEG	删除第 49 位脯氨酸	提高热稳定性	70℃处理 120min，热稳定性比野生型提高了 21.6%

第二节　酶的定向进化

理性设计的酶基因工程改造只适用于蛋白质三维结构已经清楚、对蛋白质结构和功能也比较了解的酶。由于酶结构和功能的关系非常复杂，当对所研究的酶蛋白分子结果了解很少时（目前这种情况占了大多数），需要寻找新的更高效实用的方法。

酶的定向进化又称为酶的体外定向进化（*in vitro* directed evolution），1993 年由美国科学家 Arnold 博士领导的研究组发明并成功用于枯草杆菌蛋白酶 E 的改造。其原理是模拟达尔文的自然进化，从一个或多个已经存在的亲本酶（天然酶或者人为改造过的酶）出发，经基因的随机突变、重组或随机杂交，使生物体在短时间内积累大量突变，然后通过有目的的选择，获得改性的酶。该方法把大自然数百万年进化过程缩短到数月或者数星期，对酶分子改造产生了革命性的影响。由于酶的定向进化无须预先了解酶的结构信息、活性位点、催化机制，引入的突变大多是随机的，因此称为酶的非理性化设计。该技术在很大程度上弥补了定点突变技术的不足，可以对酶的功能或性质进行改造或构建出新的非天然酶，解决一些理性设计所不能解决的问题，为酶的结构与功能研究开辟了崭新的途径。

酶定向进化的主要步骤如图 4-2 所示。①通过随机突变和基因体外重组等方法创造基因多样性；②把突变导入适当载体后构建突变文库；③通过灵敏快速的筛选方法，选择目标突变体；④反复多次随机突变循环，直至得到预期性状的进化酶。其关键在于：①建立包括尽可能多突变的目的酶基因的突变体库；②对突变基因表达的酶蛋白进行筛选，找出有益突变体。目前，引入突变、建立突变库的策略主要有随机突变、改组、交错延伸、随机引物重组和区域选择性突变等，根据所涉及的酶分子种类又可分为无性进化和有性进化两大类。

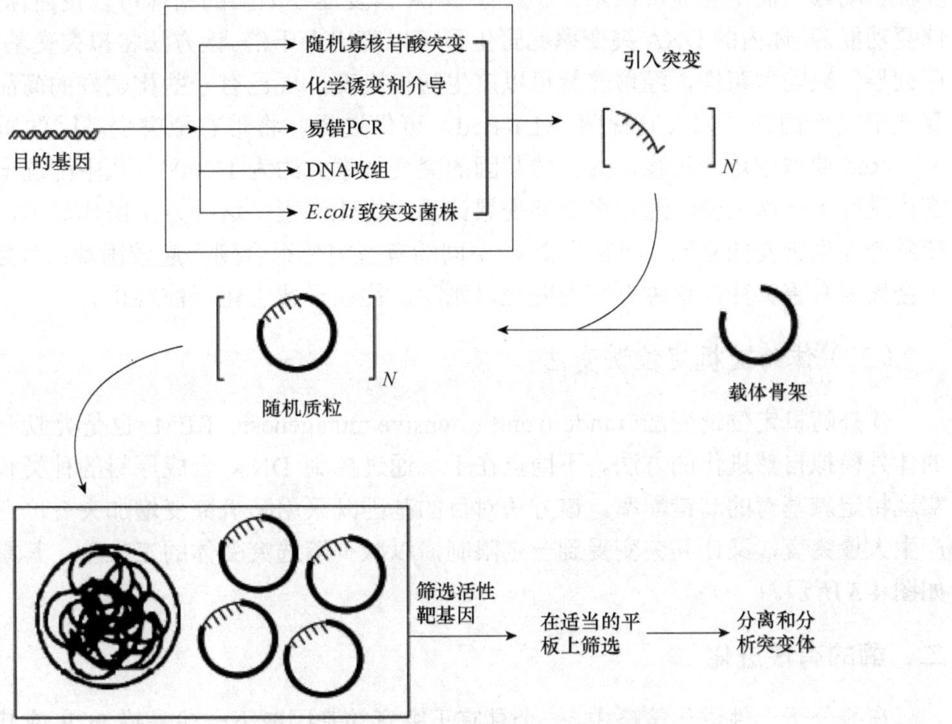

图 4-2　酶定向进化过程示意图（徐威等，2004）

一、酶的无性进化

酶的无性进化（asexual evolution）是指向单一酶分子基因内随机引入突变，构建突变酶基因库，通过筛选获得突变体酶的进化方法。主要手段如下所述。

（一）易错 PCR

易错 PCR（error-prone PCR）也称错配 PCR，由 Leung 等于 1989 年首次设计并报

数字资源 4-2

道，1991 年 Cladwell 和 Joyce 对其进行了完善。其引入突变的原理：在扩增目的基因的同时引入随机的碱基错配，导致目的基因随机突变。

易错 PCR 是非重组型构建突变文库的典型方法（数字资源 4-2）。在常规 PCR 扩增中，如果采用的 DNA 聚合酶不具有 3′→5′外切核酸酶活力（低保真聚合酶），在扩增过程中不可避免地会发生一些碱基的错配，导致扩增产物发生突变。也可以通过调整反应条件，如提高 Mg^{2+}浓度、加入 Mn^{2+}，从而增加突变机会。该方法适用于小于 800bp 的基因片段，较大基因片段不适宜此法。在实施过程中，一次突变过程往往很难获得满意的结果，由此发展出了连续易错 PCR（sequential error-prone PCR）方法，将一次 PCR 扩增得到的有益突变基因作为下一次 PCR 扩增的模板，连续反复进行随机突变，积累有益突变，最终筛选出具有显著有益突变的突变体。

（二）由致突变菌株介导的随机突变

生物体内随时发生着大量的突变，但由于生物体具有 DNA 修复功能，这些突变大多被自动修复而不能显现或累计。具有 DNA 修复途径缺陷的菌株可以使菌株失去 DNA 修复功能，其体内的 DNA 突变率比野生型可以高出上千倍。该方法将拟突变基因或 DNA 序列导入缺陷型菌株，经培养就可以产生随机突变，现已有一些构建好的商品 DNA 修复缺陷突变菌株（如大肠杆菌 XL1-Red）可供选择。将带有拟突变基因的质粒转化到 XL1-Red 菌株中培养过夜，其目的基因的突变频率大约为 1/2000，从中筛选出最佳的突变体进行下一次突变，通过多次突变累计加快进化进程。这种方法操作简单，但多次突变常会发生突变的复原（回复突变）；不同的有益突变组合到一起较困难；而且连续突变也会累积有害突变，这种有害突变难以删除，往往导致进化提前终止。

（三）体外随机定位诱变法

体外随机定位诱变法（random and extensive mutagenesis，REM）也是类似于易错 PCR 的体外模拟自然进化的方法。不同点在于，通过控制 DNA 合成原料的种类和浓度比例实现特定碱基对的高错配率。该方法对目的基因既采用随机突变增加突变位点，以快速产生大量突变，又让其突变受到一定限制，以减少筛选突变体的工作量。其原理和方法如图 4-3 所示。

二、酶的有性进化

在酶分子无性进化策略中，一个具有正突变的基因在下一轮易错 PCR 或其他随机突变方法中继续引入正突变的概率极小，即有益突变难以累积。为了更有效的对酶进行改造，一些新的技术被开发出来，其中一类是将已经获得的存在于不同突变酶基因中的正突变或近缘有益基因经 DNA 重组组合在一起形成新的突变基因库，然后从中筛选目的基因，这就是酶的有性进化（sexual evolution）。

（一）DNA 改组

DNA 改组（DNA shuffling）又称有性 PCR（sexual PCR），是一种利用 PCR 方法对酶基因在分子水平上进行有性重组（sexual combination）的方法。其策略是通过 PCR 方

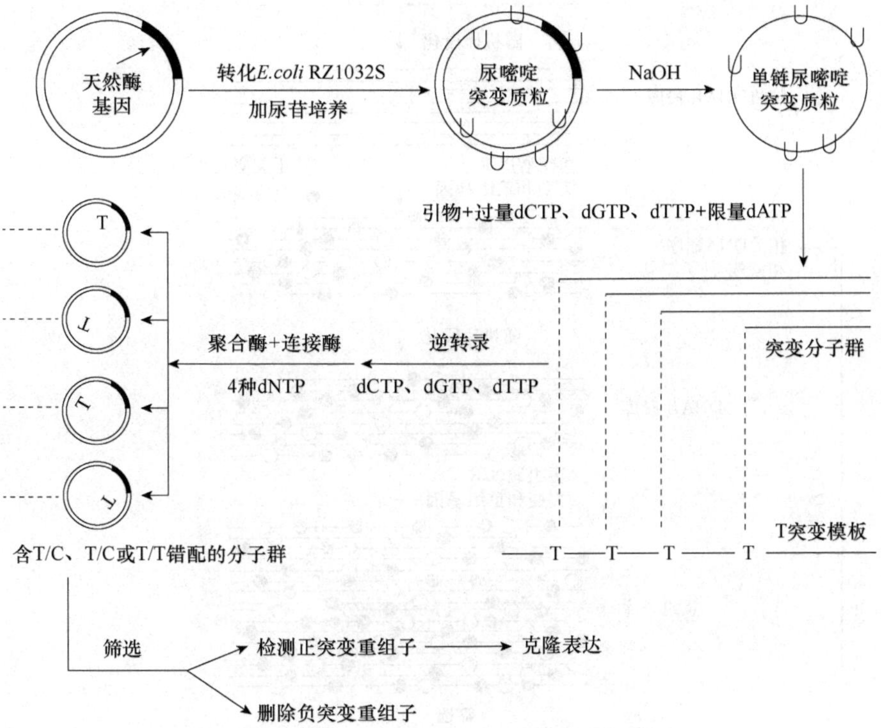

图 4-3 REM 基本原理及过程（罗贵民等，2002）

法创造两种或两种以上亲本基因群中的突变尽可能组合的机会，导致更大的变异，最终获取最佳突变组合的酶。

DNA 改组由美国的 Stemmer 于 1994 年首先提出，经后人的不断创新和改进，现已发展成为比较完善的技术体系，特别适合其他突变技术难以完成的基因片段插入、缺失、倒转和整合等，而且可以反复改组，实现突变的优势积累效应，因而在理论和实践上它都优于重复寡核苷酸引导的诱变和连续易错 PCR。DNA 改组的基本原理是将一群密切相关的亲本序列，如多种同源而有差异的基因（或一组突变的基因文库），在 DNA 酶 I（DNase I）作用下随机切成 20～50bp 的小片段；由于基因同源性高，这些小片段有部分碱基序列重叠，可通过自身引物 PCR（self-priming PCR）延伸并重新组装成全长的基因，重组产物经克隆后的集合构成突变文库（嵌合文库），这一过程称为再组装 PCR（reassembly PCR）。由于不同来源的片段之间可借助互补序列而自由匹配，来源于一个亲本的突变可与另一亲本的突变连接，从而产生新的突变组合。选择获得的改良突变体还可作为下一轮 DNA 重组的模板，重复上述步骤进行多次改组和筛选，最终获得性能满意的突变体（图 4-4）。若采用一系列天然存在的同源性较高的基因家族（gene family）成员作为起始基因进行 DNA 改组操作，则该技术称为家族 DNA 改组（family DNA shuffling）。

在实际应用中，DNA 改组经常与易错 PCR 技术相结合，从而达到一次性产生多个突变的结果。而且伴随重组过程的不断重复，可同时发生少数的点突变，从而增加突变概率。

DNA 改组时，大量同一来源的 DNA 易于形成同源双链体（homoduplex）而使异源

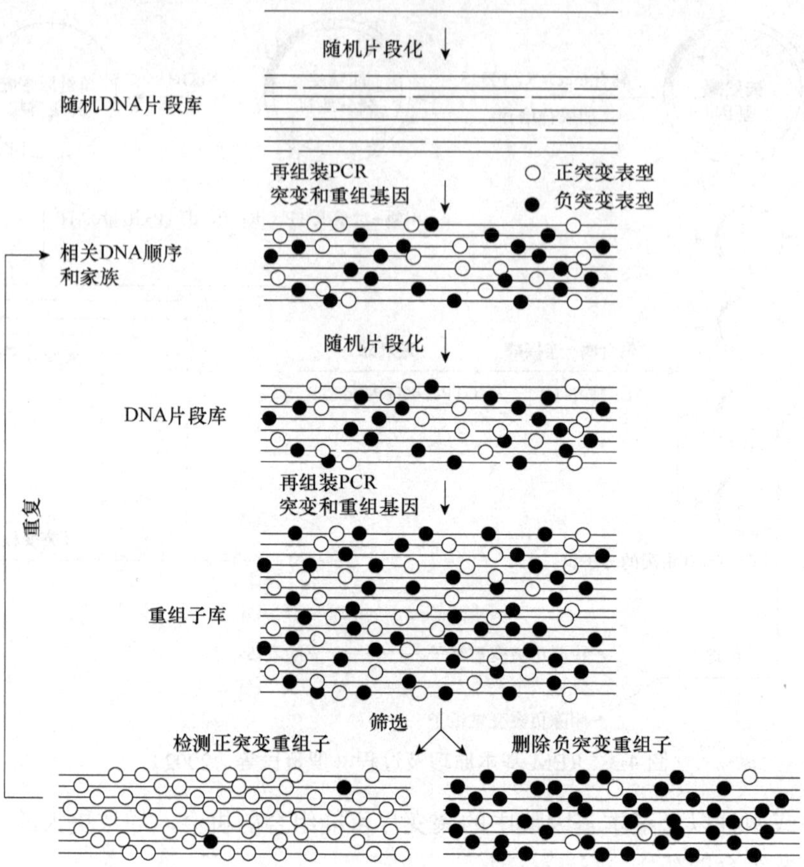

图 4-4 DNA 改组原理与流程图（Stemmer，1994）

双链体（heteroduplex）形成的效率降低（重组率低），为克服这一缺点，进行了两项改进：以单链 DNA（ssDNA）替代双链 DNA（dsDNA）；或用限制性内切酶取代 DNase I 的随机剪切，由此形成的 DNA 片段没有交错重复，从而减少了同源双链的形成，提高了重组频率。DNA 改组技术也有其局限性：仅适用于同源性较高的序列；大量的重组对筛选要求高；有益突变在整体突变中所占比例很少，大多数突变为无用突变，甚至是有害突变，这些非目标突变常常掩盖有益突变而导致有益突变筛选困难。

（二）DNA 体外随机引发重组

DNA 体外随机引发重组（random priming *in vitro* recombination， RPR）由美国的 Arnold 课题组在 1998 年首次应用。他们首先以单链 DNA 为模板，配合一套随机序列引物，通过 PCR 扩增产生大量互补于模板不同位点的短 DNA 片段，由碱基的错配和扩增的错误引发，在这些短 DNA 片段中引入点突变。其后的操作类似于 DNA 改组，将这些短片段互为引物进行 PCR 扩增合成，伴随随机重组，最后组装成完整的基因长度。如有必要，可反复进行上述过程，直到获得理想的酶性质（图 4-5）。

与常规 DNA 改组相比，RPR 技术有如下优点。①可以直接用 mRNA 或 cDNA 为亲本模板进行进化。②随机片段由扩增产生，故不需要大量制备亲本 DNA，也不需要去除 DNA 剪切酶，所以该方法更为简单。③合成的随机引物具有同样长度，无序列倾向性，

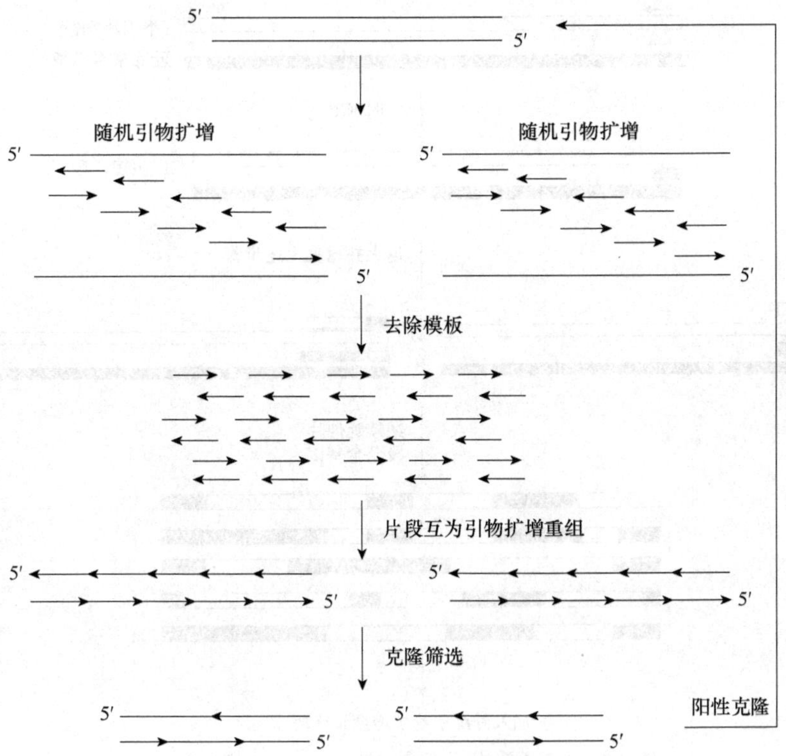

图 4-5 RPR 法示意图（Arnold et al.，1999）

因此在理论上 PCR 扩增时模板上每个碱基都应被复制或以相似的频率发生突变。④随机引发合成的 DNA 片段的大小不受 DNA 模板长度的限制。

（三）DNA 交错延伸重组

DNA 交错延伸重组（stagger extension process，StEP）也是由 Arnold 课题组在 1998 年发表。其要点是在 PCR 反应中，将含不同点突变的模板混合，将常规的退火和延伸合并为一步，并大大缩短其反应时间（55℃，5s），使 PCR 反应只能合成出非常短的新生链，经变性的新生链再作为引物随机地杂交到含不同突变的模板上继续延伸，此过程反复进行直至获得全长基因，其结果是产生间隔的含不同模板序列的新生 DNA 分子（图 4-6）。

StEP 采用的是变换模板机制，这正是逆转录病毒所采用的进化过程。整个反应发生在单一反应管中，不需分离亲本 DNA 和产生的重组 DNA，因此该法简便且有效。该方法常与易错 PCR 配合使用。

（四）渐进切割与 DNA 改组结合法

尽管 DNA 改组介导的重组已成为定向进化创建高质量 DNA 序列多样性的重要工具，但由于不同片段的连接是基于 PCR 扩增的碱基配对原理，对于同源性低于 70%～80% 序列的重组不适用，而自然界大多数生物同源序列的相似性都低于这个比例。为了解决这个问题，Benkovicy 研究组建立了渐进切割方法以产生杂合酶（incremental truncation for the creation of hybrid enzymes，ITCHY）方法。该方法的原理是将两个有较低同源性

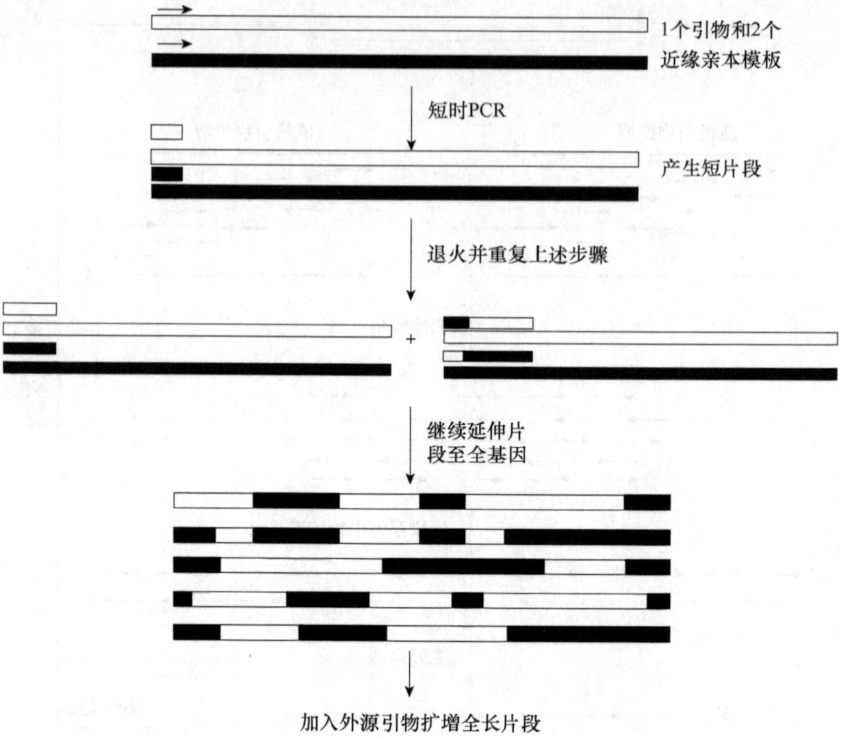

图 4-6 StEP 重组示意图（Zhao et al.，1998）

的基因（基因 *A* 和基因 *B*）分别用核酸外切酶III进行酶切，在其过程中控制核酸外切酶的切割速率不大于 10 碱基/min，在此期间，间隔很短时间连续取样并终止所取样品中的酶切反应，以获得一组依次有一个碱基缺失的片段库；然后将基因 *A* 的一组随机长度的 5′端片段与基因 *B* 的一组随机长度的 3′端片段随机融合产生杂合基因文库，从中筛选有益突变。将 ITCHY 技术和 DNA 改组技术结合起来，首先利用 ITCHY 技术对两个低同源性基因建立杂合文库，然后该文库被用于 DNA 改组，这就是渐进切割与 DNA 改组结合法（SCRATCHY）技术（图 4-7）。SCRATCHY 技术突破了单一 DNA 改组要求目标序列有较高同源性的限制，可以在低同源性基因之间多次交叉重组，将此方法应用于高同源性基因上也可以构建比单一 DNA 改组平均多 1.5 个重组交叉点的突变文库，因而比单一 DNA 改组有更广阔的应用前景。

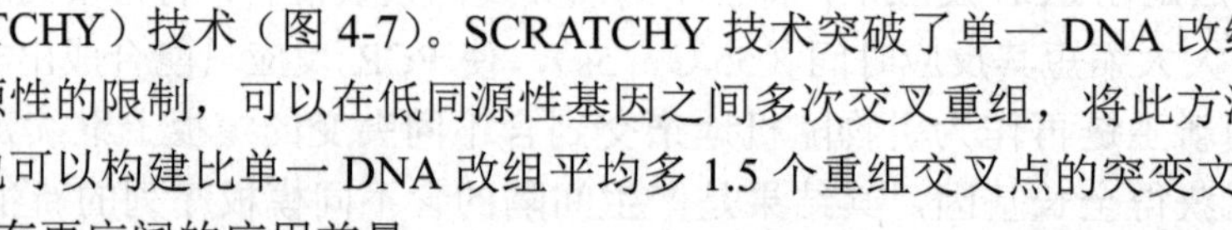

图 4-7 SCRATCHY 技术示意图

（五）临时模板随机嵌合技术

临时模板随机嵌合（random chimeragenesis on transient templates，RACHITT）技术是以一条一定间隔插入尿嘧啶的单链 DNA 分子作为临时模板，将随机切割的基因片段杂交到临时 DNA 模板上，进行排序、修剪、空隙填补和连接得到随机突变的过程

（图 4-8）。该方法的悬垂切割步骤可使非常短的 DNA 片段得以重组，明显提高重组的频率和密度。如果在片段重组前后采用易错 PCR 还可引入额外点突变。

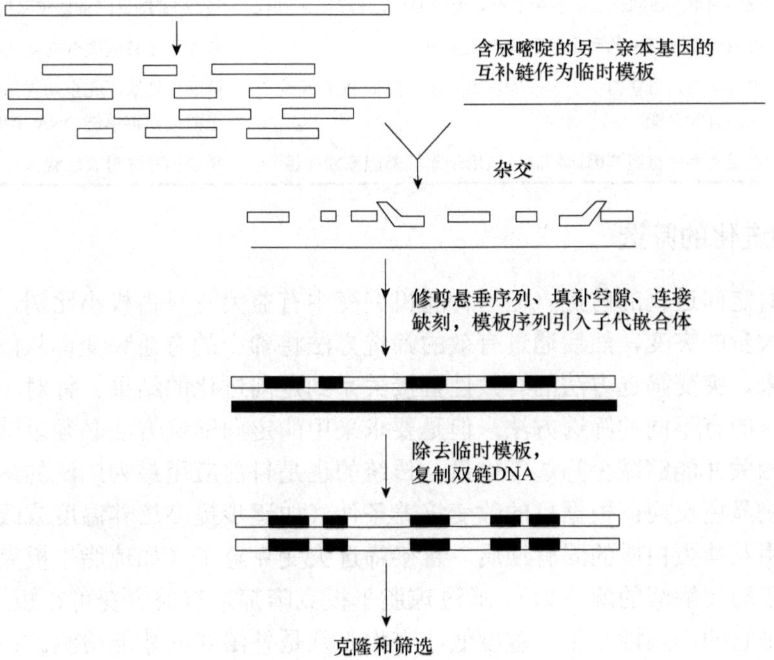

图 4-8　临时模板随机嵌合技术示意图（Pelletier，2001）

（六）酵母重组增强组合文库

酵母重组增强组合文库（combinatorial libraries enhanced by recombination in yeast，CLERY）是一个真核基因家族改组策略。其原理是将体外 DNA 重组与随后的酵母体内重组相结合，构建高丰度低亲本水平的重组文库。该方法直接以含目的基因的质粒作为体外改组的模板，改组后基因产物与线性化的酵母表达载体共转化酵母细胞，启动体内重组，表达的功能性重组子直接用于筛选。法国学者 Truan 等用该法重组人细胞色素 P450 1A1 和 1A2，所得文库含 86%的嵌合基因，大大提高了文库丰度。该方法用单链 DNA 做改组的模板，可进一步提高文库中重组基因的比例。该方法为蛋白质结构和功能研究、多组分真核复合酶活力的调控提供了一个新的有力工具。

以上介绍了定向进化创建序列多样性文库的几种方法，但任何一种方法都不是万能的，在实际应用中，应根据具体问题，选择合适的方法或方法组合。几种常用定向进化方式优缺点对比见表 4-2。

表 4-2　定向进化方式优缺点对比

突变技术	优点	缺点
易错 PCR	操作简单，由单个基因创建低水平高丰度突变基因文库	仅限于 1kb 以下的片段
DNA 改组	多个亲本参与进化，迅速积累有益突变，消除有害突变	亲本要求较高同源性
RPR	对模板 DNA 需求量少，方便引入突变	需随机引物，扩增片段有局限性

续表

突变技术	优点	缺点
StEP	操作简单，在同一反应管中进行，无须 DNA 片段纯化过程	最适 PCR 反应条件难以把握
ITCHY	可用于低同源性的两个基因间产生重组	容易产生移码突变而降低酶活力
RACHITT	重组率高，可获得小于 5bp 的重组片段，降低 PCR 反应引入的有害突变	核酸外切酶不完全切割会影响文库质量，事前须获得单链 DNA 模板和重组片段
CLERY	重组文库中重组基因比例高，适用于真核基因家族改组	需要构建酵母表达载体

三、酶定向进化的筛选

突变是酶定向进化的前提。但这种随机突变中有益突变只占极小比例，因此首先需要诱导产生大量的突变，然后通过有效的筛选方法将稀少的有益突变体从巨大的突变体库中挑选出来。突变筛选方法的有效性直接关系到定向进化的结果。针对不同的酶和酶反应及突变目的有不同的筛选方法，但是要求采用的定向筛选方法必须足够灵敏，且应与目的性质相关并能够减少筛选工作量。传统的也是目前应用最为广泛的常用筛选策略有：利用底物显色反应；根据目的改变培养条件（如逐步提高培养温度或改变培养基的 pH 等）；利用某些蛋白质的固有性质，直接筛选突变克隆子（如琼脂平板克隆筛选或利用荧光检测粗酶裂解液的酶活力）。通过琼脂平板克隆筛选有益突变可在短期内筛选 10^4 个克隆，但是它的局限性在于灵敏度低，产物必须是外泌式的才能检测。粗酶裂解液进行酶活力检测是一种普遍使用的方法，但是筛选效率相对较低，如果不使用自动化的仪器辅助，很难达到高通量的目的。

高通量筛选（high throughput screening，HTS）技术是目前定向筛选的发展趋势，具有非常广泛的应用前景。该技术可以根据待测样品的合成路线分为液相筛选和固相筛选，也可以根据筛选目标物分为纯蛋白质受体亲和性筛选、酶活力筛选、细胞活性筛选。放射性染料及荧光染色、免疫学方法、利用细胞的功能筛选和利用小鼠显型的表型遗传学筛选等也是常用的方法。对于高通量筛选而言，最主要的困难在于如何将基因、基因编码的酶及反应的产物有机联系起来，生物展示技术在这个问题的解决上有着重大突破（数字资源 4-3）。

数字资源 4-3

（一）应用细胞或噬菌体展示进行高通量筛选

该方法的原理是将突变体表达的酶展示在细胞或噬菌体表面，利用突变体酶将可溶性底物水解进而得到产物，而产物可通过电荷作用耦合在噬菌体颗粒或细胞表面上，之后通过一个能够亲和最终产物的层析柱，将带有产物的噬菌体或细胞突变体分离出来。采用这种策略，经过两轮筛选，可以从超过 10^9 个突变体库中得到一个催化活性提高的突变体。另一个利用噬菌体展示进行筛选的策略是将底物连接到表达目的酶的噬菌体上，有活性的突变体转化连接的底物成为产物，由于产物依然连接在噬菌体表面，在通过能够特异吸附产物的层析柱时，带有活性酶的噬菌体被分离出来。

（二）核糖体展示

核糖体展示（ribosome display，RD）是一种完全在体外合成蛋白质分子并进行选择与进化的新技术。它的基本原理是通过 PCR 扩增建立酶的突变 DNA 文库，置于具有转录翻译偶联功能的无细胞的核糖体翻译系统中孵育，使目的基因的翻译产物展示在核糖体表面，形成“mRNA-蛋白质-核糖体”三元复合体，最后利用常规的免疫学检测技术，通过抗体分子直接从三元复合体中筛选出核糖体复合体，再利用逆转录 PCR（RT-PCR）扩增，将有益突变的酶基因扩增放大，进行下一循环的富集和选择，最终筛选出与抗体高亲和力的目标分子。

目前，RD 技术作为功能蛋白质的筛选工具主要有两种类型：一种是 mRNA-核糖体-蛋白质以非共价键形式形成三元复合体，称之为核糖体展示；另一种是以共价键形式构成的 mRNA-蛋白质融合体，称之为 mRNA 展示。这种技术由于不需要活细胞，因此可以应用于有细胞毒性分子的筛选与研究。此外，在体外核糖体展示系统中酶蛋白的表达环境可精确控制，更有利于目标酶蛋白的展示与筛选。

（三）利用缺陷型宿主进行的体内基因筛选

基因作用机制筛选或体内筛选是定向进化的传统工具，这种选择方案是基于进化产生的活性分子与缺陷型宿主互补的原理，因而首先需要建立缺陷型宿主，这使得该方法的应用受到了限制。

（四）体外区室化筛选

体外区室化筛选（*in vitro* compartmentalization，IVC）是最近开发的一种表面展示技术，它是将突变体基因库的水溶液和转录翻译系统混入（或均质化）到一个油-表面活性剂体系，产生油包水型乳悬液，单个的突变基因和表达系统被包含在这种乳悬液的小液滴中，在小液滴中基因表达产生酶，底物经酶作用转变成产物，尽管底物或产物可能并不与酶牢固结合，但仍留在酶所在的小液滴中，这样使基因和表型联系起来。这种方法除了可以用于改变底物特异性的酶的筛选外，还可以针对那些酶与底物结合力不强，底物或产物易与酶分开，因而表面展示和亲和层析难以分离筛选突变体的筛选。

第三节　酶的半理性设计

虽然理性设计和非理性设计（定向进化）在酶的设计上取得很大成功，但是两者所用酶的分子改造方法却有各自的局限性。理性设计往往受限于酶结构和功能之间关系的复杂性及对酶结构的了解程度。定向进化虽然能够克服酶结构和功能关系的障碍，但是必须要有一个针对目标酶性质的高通量筛选方法，而通常高通量筛选方法都会较多地消耗人力、物力；并且大量的全基因范围的随机突变，往往会超出绝大多数筛选方法的承受范围。因此催生了一类能够将两种方法结合的技术，即酶的半理性设计（semirational design）。近年来不断发展的对酶结构、催化机制的认识也使得定向进化由完全随机突变向有的放矢的半理性设计转变成为可能，三种酶分子改造设计方法的比较见表 4-3。

表 4-3 三种酶分子改造方法的比较

改造策略	是否需要结构和功能信息	获得有益突变的概率	搜索的序列范围	是否需要高通量筛选（选择）方法
理性设计	需要	中等	低	非必需
非理性设计（定向进化）	不需要	低	中等、随机	必需
半理性设计	知道其中之一	高	中等，有一定目的性；采用计算机辅助则可以在更大范围内有目的搜索	非必需，但有更好

半理性设计最常用的方法是应用部分已知的酶结构或酶功能信息，或通过随机突变探测改变所需性质的关键位点，随后选定一些位点进行常规随机突变或饱和突变（将特定位点的氨基酸分别以其他 19 种氨基酸替换突变），提高对目标酶所需性质的改造效率。

以下是几种常用的半理性设计方法。

一、基于结构信息的对特定片段的定点随机突变

酶的作用位点可能是个相对广泛的区域，仅针对某个位点的突变不一定能够获得理想的效果，而针对该确定区域的随机突变，可以大大提高进化的效率。一个成功的例子是应用这种针对目标序列的随机突变来改变 Cre-DNA 重组酶的底物特异性，应用此酶与底物共结晶结构的部分信息，选择了两个分别包含 5 个和 6 个氨基酸残基的短序列，建立随机突变库，获得了一个能识别新底物的突变体。而当无法通过结晶获得蛋白质结构时，可以借助 AlphaFold、Swissmodel 等工具模拟蛋白质结构来代替。其中 AlphaFold 是由谷歌 DeepMind 团队开发的蛋白质结构预测模型，它使用 PDB 数据库近 15 万个蛋白质结晶结构训练算法，2018 年在蛋白质结构预测关键评估（Critical Assessment of protein Structure Prediction，CASP）竞赛中崭露头角；2021 年团队在 *Nature* 杂志发布了预测更准确的 AlphaFold 2 并提供源代码；2024 年发布的 AlphaFold 3 预测精度较上一代又有提高，可以基于序列模拟蛋白质、DNA、RNA 大分子和配体小分子的结构，对结构生物学领域产生了革命性的影响。

二、随机突变与特定残基的位点饱和突变结合

当酶的结构与功能关系不明确，不能进行理性设计时，可以首先采用全基因随机突变在酶基因中引入突变，根据酶活力测定结果探测出可能的有益突变位点，再针对确定的有效位点进行饱和突变，可以快速筛选到所需目标性质的突变体。例如，在来源于肺炎链球菌（*Streptococcus pneumonia*）的转肽酶中引入 β-内酰胺酶，获得了一个具备较高 β-内酰胺酶活力的转肽酶突变体。这是一个有效的利用已知结构信息，同时采用随机突变探测未知有效位点，迅速获得有益突变的典型例子。

三、计算机辅助的半理性设计

半理性设计可以在一定程度上限定随机突变范围，使随机突变更有目的性，有效缩小需要筛选的突变库的容量。但是尽管如此，最后的随机突变的库容量常常仍然是巨大

的。计算显示，对仅有 5 个残基的短肽进行 20 种氨基酸的随机突变，所获得的突变库的库容就可达到 3.2×10^6。

快速发展的现代计算机技术已经应用到自然科学的各个领域，越来越多的生物信息量及相应数据库也为计算机模拟提供了可能。根据蛋白质的空间晶体结构，在不断建立模型并反复进行实验的基础上，已经开发建立了多种可以有效预测氨基酸或多肽片段替换功能的蛋白质模型。目前已有的数值模型可以分为两类，即模拟 DNA 重组的 DNA 模型和预测氨基酸或多肽片段替换功能的蛋白质模型。DNA 模型的数值模拟主要依赖互补链之间的氢键和相邻原子之间的作用力，是整合与 DNA 改组相关的数据信息所建立起来的体外模型；蛋白质模型的数值模拟则是通过量化碱基替换、插入和缺失对蛋白质空间结构的影响来模拟定向进化。可以用计算机分析，模拟、预测可能的突变结果，据此寻找出最有可能与酶活力或特殊性质相关的酶的结构位点，把突变的目标集中于这些位点上，从而为半理性设计提供可能的目标位置，构建简洁的突变库，避免大量无用突变体的产生，减小筛选的负担，显著提高获得有益突变体的概率。常用的预测突变位点工具有 PROSS 网站和捷克马萨里克大学设计的蛋白工程系列软件。计算机辅助半理性设计典型案例见数字资源 4-4。

数字资源 4-4

一个对枯草芽孢杆菌（*Bacillus subtilis*）脂肪酶热稳定性改造的研究，首先利用计算机对酶的晶体结构进行 B-factor 分析，将 B 值最高的 10 个残基作为靶标进行饱和突变，得到 10 个突变库，从中筛选出热稳定性提高最明显的 M134D 作为模板，针对结构中对稳定性提高第 2 明显的 Ile157 位点进行饱和突变，得到较好突变体后，再针对稳定性提高第 3 明显的 Y139 位点构建饱和突变库，依次进行，最后得到理想的多点突变体，其变性温度比野生型提高了 50℃左右（Reetz et al., 2006）。为了使人胰脂肪酶在低 pH 条件下更好的发挥活力，对该酶催化活性中心结构进行分析，在此基础上对催化活性中心裂隙中的不同区域进行了定点饱和突变，结果显示在催化残基 His 附近引入带负电荷的氨基酸突变可使最适 pH 降低，但同时也降低了酶活力，而在催化裂隙的入口引入负电荷残基将提高酶的活力，在酸性 pH 下活力比野生型提高 2 倍。

第四节 酶分子的化学修饰

与基因工程改造酶功能相比较，化学修饰改造酶是以有机试剂直接攻击酶的主链或侧链基团，形成酶修饰物。其优点是改造反应既可是定向的，也可是非定向的；改造速度快，引入不同种类的改造剂，有利于获得多种改造酶；成本相对低廉，容易实现规模化生产。其缺点是专一性高的改造剂和改造方法较少；改造剂可能会降低改造酶与底物结合的亲和力，导致较低的表观反应速率。

一、酶的化学修饰方法

酶的主链和侧链均可进行化学修饰，对主链的化学修饰，主要通过蛋白酶或肽酶水解，生成较小分子的肽段；对侧链的化学修饰，则是修饰剂与侧链基团发生共价反应，生成亲核取代物。就目前的研究成果来看，对酶的改造反应都是亲核反应，即富电子的修饰剂进攻侧链基团的缺电子部分，形成共价键。酶的侧链基团包括羧基、氨基、巯基、羟基、胍基、咪唑基、吲哚基等，在适宜条件下，它们均可与改造剂发生亲核反应而形成修饰衍生物。

根据修饰剂与酶反应性质的差异，将化学修饰反应分成酰化、烷基化、氧化还原、芳基取代等类型。对酶化学修饰的原则是尽量保持其构象稳定或/和减少催化活力损失。因此，所有的修饰反应都应该在温和条件下进行。下面介绍对蛋白质主要侧链基团羧基、氨基和巯基的化学修饰反应。

（一）修饰羧基

在适当条件下，水溶液中的羧基可形成酯或酰胺，既可用水溶性碳二亚胺（EDC）催化，也可用硼氟化三甲烊盐或酸催化。

碳二亚胺法催化流程如下所示：

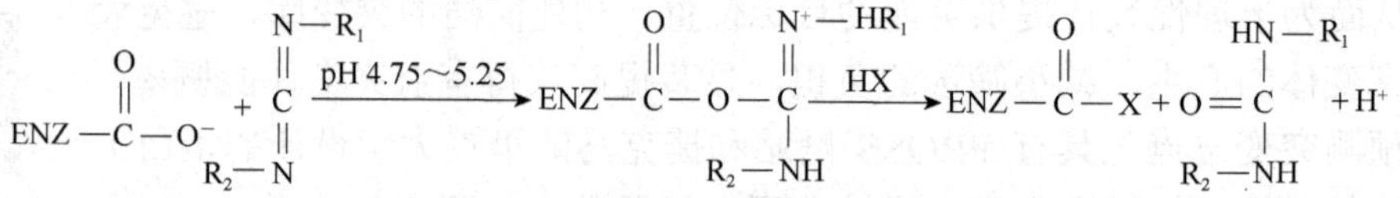

式中，R_1、R_2为烷基；HX 为卤素、一级或二级胺；ENZ 为酶。

例如，二氧化钛纳米薄膜粗糙且多孔，呈海绵状，为 14～20nm，比表面积大，生物相容性良好，是探索蛋白质物理和化学性质的良好材料。用碳二亚胺将酶固定于二氧化钛纳米薄膜上，涂布于 1,1′-二对苯甲酸甲基-*N*,*N*′-溴代联吡啶（$H_2BpybcBr_2$）改造的电极上，获得固定化酶电极。该电极使葡萄糖氧化酶（GOD）与二氧化钛纳米薄膜之间存在电子转移。检测结果显示，葡萄糖的氧化电流在 GOD/$H_2BpybcBr_2$/TiO_2/FTO 电极上比在 GOD/TiO_2/FTO 电极上高，说明表面喷涂 $H_2BpybcBr_2$ 提高了固定在二氧化钛纳米薄膜 GOD 的催化电流。

以水溶性碳二亚胺改造酶的羧基具有条件温和、专一性较强的特点，已成为蛋白质化学改造的一种常用试剂。其催化机制是：碳二亚胺先活化羧基，再与亲核物发生反应，形成酰胺。

商业纤维素酶（CCBE）有甲壳素酶和纤维素酶的功能，经过二乙氨乙基（DEAE）-琼脂糖 CL-6B、苯琼脂糖 CL-B 和葡聚糖凝胶 G75 凝胶过滤及洗脱，获得 CCBE 纯品，pH 4.8 下加入碳二亚胺处理，CCBE 丧失 80%～90%的甲壳素酶活力，而其纤维素酶活力仅丧失 20%。虽然两者活性部位的羧基都与催化有关，但碳二亚胺仅活化未质子化羧基，因此该羧基在此条件下被改造，失去给质子能力，甲壳素酶活力丧失。

（二）修饰氨基

酶的游离氨基包括肽链 N 端的游离 α-氨基和赖氨酸的 ε-游离氨基，前者是肽链的 N 端标记。对这类氨基的修饰不仅可能改变酶的性质，还可确定蛋白质一级结构 N 端的氨基酸及肽链数量。常用的修饰剂有 2,4-二硝基氟苯（DNFB）、丹磺酰氯（DNS）、三硝基苯磺酸（TNBS）、卤代酸、酰化剂、小分子氰酸盐、磷酸吡哆醛等。它们与酶分子中游离氨基的反应式如下所示。

1．2,4-二硝基氟苯法

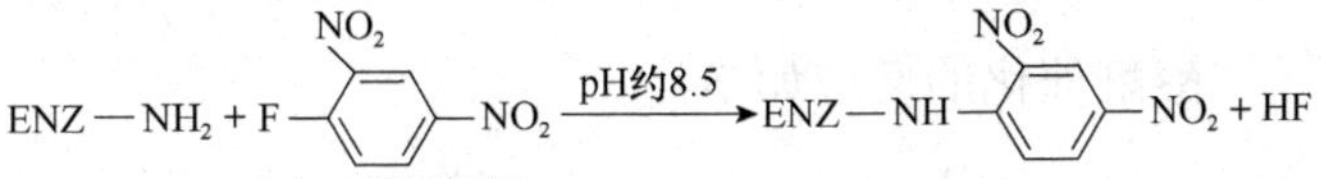

2,4-二硝基氟苯
(DNFB)

2．丹磺酰氯法

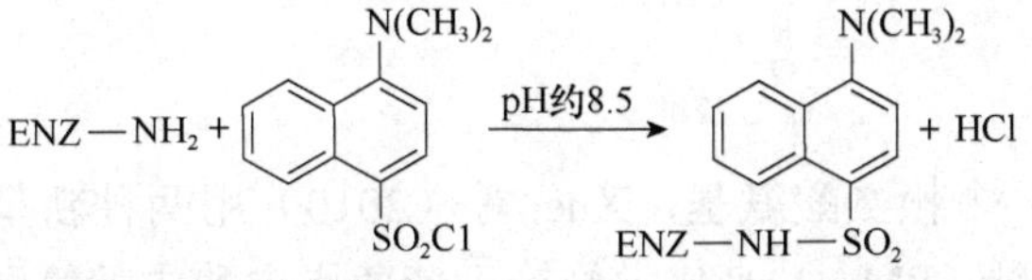

丹磺酰氯

3．三硝基苯磺酸法　　赖氨酸的ε-游离氨基亲核性强，反应活性高，常位于酶的活性部位，对其进行修饰可探索其活性部位及催化机制。三硝基苯磺酸对ε-氨基的化学修饰反应如下所示。

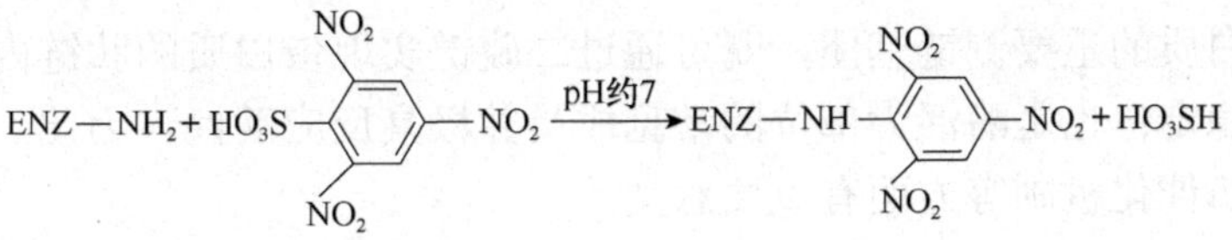

三硝基苯磺酸

大量研究指出三硝基苯磺酸的修饰非常有效，反应产物在420nm、367nm有特征光吸收。游离赖氨酸ε-氨基的pK_a为10.53，受微环境的影响，某些赖氨酸ε-氨基的pK_a值可能降低，因而具有超强的反应性。

4．水溶性大分子修饰法　　水溶性大分子如聚乙二醇（PEG）、聚丙烯酸（PAA）、聚氨基酸等均可通过共价键修饰酶分子表面的氨基，形成覆盖层。水溶性高分子改造的酶稳定性提高、免疫性或毒性降低、有机溶剂耐受性提高，利于在各领域应用。应用最广泛的是水溶性大分子是分子量为300～2000kDa的PEG或其衍生物，这类PEG可溶于水和大部分有机溶剂，无免疫原性和毒性，生物相容性已经通过美国FDA认证。PEG催化的改造反应如下，其中DCC为二环己基碳化二亚胺（数字资源4-5）。

数字资源
4-5

$$\mathrm{ENZ-COO^- + HO-PEG \xrightarrow{DCC} ENZ-\overset{\overset{\displaystyle O}{\|}}{C}-O-PEG}$$

5．卤代酸法　　氨基的烷基化修饰剂包括卤代酸、卤代或磺化芳烃，它们或以亲核取代实现修饰，或在供氢体存在时（硼氢化钠、硼氨等）使酶与醛或酮反应，实现还原性烷基化。在还原性烷基化修饰氨基时，羰基化合物的体积对修饰效率影响很大。例如，分别以甲醛、丙酮、环戊酮、环己酮和苯甲醛修饰溶菌酶、卵转铁蛋白及卵类黏蛋白，修饰程度为40%～100%。其中，丙酮、环戊酮、环己酮和苯甲醛的修饰为100%单取代反应，丁醛为20%～50%的双取代，而甲醛则为100%的双取代。而且这3种蛋白质的甲基化和异丙基化衍生物可溶解于水，并保留几乎全部活性。氨基的烷基化还原修饰的化学反应如下：

$$ENZ-NH_2 + \underset{碘乙酸}{ICH_2COO^-} \xrightarrow{pH约8.5} ENZ-NH-CH_2COO^- + HI$$

6．酰化剂法　酸酐催化的反应如下：

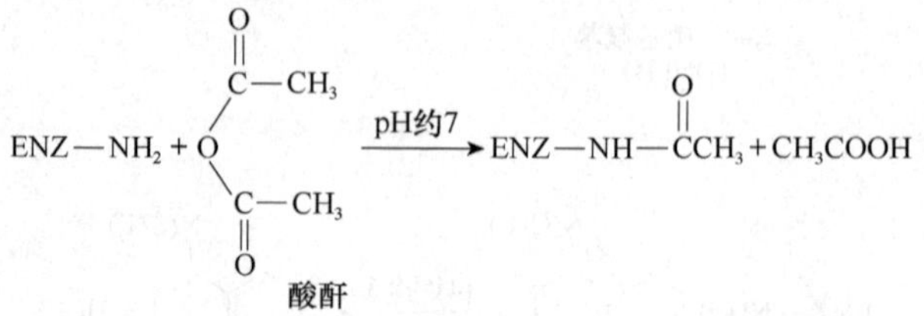

酸酐

菠萝蛋白酶有 15 个赖氨酸氨基，Xue 等（2010）用两种新型试剂均苯四甲酸二酐（PMDA）和聚马来酸酐（PMA）来化学修饰干菠萝蛋白酶中赖氨酸残基，可修饰其中的 8～9 个赖氨酸，改造率分别为 53%和 60%。修饰酶在 3381～3423cm^{-1} 的红外吸收增强，出现 1649cm^{-1} 和 1517cm^{-1} 酰胺Ⅰ和酰胺Ⅱ特征吸收峰，表明酸酐与赖氨酸残基生成酰胺基。

（三）修饰巯基

巯基是蛋白质的重要侧链基团，既可通过二硫键实现蛋白质的肽链内和链间连接，维持其构象的稳定；也是酶活力部位的常见成员并极具反应活性。因此，对巯基的化学修饰，在研究酶催化机制等方面有重要意义。

1．烷基化法　碘乙酸和碘乙酰胺是重要的烷基化试剂，可修饰巯基；近年来开发的基于碘乙酸的荧光试剂，可使游离巯基羧甲基化，修饰产物稳定且易识别。对巯基的化学修饰反应如下：

$$ENZ-S^- + ICH_2COO^- \xrightarrow{pH大于7} ENZ-S-CH_2CHOO^- + I^-$$

其他卤代酸或卤代酰胺也可以修饰巯基，如溴代乙酸，但其修饰反应速率较慢、专一性较低。

2．酰化法

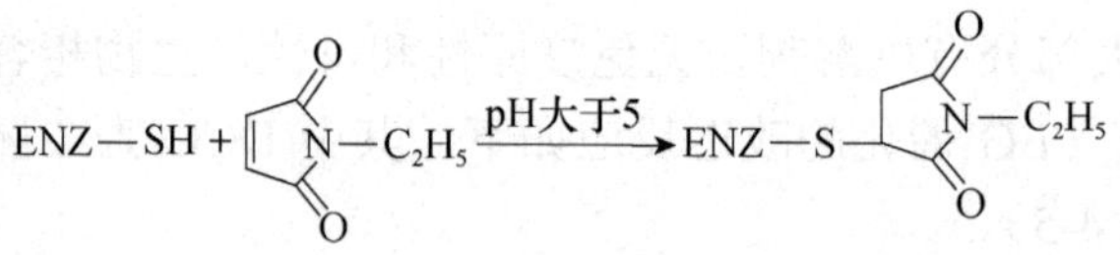

3．Ellman 反应

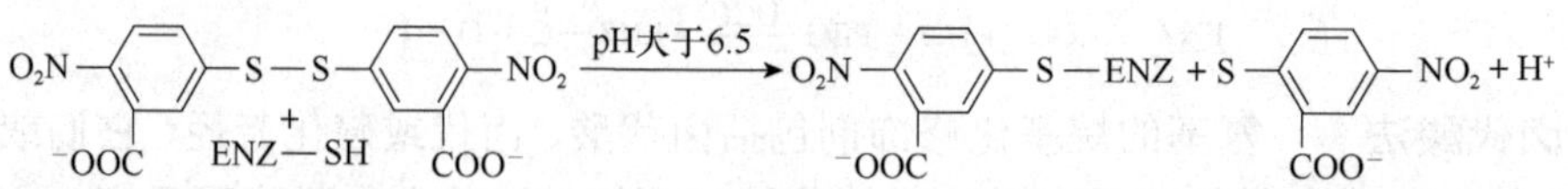

对二硫键的修饰在酶一级结构分析、二硫键数量和位置确定方面有重要作用。化学修饰二硫键的反应如下：

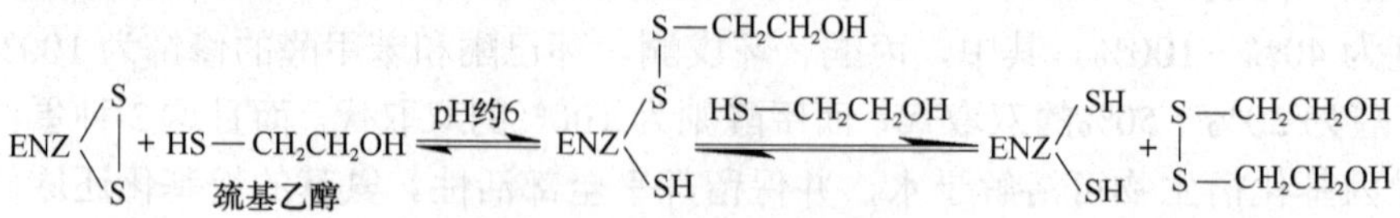

巯基乙醇修饰二硫键的反应

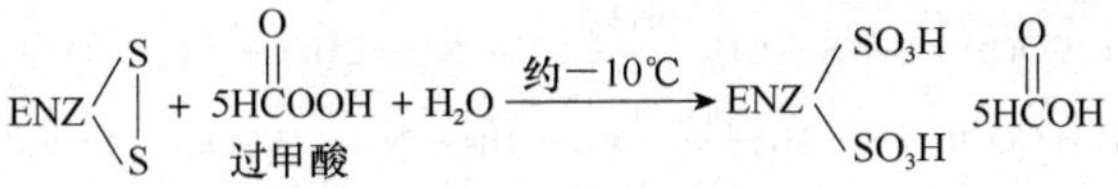

过甲酸氧化二硫键的反应

二、修饰的专一性控制

（一）修饰剂和修饰条件

选择适宜的修饰剂和修饰条件，可实现修饰反应的高度专一性和高效性；建立适当的控制和跟踪修饰反应的方法，可获得修饰反应的系列数据进而可确定修饰部位、修饰程度并合理解释改造结果。

修饰目的不同，选择的修饰剂及修饰条件也不同。对活性部位的修饰，可探测到参与结合底物、催化反应的侧链基团并了解催化机制；对酶表面的修饰，则可改善酶的稳定性、溶解性、抗原性等性质。例如，修饰氨基可分为：改造所有氨基；仅修饰α-氨基；修饰反应性高的氨基或活性部位氨基等。确定修饰目的后，应选择修饰剂并控制修饰条件，以实现不同精度的修饰。例如，欲改变酶的荷电及溶解性应选择能引入最大电荷量的试剂。选择修饰剂还须考虑对生成物的追踪，便于定性或定量分析，如引入荧光、放射性同位素等。此外，还应考虑改造剂的体积，以减少位阻，保证实现修饰。

改造剂与酶敏感侧链基团反应，需要在一定条件下进行，不同的修饰反应，要求的条件不同。因此，选择修饰条件是选定改造剂后实现化学修饰的重要步骤，选择修饰条件就是根据改造的目的和化学原理，确定有利于该反应进行的温度、pH、底物比例等。例如，用碘乙酸改造酶氨基，需要在 pH8.5 以上进行，此外还要考虑介质的影响，选择合适的缓冲溶液。

（二）专一性控制

专一性指修饰剂在化学修饰中与酶指定基团反应的特异性，是探索蛋白质氨基酸残基空间结构或研究酶活力部位最重要的指标之一，也是获得特定修饰效果的保障。修饰剂对酶化学修饰的专一性除与反应本身的特性相关外，还受到酶敏感基团超反应性及修饰条件等影响，可利用敏感基团的超反应性及控制反应条件来调控。

1. 超反应性 酶分子中的某些侧链基团，由于所处微环境特殊，具有特殊的反应活性，即超反应性。一般认为，这些具有超反应能力的基团，与酶结合底物、催化反应有关。例如，丝氨酸蛋白酶活力部位中的丝氨酸就具有这种超反应性，用二异丙基氟磷酸酯（DFP）修饰丝氨酸蛋白酶（如胰凝乳蛋白酶，含 38 个丝氨酸残基），只有丝氨酸反应。此外，蛋白质在不同状态下也可能出现基团反应性的差异。例如，羧甲基化核糖核酸酶晶体，反应集中在 His119，修饰比达 69∶1；而在水溶液中进行，修饰比仅为 15∶1，前者的羧甲基化专一性是后者的 3 倍。

2. pH pH 控制酶和修饰剂功能基的解离，影响修饰反应速率及专一性。例如，卤代烃（碘乙酸、溴乙酸等）在不同 pH 下可与酶的多种侧链基团发生烷基化取代；但 pH 为 6.0，只能与组氨酸的咪唑基反应；pH 为 3.0，则专一性地与甲硫氨酸反应。两种反应式如下所示。

$$ICH_2COOH + E-S-CH_3 \xrightarrow{pH3.0} E-S(-CH_3)-CH_2COO^- + I^-$$

$$ICH_2COOH + E-His \xrightarrow{pH6.0} E-His-N-CH_2COO^- + H^+ + I^-$$

碘乙酸与酶蛋白侧链基团的反应

3. 稳定性差异 许多修饰反应及其产物的稳定性会影响酶的改造。例如，在弱碱性条件下，苯异硫氰酸可与氨基反应，生成相应的苯氨基硫甲酰氨基酸（简称 PTC-氨基酸）。在酸性条件下，PTC-氨基酸环化形成酸稳定的苯乙内酰硫脲氨基酸。苯异硫氰酸也可与巯基发生类似的反应，但在高 pH 下，形成的产物不稳定，会迅速分解，因此利用修饰反应产物的稳定性，可获得高度专一的化学修饰。

三、修饰结果分析

对化学修饰获得的数据进行处理分析，获得修饰专一性、修饰部位等方面的结果，最后对这些结果进行合理解释或阐述。化学修饰可改变酶的理化性质和催化特性，而这些性质的变化往往通过酶的催化活性展示出来。因此，酶的化学修饰中获得的数据几乎都与酶的活性相关联，即通过酶活力来表征。

时间进程曲线是化学修饰的基本数据之一，该曲线反映修饰残基的性质和数量、修饰残基与酶活力间的关系等。时间进程曲线可用酶活力或反应速率表示，前者反映修饰时间与活力的关系，后者是修饰剂与反应速率常数间的关系。测定时间进程曲线实际上是测定酶的失活速率常数，该常数以时间为横坐标，残余活力的对数为纵坐标，作半对数图获得。若酶中两个以上侧链基团与活力相关，且修饰反应速率出现显著差异，则半对数图为多相。在修饰反应中，若使用的修饰剂与酶不以形成特殊复合物的方式进行，一级反应失活速率常数 K_{obs} 对修饰剂浓度所作的图应为直线，且通过原点。若形成特殊复合物，K_{obs} 对修饰剂浓度所作的图应为双曲线。

酶的催化部位由少量在空间构象上相互接近的氨基酸侧链基团构成，即必需基团或功能基团，包括底物结合基团和催化基团。1961 年，Rey 等提出通过比较一级反应动力学常数确定酶必需基团及数量的方法，但此法局限性较大。1962 年，邹承鲁教授以统计学的思路建立邹氏作图法，该法能客观反映酶必需基团的性质和数量，因而得到广泛应用。

四、酶的化学交联

化学交联是指通过双功能交联剂实现分子内和分子间连接的反应，酶的化学交联使酶的侧链基团以交联剂为媒介实现共价连接，从而改变酶的构象、理化性质及催化功能。交联剂与酶的反应示意如图 4-9 所示。

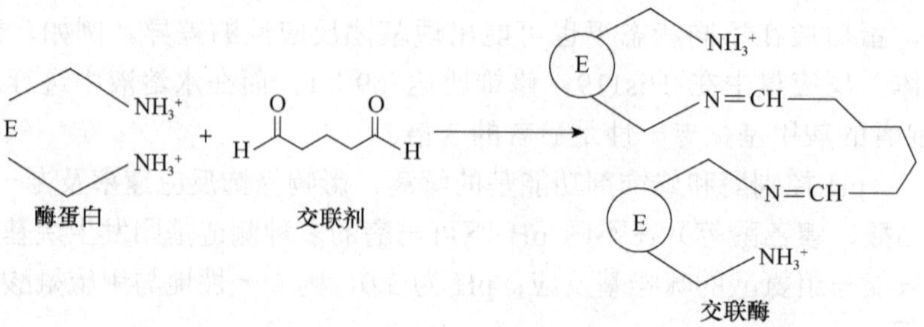

图 4-9 交联酶制备的原理示意图（罗贵民等，2002）

1．交联剂分类 交联剂是指具有两个或两个以上活性反应基团的化合物，依据活性反应基团是否相同，交联剂可分为同型交联剂、异型交联剂和光活化交联剂。同型交联剂的代表如双亚氨酯、*N*-羟基琥珀酰亚氨酯等，它们均能与氨基交联。除对二醛化合物作用时专一性较差，会与羟基反应外，其余的专一性均较高。异型交联剂一般是一端与氨基作用，另一端是二硫键或碳二亚胺，分别与巯基和羧基作用。光活化交联剂的一端与酶反应后，另一端经光照产生一活性反应基团（如碳烯或氮烯自由基），反应活性高但专一性差。光活化交联剂分成可裂解交联剂和非裂解交联剂，前者往往以二硫键作为裂解基团，交联反应完成后可用巯基乙醇等还原剂裂解二硫键。

2．交联修饰的应用 三磷酸肌醇（IP_3）对清除自由基效率达到 75%，是医药、减肥降脂和抗皱高级化妆品中的功能性成分，此外肌醇磷酸酯络合金属离子的能力极强，也用于电镀等领域中，是一种潜力巨大的酶工程产品。周小华等以枝接赖氨酸的壳聚糖微球为载体，用戊二醛交联，制备出固定化植酸酶，其最适 pH 5.5～6.5，最适温度 35～45℃，K_m＝1.44mmol/L，为游离酶的 1.29 倍，50℃半衰期为 3.3h，4℃储存半衰期为 114d。将固定化植酸酶与阴离子交换树脂柱耦合，连续水解植酸，制备出三磷酸肌醇反应系统，在 37℃、pH 6.0、植酸与固定化植酸酶摩尔比 60∶1、底物流速 1.5BV/h 下连续循环水解植酸 10h，植酸水解率达到 77.8%。

思 考 题

1．常用的定点突变方法有哪些？分别介绍其特点和基本程序。

2．酶分子的定向进化与酶的自然进化有何异同？

3．结合酶制剂的应用讨论酶分子定向进化的酶工程意义。

4．采用定点突变技术进行酶改造的常用方法有哪些，各有何特点？

5．什么叫高通量筛选？如何确定定向进化的筛选方法？

6．易错 PCR 方法对酶进行改造的原理是什么，如何提高易错 PCR 的突变率？

7．DNA 改组是酶分子有性进化的代表方法，DNA 改组与分子生物学中的 DNA 重组有何异同？

8．如何利用酶的基因工程改造方法研究酶的功能结构？

9．在限定位点进行修饰主要有哪些方法？

10．有什么方法既可以对酶进行修饰，又可以将酶固定？

11．不改变酶的组成单位及其基团的修饰方法有哪些？

12．对酶进行化学修饰时，应考虑哪些因素与注意事项？

13．列出酶分子侧链修饰时可与修饰剂结合的功能基团，以及所对应的氨基酸。

14．举例说明肽链有限水解修饰的作用。

主要参考文献

蔡栋材．2008．新型载体 PEI 修饰树脂固定化脂肪酶及其在对 2-氯丙酸酯拆分中的应用．杭州：浙江工业大学硕士学位论文．

花秀夫，戈钧，李苏，等．2007．邻苯二甲酸酐修饰修饰漆酶应用于降解蒽的研究．中国科技论文在线，2（12）：870-874．

罗贵民，曹淑桂，张今，2002．酶工程．北京：化学工业出版社．

宋海燕，尹友谊. 2009. 邻苯二甲酸酐化学修饰对辣根过氧化物酶催化活性的影响. 分子催化，23（5）：465-469.

伍志权，黎春怡，麦小珊，等. 2009. 右旋糖酐修饰酵母蔗糖酶条件的筛选及修饰酶性质的研究. 华南农业大学学报. 30（4）：48-52.

肖燕，王娟，周小华. 2009. 壳聚糖-精氨酸树脂固定化胰凝乳蛋白酶及其性质. 应用化学，7（26）：780-785.

徐威，朱春宝，朱宝泉，2004. 酶定向进化的研究策略. 中国医药工业杂志，35（7）：436-441.

颜世敢，陈秀兰，张熙颖，等. 2008. 异型双功能交联剂 SPDP 对 C-藻蓝蛋白的光谱影响. 光谱学与光谱分析，28（5）：1115-1117.

殷海波，贾楠，李琳子，等. 2009. 半乳糖苷化修饰葡萄糖氧化酶提高其热稳定性. 暨南大学学报（自然科学版），30（3）：305-309.

袁勤生，赵健. 2005. 酶与酶工程. 上海：华东理工大学出版社.

张琛，张瑛，郭峰，等. 2010. 中性蛋白酶的单甲氧基聚乙二醇修饰. 中国生物制品学杂志，23（1）：79-82.

张裕，周化岚，张建国，等. 2022. 无细胞蛋白质表达系统的优化与应用. 生命的化学，42（8）：1493-1501.

赵敏，孟庆辉，王炎. 2009. 交联聚乙二醇二丙烯酸酯的制备及对漆酶的固定化研究. 中国造纸学报，24（3）：61-66.

周海燕，董蕾，田梅，等. 2007. 甘露聚糖酶 Man23 的化学修饰及活性必需基团测定. 激光生物学报，16（6）：717-721.

Abramson J, Adler J, Dunger J, et al. 2024. Accurate structure prediction of biomolecular interactions with AlphaFold 3. Nature, 630: 493-500.

Aharoni A., Gaidukov L, Khersonsky O, et al. 2005. The 'evolvability' of promiscuous protein functions. Nature Genetics, 37: 73-76.

Arnold F H. 2001. Combinatiorial and computational challenges for biocatalyst design. FEBS J. 274(4): 928-939.

Arnold F H, Giver L, Gershenson A, et al. 1999. Directed evolution of mesophilic enzymes into their thermophilic counterparts.Ann N Y Acad Sci, 18: 400-403.

Bloom J D, Labthavikul S T, Otey C R, et al. 2006. Protein stability promotes evolvability. Proc Natl Acad Sci USA, 103: 5869-5874.

Chen K, Arnold F H. 1993. Tuning the activity of an enzyme for unusual environments: sequential random mutagenesis of subtilisin E for catalysis in dimethylformamide. Proc Natl Acad Sci USA, 90: 5618-5622.

Chen X Q, Guo Z Y, Wang L, et al. 2022. Directional-path modification strategy enhances PET hydrolase catalysis of plastic degradation. J Hazard Mater, 433: 128816.

Gabrovska K, Godjevargova T. 2009. Optimum immobilization of urease on modified acrylonitrile copolymer membranes: Inactivation by heavy metalions. Journal of Molecular Catalysis B: Enzymatic, 60: 69-75.

Geddie M L, Matsumura I. 2004. Rapid evolution of β-glucuronidase specificity by saturation mutagenesis of an active site loop. J Biol Chem, 279: 26462-26468.

Hayes R J, Bentzien J, Ary M L, et al. 2002. Combining computational and experimental screening for rapid optimization of protein properties. Proc Natl Acad Sci USA, 99: 15926-15931.

Jaeger K E, Reetz M T. 2004. Directed evolution of enantioselective enzymes for organic chemistry. Curr Opin Chem Biol, 4: 68-73.

Kim M S, Lei X G. 2008. Enhancing thermostability of *Escherichia coli* phytase AppA2 by error-prone PCR. Appl Microbiol Biotechnol, 79(1): 69-75.

Kirschner A, Bornscheuer U T. 2008. Directed evolution of a Baeyer-illiger monooxygenase to enhance enantioselectivity. Appl Microbiol Biotechnol, 81(3): 465-472.

Kolkman J A , Stemmer W P C. 2001. Directed evolution of proteins by exon shuffling. Nature Biotechnol, 19: 423-428.

Li D, Wang X, Huo L, Zeng W Z, et al. 2024. Computer-aided semi-rational design to enhance the activity of l-sorbosone dehydrogenase from *Gluconobacter oxidans* WSH-004. Journal of Agricultural and Food Chemistry, 72(19): 10995-11001.

Lilian G S, Carlos M J, Rosario A M C. 2009. Reaction of the catalytic cysteine of betaineal dehydede hydrogenase from *Pseudomonas aeruginosa* with arsenite-BAL and phenylarsine oxide. Chemico-Biological Interactions, 178: 64-69.

Liu P, Xia W S, Liu J. 2008. The role of carboxyl groups on the chitosanase and CMCase activity of abifunctional enzyme purified from a commercial cellulase with EDC modification. Biochemical Engine-ering Journal, 41: 142-148.

Mchunu N P, Permaul K. 2009. Expression of an alkalo-tolerant fungal xylanase enhanced by directed evolution in *Pichia pastoris* and *Escherichia coli*, Journal of Biotechnoloty, 141(1-2): 26-30.

Nakazawa H, Okada K, Onodera T, et al. 2009. Directed evolution of endoglucanase Ⅲ (Cell 2A) from *Trichoderma reesei.* Appl Microbiol Biotechnol, 83(4): 649-657.

Niu W N, Li Z P, Ahang D W, et al. 2006. Improved thrmostability and the optimum temperature of *Rhizopus arrhizus* lipase by directed evolution. Journal of Molecular Catalysis B: Enzymatic, 43(1): 33-39.

Pelletier J N. 2001. A RACHITT for our toolbox. Nature Biotechnology, 19(4): 314-315.

Prakinee K, Phintha A, Visitsatthawong S, et al. 2022. Mechanism-guided tunnel engineering to increase the efficiency of a flavin-dependent halogenase. Nat Catal, 5: 534-544.

Reetz M T, Carballeira J D, Vogel A. 2006. Iterative saturation mutagenesis on the basis of B factors as a strategy for increasing protein thermostability. Angew Chem Int Ed, 45: 7745-7751.

Reetz M T, Wang L W. 2007. Directed evolution of enantioselective hybrid catalysts: a novel concept in asymmetric catalysis. Tetrahedron, 63(28): 6404-6414.

Rodriguez-Martinez J A, Rivera-Rivera I, Ricardo J S, et al. 2009. Enzymatic activity and thermal stability of PEG-α-chymotrypsin. Biotechnol Lett, 31: 883-887.

Rothlisberger D, Khersonsky O, Wollacott A M, et al. 2008. Kemp elimination catalysts by computational enzyme design. Nature, 453: 190-195.

Rui L, Cao L, Chen W, et al. 2004. Active site engineering of the epoxide hydrolase from *Agrobacterium radiobacter* AD1 to enhance aerobic mineralization of *cis*-1, 2-dichloroethylene in cells expressing an evolved toluene ortho-monooxygenase. J Biol Chem, 279: 46810-46817.

Santoro S W, Schultz P G. 2002. Directed evolution of the site specificity of Cre recombinase. Proc Natl Acad

Sci USA, 99: 4185-4190.

Shao Z, Zhao H, Giver L. 1998. Random priming *in vitro* recombination: an effective tool for directed evolution. Nucl Acids Res, 26: 681-685.

Smith J M. 1970. Natural selection and the concept of a protein space. Nature, 225: 563-564.

Smith M E B, Hibbert E G, Jounes A B, et al. 2008. Enhancing and reversing the stereoselectivity of *Escherichia coli* transketolase via single-point mutations. Adv Synth Catal, 350(16): 2631-2638.

Stemmer W P C. 1994. Rapid evolution of a protein *in vitro* by DNA shuffling. Nature, 370(6488): 389-391.

Tananchai P, Chisti Y. 2010. Stabilization of invertase by molecular engineering. Biotechnol Prog, 26(1): 111-117.

Valinger G, Hermann M, Wagner U G. 2007. Stability and activity improvement of cephalosporin esterase EstB from *Barkholderia gladinli* by directed evolution and structural interpretation of muteins. Journal of Biotechnology, 129(1): 98-108.

Weinreich D M, Delaney N F, De Pristo M A, et al. 2006. Darwinian evolution can follow only very few mutational paths to fitter proteins. Science, 312:111-114.

Wiesława Z, Waldemar K, Mirosława K, et al. 2009. Modification of jack bean urease thiols by thiosulphinates contained ingarlic extract: DTNB titration studies. Food Chemistry, 112: 42-45.

Xue Y, Wu C Y, Christopher J, et al. 2010. Chemical modification of stem bromelain with anhydride group stoenhanceits stability and catalytic activity. Journal of Molecular CatalysisB: Enzymatic, 63: 188-193.

Yu H, Li J, Zhang D, et al. 2009. Improving the thermostability of N-carbamoyl-D-amino acid by error-prone PCR. Appl Microbiol Biotechnol, 82: 279-285.

Zhao H M, Giver L, Shao Z, et al. 1998. Molecular evolution by staggered extension process (StEP) *in vitro* recombination. Nat Biotechnol, 16: 258-261.

第五章
酶的固定化

酶固定化技术通过物理、化学手段将酶限定于特定空间，实现催化过程精准控制与循环利用，已形成吸附、包埋、共价、交联四大基础方法，衍生分子印迹、层层自组装等新型策略，并成功应用于生产，未来将通过载体功能化设计和多酶协同固定推动绿色制造深度应用。

第一节　酶的固定化技术

一、酶固定化的概述

（一）固定化酶的定义

酶固定化是 20 世纪 50 年代发展起来的一项新技术。最初是将水溶性酶与不溶性载体结合，形成不溶于水的酶衍生物，因此曾被称为“水不溶酶”（water insoluble enzyme）和“固相酶”（solid phase enzyme）。后来发现将酶包埋在凝胶内或置于超滤装置中，高分子载体和酶在超滤膜一侧，而反应产物可以透过膜渗出到另一侧。在这种情况下，酶本身处于溶解状态，只是被固定在一个有限的空间内不能自由游动。因此，用以上的名称就不合适了，在 1971 年第一届国际酶工程会议上正式采用“固定化酶”（immobilized enzyme）的名称。固定化酶是指被固定在载体上或被束缚在一定空间范围内进行催化反应的酶。

酶经固定化后，具有以下优点：①极易将固定化酶与底物、产物分开；②可以在较长时间内进行反复分批反应和装柱连续反应；③在大多数情况下，能提高酶的稳定性；④酶反应过程能加以严格控制；⑤产物溶液中没有酶的残留，简化了提纯工艺；⑥较游离酶更适合于多酶反应；⑦可以增加产物的收率，提高产物的质量；⑧酶的使用效率提高，成本降低。

与此同时，固定化酶也存在一些缺点：①固定化时，酶活力有损失；②增加了生产成本，工厂初始投资大；③只适用于可溶性底物，且较适用于小分子底物；④与完整菌体相比，不适宜于多酶反应，特别是需要辅因子的反应；⑤胞内酶通常需要经过酶的分离程序。

（二）固定化酶的研究历史与发展

酶作为生物催化剂，在食品加工、医药和精细化工等关键行业中扮演着至关重要的角色。它们以其高效性、专一性，以及在温和条件下进行催化反应的能力而受到重视。然而，酶的稳定性较差，易受外部因素影响，且在水溶液中难以分离和回收，这些限制了其在工业应用中的效能。为了解决这些问题，科学家们发展了酶固定化技术，这一技术不仅保留了酶的催化特性，还显著提高了其稳定性和可重复使用性，为工业生产的连续化和自动化操作提供了强有力的支持。

固定化酶的研究起源于 1916 年，Nelson 和 Griffin 首次发现蔗糖酶能够吸附在活性炭或氢氧化铝等惰性材料上，并保持活性。这一发现虽然具有里程碑意义，但在当时并未受到广泛关注。直到 20 世纪 50 年代，Grubhofer 和 Schleith 通过将酶固定在重氮化聚氨基苯乙烯树脂上，实现了多种酶的固定化，才标志着系统性固定化酶研究的开始。随后，在 60 年代和 70 年代，固定化技术取得了显著进步，共价固定化方法的发展及对酶稳定化潜力的研究为固定化酶的工业应用奠定了基础。

1969 年，日本学者千畑一郎等利用固定化氨基酰化酶实现了 DL-氨基酸的光学拆分，这是固定化酶在工业生产中创新应用的首次成功案例。技术的进步也扩展了固定化的对象，不仅限于纯化的酶，也包括含酶的细胞或细胞器。1973 年，千畑一郎等成功固定化了大肠杆菌细胞，并利用其中的天冬氨酸酶实现了 L-天冬氨酸的连续生产，这代表了固定化微生物细胞在工业生产中的首次应用。1986 年，中国科学家利用固定化原生质体发酵生产碱性磷酸酶和葡萄糖氧化酶，取得了重要成果。与此同时，生物传感器和生物反应器技术的发展，依赖于固定化酶的稳定性和功能性，推动了诊断学和工业加工领域的革新。这些技术的应用不仅提高了诊断的准确性和效率，还促进了工业过程中酶催化反应的精确控制。

经过几十年的发展，固定化酶的研究已经形成了包括共价固定法、氨基酸置换法、抗体偶联法等多种技术。进入 21 世纪，固定化酶技术的研究与应用又取得了新的突破，特别是纳米技术和新型高分子材料的应用，为固定化酶提供了更高的稳定性和催化效率。通过自组装等方法，纳米材料成为固定化酶的优良载体，进一步扩展了固定化酶在包括生物传感器、环境治理和能源生产在内的多个领域的应用前景。近年来，多级孔金属-有机框架（HP-MOFs）的出现也为固定化酶技术提供了新的有利途径。

目前，固定化酶的工业应用已经非常广泛，涵盖了食品工业、制药、化学生产和生物技术等。与传统的游离酶相比，固定化酶在反应过程的控制、稳定性以及从反应体系中分离和重复使用方面展现出显著优势。尽管固定化酶技术取得了显著进展，但目前成功固定化的酶种类仍然有限，大规模生产的企业数量也相对较少。因此，未来的研究需要集中于开发新的固定化技术，以满足工业生产和环境保护的需求。

二、酶固定化的方法

（一）固定化酶制备原则

固定化酶应用的目的和环境各不相同，可用于固定化制备的物理、化学手段和材料等也多种多样。因此，制备固定化酶要根据不同情况（酶的种类、应用目的和环境）选择不同的方法。无论选择什么样的方法，固定化酶的制备都要遵循以下几个基本原则。

（1）维持酶的构象，特别是活性中心的结构。酶的催化反应取决于酶本身所特有的高级结构和活性中心，为了不改变酶的催化活性及专一性，酶在固定化时既要保证其高级结构不被破坏，还要不改变活性中心的氨基酸残基。这就要求酶与载体的结合部位不是酶的活性部位，即避免活性中心的氨基酸残基参与固定化反应。另外，由于酶蛋白的高级结构是凭借疏水键、氢键、离子键等较弱的键维持的，因此固定化时应尽可能采取温和的条件，避免那些可能导致高级结构破坏的条件，如高温、强酸、强碱、有机溶剂等。

（2）酶与载体必须有一定的结合程度。酶的固定化既不能影响酶的原有构象，又要使固定化酶有效回收储藏，利于反复使用。

（3）固定化应有利于自动化、机械化操作。这要求用于固定化的载体必须有一定的机械强度，才能使之在制备过程中不易破坏或受损。

（4）固定化酶应有尽可能小的空间位阻。固定化应尽可能不妨碍酶与底物的接近，以提高催化效率和产量。

（5）固定化酶应有尽可能大的稳定性。在应用过程中，所选载体应不与底物、产物或反应介质发生化学反应。

（6）固定化酶的成本应适中。工业生产必须要考虑固定化成本，要求固定化酶是廉价的，以利于工业使用。

（二）酶固定化的方法及其优缺点

固定化方法多种多样，主要有吸附法、共价结合法、包埋法和交联法（图 5-1），此外，还有表面分子印迹技术、层层自组装、电化学固定化等一些新型固定化方法，现分述如下。

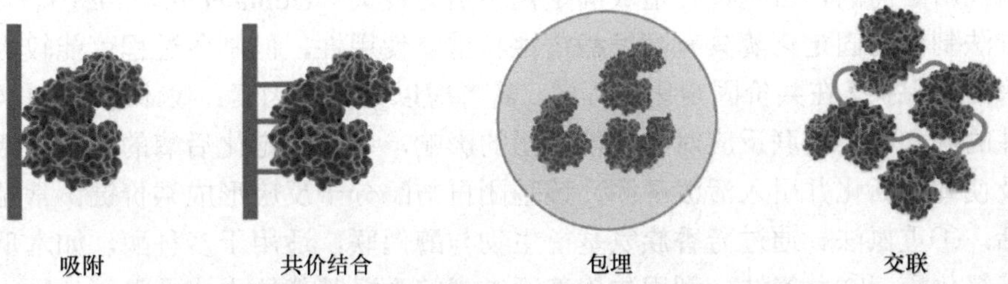

彩图

图 5-1 不同的酶固定化方法示意图

1. 吸附法 吸附法是利用酶与载体吸附剂之间的非特异性吸附作用，将酶固定在吸附剂上的方法，分为物理吸附法和离子交换吸附法。

1）物理吸附法 物理吸附法是酶固定化技术中简便且广泛使用的一种方式，它通过非共价力（如范德瓦耳斯力、疏水作用、氢键等）将酶分子与载体表面牢固吸附。载体材料包括多糖类、合成聚合物或无机物，它们通过疏水性或极性表面与酶分子的疏水性区域相互作用实现结合。

物理吸附法的优点在于操作简便，酶活力损失小，不改变酶结构，保持催化活性，利于快速实现酶固定。载体和酶的结合是可逆过程，酶可以容易再生使用，通过简单的洗脱步骤恢复活性。但物理吸附也存在限制因素。例如，结合力较弱，酶可能在反应过程中脱落，尤其在剧烈条件下，载体孔径限制底物扩散，影响催化效率。

物理吸附法固定化酶已成功产业化应用。在食品工业中，以皱褶假丝酵母脂肪酶（CRL）为例，通过吸附法固定在羟基磷灰石（HAP）载体上，制备出的固定化酶制剂显示出改良的催化性能。该方法操作简便、高效，固定化 CRL 产率高达 98%，显著提升了酶的稳定性和耐受性。在 60℃ 下 3h 后，固定化酶仍保持几乎不变的活性，远超游离酶。即便面对有机溶剂，固定化酶依然稳定和具有活性。在合成食品香料甲基乙酸酯方面，固定化酶产率达到 52.5%，远超游离酶。因此，改进的 CRL 制剂在食品及香料行业展现出广泛应用潜力，满足市场对天然风味的需求，符合食品安全标准（Trbojević et al.，2016）。

2）离子交换吸附法　离子交换吸附法是指在适宜的 pH 和离子强度条件下，利用酶的侧链解离基团和离子交换基团之间的相互作用而达到酶固定化的方法。离子吸附法常用的载体有阴离子交换剂 DEAE-纤维素、四乙氨基乙基（TEAE）-纤维素等；阳离子交换剂有羧甲基（CM）-纤维素柠檬酸盐、Dowex-50 等。较早应用于工业化生产的氨基酰化酶，就是使用 DEAE-葡聚糖凝胶固定化的，目前 DEAE-纤维素吸附的蔗糖酶已作为商品固定化酶。此外，用 D311 离子交换树脂对脂肪酶进行固定化，此固定化酶在异辛烷中催化合成月桂酸月桂醇酯，酯化率可达 91.3%。

离子交换吸附法具有操作简便、条件温和、酶活力不易丧失等优点。此外，吸附过程同时可以纯化酶。但是载体和酶的结合力比较弱，容易受缓冲液种类或 pH 的影响，在离子强度高的条件下进行反应时，酶往往会从载体上脱落。

2．共价结合法　共价结合是指将酶与聚合物载体以共价键结合的一种固定化方法。此法可将载体的有关基团活化，然后与酶的有关基团发生偶联反应；也可在载体上接上一个双功能试剂，再将酶偶联上去。可与载体共价结合的酶的功能团有 α-氨基或 ε-氨基，α、β 或 γ 位的羧基、巯基、咪唑基、酚基等。参与共价结合的氨基酸残基不应是酶催化活性所必需的，否则往往造成固定化酶活力丧失（Gupta et al.，2021）。

共价法制备的固定化酶具有高度稳定性和重复使用性，但制备过程可能较为复杂且需考虑酶活力保护。在共价固定化过程中，需考虑以下关键因素：载体的物理化学性质、反应条件的温和性、偶联反应对酶功能基团的影响，以及固定化后酶的构型和活性。固定化涉及使载体活化并引入活泼基团，该基团再与酶分子反应形成共价键。常见的活化方法包括：①重氮法。通过芳香族氨基衍生物与酶偶联，适用于多种酶，如木瓜蛋白酶和葡萄糖氧化酶。②叠氮法。利用羧甲基纤维素等含羟基载体生成叠氮衍生物，再与酶偶联。③溴化氰法。适用于含羟基的多糖载体，生成亚胺基碳酸酯衍生物后与酶偶联，条件温和。④烷化法。使用三氯均三嗪等活化含羟基载体，形成卤素基团与酶发生烷基化反应。这些方法各有优势，选择时需考虑酶的特性和固定化效率。

3．包埋法　将酶分子包埋在高聚物的细微凝胶网眼或半渗透的聚合物膜腔中，以达到固定化的方法即为包埋法。前者又称为凝胶包埋法，后者又称为半透膜包埋法。包埋法可以防止酶渗出到周围介质中，但底物仍能渗入到网格或微胶囊内与酶接触。包埋法一般不需要与酶的氨基酸残基进行结合反应，很少改变酶的高级结构，酶活力回收率较高，因此可应用于许多酶的固定化。但包埋法适合作用于小分子底物和产物的酶，因为小分子易于通过高分子凝胶的网格扩散。

1）凝胶包埋法（网格型）　常用的载体有海藻酸钙凝胶、明胶、琼脂凝胶、卡拉胶等天然高分子化合物及聚丙烯酰胺、聚乙烯醇等合成高分子化合物。溶胶状天然高分子在酶存在下凝胶化，合成高分子化合物采用单体或预聚物在酶存在下聚合。天然凝胶在包埋时条件温和，操作简便，对酶活力影响较少，但强度较差。而合成凝胶强度高，对温度和 pH 变化的耐受性强，但需要在一定条件下进行聚合反应，才能把酶包埋起来。在反应过程中往往引起酶变性失活，故要严格控制好包埋条件。

2）半透膜包埋法（微胶囊型） 半透膜包埋法使酶存在于类似细胞的环境中，可以防止酶的脱落，防止其与微胶囊外的环境直接接触，从而增加了酶的稳定性。常用的材料有聚酰胺、火棉胶、醋酸纤维素等。此类固定化酶的直径从几微米到数百微米，孔径从几埃到数百埃，适用于小分子底物和产物的酶催化。李娜等以液体石蜡为油相，壳聚糖溶液为水相，采用反相乳液聚合法制备壳聚糖-聚丙烯酸微胶囊。然后利用该微胶囊固定化葡萄糖氧化酶（GOD），在 1-乙基-（3-二甲基氨基丙基）碳酰二胺盐酸盐（EDAC）和 2-*N*-吗啡啉乙磺酸（MES）的作用下，壳聚糖微胶囊上游离的氨基可以与酶分子中的羧基发生碳二亚胺偶联反应形成肽键，实现 GOD 在微胶囊上的固定化。该微胶囊的表面圆整规则，而且对环境溶液中的葡萄糖较敏感。

在污水处理研究中，通过包埋法可以实现漆酶（laccase）的固定化，用于连续流动填充床生物反应器中，以去除纺织工业废水中的染料。研究者通过将漆酶与 2,2′-联氮双[3-乙基苯并噻唑啉-6-磺酸]（ABTS）媒介一起包埋在铜藻酸盐（Cu-alginate）微珠中，建立了一种稳定且成本效益高的系统，用于纺织废水的脱色处理。该系统不仅提高了漆酶的热稳定性、pH 稳定性及重复使用性，而且通过连续流动填充床生物反应器的应用，实现了对纺织废水中 66%的颜色减少，并通过紫外-可见分光光度法（UV-Vis）光谱分析证实了染料降解产物的形成。这项研究表明，包埋法固定化的漆酶-媒介系统（LMS）在工业规模的纺织废水处理中具有潜在的应用价值，能够显著提高处理效率并降低成本（Sondhi et al.，2018）。

4．交联法 交联法是用双功能试剂进行酶之间的交联，使酶分子和双功能试剂之间形成共价键，得到三维的交联网架结构。除了酶分子之间发生交联外，还存在着一定的分子内交联。此法虽也是利用共价键固定化酶，但交联法不使用载体。常用的双功能试剂有戊二醛、己二胺、顺丁烯二酸酐和双偶氮苯等，其中应用最广泛的是戊二醛。戊二醛的两个醛基都可与酶的游离氨基反应，形成席夫（Schiff）碱而交联，制成固定化酶。交联法制备的固定化脂肪酶结合牢固，可以长时间使用。但由于交联反应条件激烈，酶分子的多个基团被交联，致使酶活力损失较大，固定化后的酶活力回收率一般较低，而且制成的固定化酶颗粒较小，给使用带来不便。因此交联法往往与吸附法或包埋法等方法联合使用，这种方法称为双重固定化。前者可防止吸附的酶脱落，后者可防止包埋的酶泄漏。

（1）吸附交联法。将酶吸附在硅胶、皂土、氧化铝、球状酚醛树脂或其他大孔型离子交换树脂上，再用戊二醛等双功能试剂交联。也可将双功能团试剂与载体反应得到有功能团的载体，再和酶交联。王红英等以磁性聚乙烯醇微球为载体，采用戊二醛为交联剂固定化 α-淀粉酶。固定化后的淀粉酶的总活性和活性回收率均较高；且其最适温度、热稳定性、操作稳定性、储藏稳定性均比游离酶显著提高，同时固定化酶对 Mg^{2+}、Fe^{2+}、Zn^{2+}和 Cu^{2+}的抑制作用有一定耐受性。

（2）包埋交联法。将酶液和双功能试剂（戊二醛）凝结成颗粒很细的集合体，然后用高分子或多糖类物质包埋成颗粒。这样避免了颗粒太细的缺点，同时制得的固定化酶稳定性好。

举例来说，角蛋白酶（keratinase）是一种专门分解角蛋白的蛋白酶，它在纺织业中扮演着重要角色。这种酶能够用于生物抛光羊毛和丝绸，不仅提升了这些纤维的手感和光泽，还有助于减少化学处理，使整个生产过程更加环保。通过交联法固定化的角蛋白酶，其性能得到了显著提升，特别适合应用于纺织工业领域。在该技术中，角蛋白酶被有效地固定在壳聚糖（chitosan）及其接枝β-环糊精（β-cyclodextrin）的微珠上。固定化处理后的角蛋白酶在高碱性环境下（最适 pH 为 11）展现出最佳活性，并且在 70～75°C 具有显著的热稳定性，这使得其非常适合用于纺织工业的需求。此外，固定化的角蛋白酶在存储稳定性和可重复使用性方面也有了显著提升，在 4°C 条件下储存 30 天后，其活性仍能保持在 25%～53.5%。研究还表明，未固定化的角蛋白酶同样具有改善毛织物品质的潜力，非常适合纺织工业的应用。这证实了交联法固定化的角蛋白酶在提高酶稳定性和增加其在工业中应用潜力方面的有效性（Srivastava et al.，2020）。

综上所述，4 种酶固定化方法各有所长（表 5-1）。包埋法、共价结合法和交联法虽然结合力强，但不能再生；吸附法虽然制备简单、成本低且能回收利用，但结合力较差，在受到离子强度和 pH 变化影响后，酶会从载体上游离下来。此外，包埋法不适合大分子底物和产物。

表 5-1　不同酶固定化技术的优缺点对比及应用案例

方法	优点	缺点	应用案例	参考文献
吸附法	在反应过程中构象变化较小；高催化效率；昂贵的材料可重复使用	效率低；稳定性低；酶的解吸作用	分子中的生物转化	Vo et al.，2020；Zhang et al.，2021
包埋法	操作条件温和；成本低且方法简单	酶泄漏；低孔扩散水平	食品工业	Sharma and Singh，2020
交联法	强结合生物催化剂并防止泄漏；减少解吸作用	酶活力低；扩散可能较少；形成不需要的副产物	次级代谢物的生产	Lim et al.，2020；Olejnik et al.，2020
共价结合法	方法简单且应用广泛；防止催化活性丧失；酶和底物浓度灵活	有效性低；功能构象少；载体分子不再生	纺织工业	Sutanto et al.，2020；Gatou et al.，2021；Vasseghian et al.，2022

酶固定化技术的改良策略集中于增强酶与载体的结合力、稳定性和反应条件的适应性，同时保持或提升酶活力，以促进其在工业应用中的效能。吸附法通过多点吸附和载体表面功能化进行优化，前者利用特殊修饰增加结合位点提升酶负载和稳定性，后者通过引入功能性基团增强耐受性。包埋法的微囊技术和智能载体设计则保护酶分子并精准调控其活性。共价结合法与交联法的改良侧重于使用温和交联剂、实现定向固定、发展可控及可逆交联技术，减少活性损失并实现酶的再生利用。混合固定化策略结合多种技术优势，以期达成强结合力与酶活力保留的双重目标。这些综合改良不仅增强了酶固定化技术的稳定性和效率，还促进了其在生物催化、医疗、环保等多个领域的广泛应用，同时降低了应用成本。

5．新型固定化方法　保持各种传统固定化方法的优点并改进其不足一直是酶固定化研究的重要内容，所以开发新型的酶固定化方法的原则是实现在较为温和的条件下进行酶的固定化，尽量减少或避免酶活力的损失，以达到理想的固定化效果。最近几年，人们研究了一些新型酶固定化方法，简单介绍如下。

1）*表面分子印迹技术*　表面分子印迹（surface molecular imprinting，SMI）技术是一种用于制备具有分子识别能力的固定化酶的先进方法。该技术通过在材料表面创建与目标酶分子结构相匹配的印迹来实现特异性固定化。制备过程包括将酶作为模板固定在材料表面，接着引入功能单体和交联剂，通过聚合反应形成印迹层，最后移除模板酶，留下与酶分子相匹配的印迹结构（图 5-2）。这种方法的优点包括高度的分子识别能力和可重复性，以及能够在温和条件下进行固定化，从而保护酶的活性（Czulak et al.，2016）。

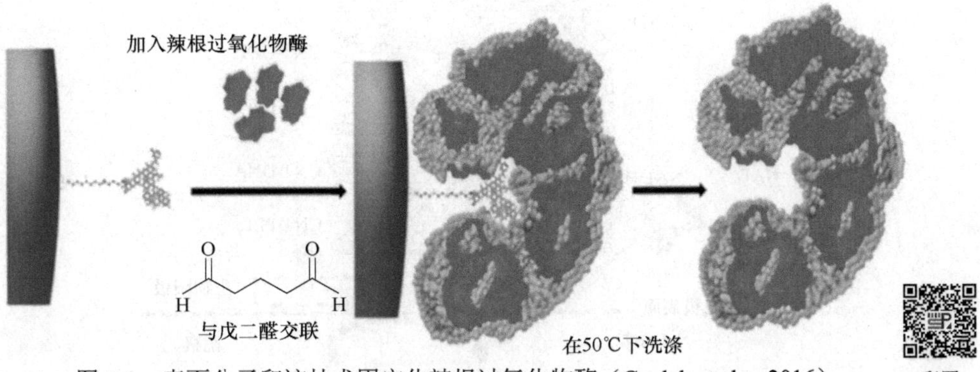

图 5-2 表面分子印迹技术固定化辣根过氧化物酶（Czulak et al.，2016）

然而，SMI 技术也有缺点，包括相对复杂的合成过程和可能的模板分子泄漏问题，这可能影响固定化酶的性能和稳定性。尽管如此，SMI 技术因其在生物传感器和催化剂开发中的潜力而受到广泛关注（Tian et al.，2022）。

2）*层层自组装* 层层自组装（layer-by-layer assembly，LbL）技术是一种创新的酶固定化策略，它通过精确控制分子间的非共价相互作用，如氢键、离子键和范德瓦耳斯力，实现酶分子与多种材料的交替沉积，构建起有序的多层纳米结构。这种自组装方法不仅提供了高度的设计灵活性，允许研究人员根据特定的应用需求定制固定化酶的性能，而且通过增加酶的局部浓度和限制其取向，提高了酶的稳定性和可重复使用性。此外，LbL 技术还能够增强酶的催化效率，使其在生物传感、催化剂和药物递送等应用中表现出巨大的潜力。

在酶促生物燃料电池（EBFC）装置的研究中，酶作为生物催化剂将生化能直接转化为电能。而这一技术的关键步骤是将酶在电极上合理固定化，这不仅影响生物燃料电池的整体效率，更直接影响电池的长期稳定性。最近的研究中（图 5-3），通过 LbL 技术交替沉积带正负电荷或具有特定相互作用的多层材料，实现酶分子在固体支持物上的稳定、有序排列，提高了酶的稳定性和可重复使用性，同时保持或优化其催化活性（Zhang et al.，2020）。LbL 组装策略能够对酶活力位点暴露度和底物/产物扩散效率进行优化，从而提升整体催化效率。

3）*电化学固定化* 电化学固定化（electrochemical immobilization）是一种将酶通过电化学手段固定在导电材料表面的技术，它通过电化学沉积、共价固定或物理吸附等方式实现，特别适合于电化学系统如生物传感器和生物燃料电池的开发。这种固定化方法的优势在于能够促进酶与电极之间的直接电子传递，提高催化效率，并增强酶的稳定性，允许在较宽的 pH 和温度范围内工作，同时实现酶的重复使用。尽管在固定化过程中可能会遇到酶活力损失、操作复杂性增加及成本问题等挑战，电化学固定化技术因其在生物催化和生物电子领域的应用潜力而持续受到研究者的关注，并且随着导电材料的创新和固定化技术的改进，其在未来的应用前景十分广阔（Meena et al.，2022）。

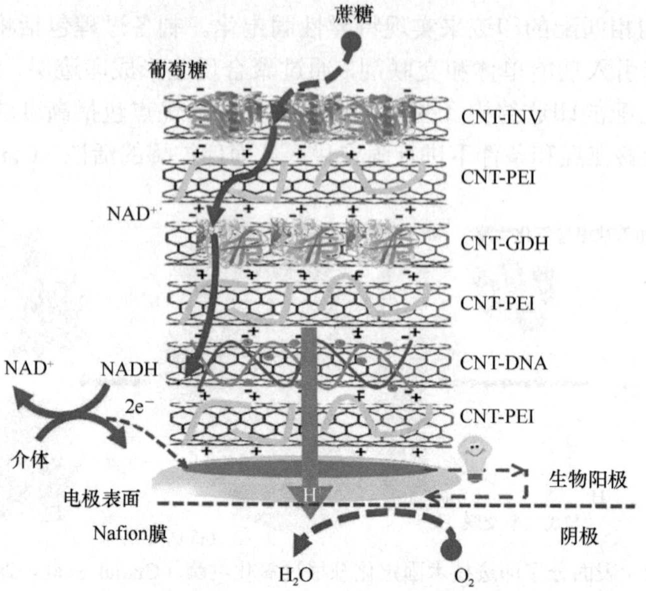

图 5-3 用于催化 EBFC 中蔗糖氧化的 LbL 生物阳极示意图（Zhang et al.，2020）

CNT．碳纳米管；INV．转化酶；PEI．聚乙烯亚胺；GDH．葡萄糖脱氢酶；DNA．脱氧核糖核酸；NAD^+．氧化型烟酰胺腺嘌呤二核苷酸；NADH．还原型烟酰胺腺嘌呤二核苷酸；Nafion．全氟磺酸树脂

彩图

4）生物偶联技术　酶固定化中的生物偶联（bioconjugation）策略是通过精确的有机反应，如酰胺或酯键形成和点击化学，将酶分子通过特定的化学或生物共轭方法与不同的载体或支架结合，在多种载体上实现酶的靶向和定向控制附着，有效保持酶的活性和稳定性（Wu et al.，2019）。利用定点诱变等方法在酶上引入反应性标签（图 5-4），提高了固定化过程的特异性，从而拓展了其在生物传感器和智能药物递送系统中的应用。生物偶联的酶-载体复合物展现出对环境不稳定因素的强抵抗力，提高了酶的可重复使用性并降低了运营成本。

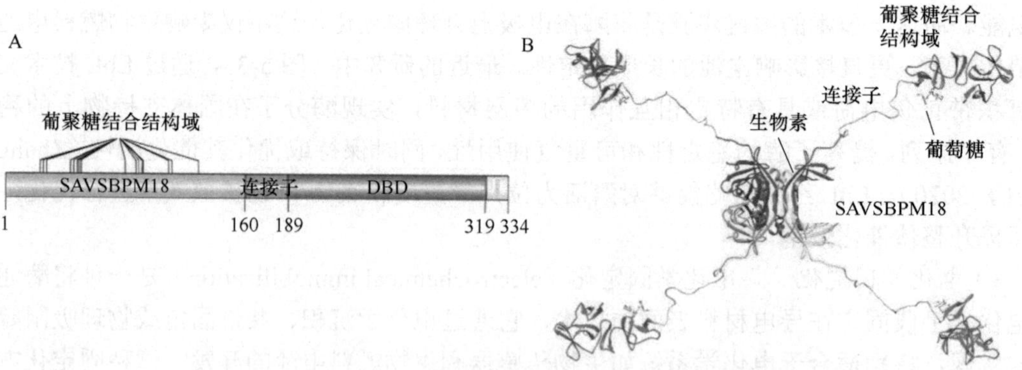

图 5-4 利用生物偶联技术将工程化链霉亲和素固定化到葡聚糖凝胶上（Wu et al.，2019）

A．M18-L-DBD 中各结构域［工程改造的链霉亲和素 SAVSBPM18、连接子、葡聚糖结合结构域（DBD）和一段短的 C 端尾序列（T）］的组成，列出了标记各结构域边界的氨基酸残基；B．M18-L-DBD 的模拟结构，SAVSBPM18 中的四个亚基分别用红色、黄色、绿色和蓝色表示，DBD 用紫色表示

彩图

随着固定化酶领域的快速发展，生物偶联的研究趋势包括开发酶-聚合物偶联物，通

过可逆加成断裂链转移聚合（RAFT）和原子转移自由基聚合（ATRP）等精密聚合技术（Messina et al.，2021），实现了定制化水平的提升。这种精确性质使得固定化酶在功能寿命和操作效率上都有所增强，经济上具有减少酶替换频率和资源消耗的优势。生物偶联还对环境产生积极影响，通过减少浪费和促进温和的合成加工条件，体现了一种更环保的生物催化方法，这对可持续工业过程尤为重要。

5）多酶固定化技术　多酶固定化技术是指将多种酶同时固定在同一载体上以提高催化效率和稳定性的一种生物技术方法。这种技术通过优化酶的空间排列和稳定性，显著提高了多步骤生物转化过程的效率。多酶固定化可以通过物理吸附、化学共价键结合、交联和包埋等多种方法实现。在这些方法中，选择适合的载体材料至关重要。例如，石墨烯及其衍生物由于其超大比表面积和多功能表面基团，成为理想的酶固定化载体。研究表明，通过将葡萄糖氧化酶和糖化酶共固定在化学还原的氧化石墨烯上，可以实现从淀粉到葡糖酸的一锅法生产，并显著提高酶的活性和可重复使用性（Xu et al.，2020）。

此外，磁性纳米颗粒也是一种有效的酶固定化载体。例如，将L-阿拉伯糖醇4-脱氢酶和烟酰胺腺嘌呤二核苷酸氧化酶通过顺序共固定化方法固定在磁性纳米颗粒上，用于L-木酮糖的生产。这种方法不仅提高了酶的负载量，还保持了较高的转化率和酶的稳定性（Patel et al.，2024）。另外，碳纳米管由于其高比表面积、出色的机械强度和化学稳定性，成为另一种有前途的多酶固定化载体，可以保护酶在恶劣环境中的活性（Xu et al.，2020）。

多酶固定化技术在工业生物催化中具有广泛的应用前景，包括食品加工、制药、生物燃料生产和环境保护等领域。通过选择合适的固定化方法和载体，可以实现酶的高效、稳定和可重复使用，从而提高工业生产过程的经济效益和环保效益。研究表明，多酶固定化不仅能显著提高酶的催化效率和稳定性，还能实现复杂的多步骤反应在单一反应器中的高效进行，体现出其在工业生物技术中的重要价值。

三、固定化酶的性质

酶固定化后，其催化作用由均相移到多相，由此带来的扩散限制效应、空间障碍、载体性质造成的分配效应等因素会对酶催化产生影响。了解固定化酶的性质究竟如何变化，不仅在学术上有意义，而且在应用上也非常重要。现将固定化酶的主要特性介绍如下。

（一）固定化酶的特征参数

固定化酶的特性是指酶的稳定性、活力、最适温度、最适pH和底物特异性。

1. 固定化酶的稳定性　酶的稳定性包括多种类型（热稳定性，操作稳定性，在pH、温度、有机溶剂等极端环境下的稳定性）。大多数情况下，酶经固定化后其热稳定性、储存稳定性及操作稳定性都有所提高。不同的固定化载体或固定化方法使固定化酶稳定性获得提高的类型不同。例如，热稳定性好的固定化酶不一定在极端溶剂中也具有良好的稳定性。

共价固定化酶的稳定性与酶和载体之间形成的共价键数量密切相关。高结合密度使酶与载体之间形成的键的数量增加，酶的空间构型得到固定，因而酶与载体多点接触通常会使酶的稳定性增强（图5-5）。近年来，通过固定化技术显著提高酶的稳定性得到了广泛研究和应用。一个典型的例子是葡萄糖氧化酶和过氧化物酶的共固定化。在实验过程中，研究人员首先通过化学修饰的方法，将壳聚糖与石墨烯复合形成载体，然后将葡萄糖氧化酶和过氧化物酶分别固定在该载体上（Bié et al.，2022）。测试结果显示，固定化后的酶在 70°C 下反应 2h 后仍保持超过 70%的活性，而未固定化的酶在相同条件下仅能保持不到 20%的活性。此外，在储存稳定性测试中，固定化酶在 4°C 条件下储存 1 个月后仍能保持超过 80%的初始活性，而未固定化酶的活性下降至不足 40%。这些结果表明，通过酶固定化，不仅显著提高了酶的热稳定性和储存稳定性，还提高了酶的操作稳定性，减少了酶在使用过程中的失活。这种固定化技术的成功应用，为酶在生物传感器、工业催化、食品加工和环境保护等领域的应用提供了新的可能性。

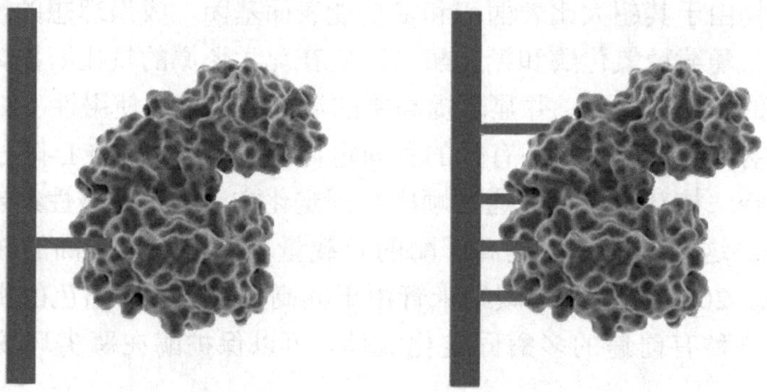

彩图

图 5-5 固定化对酶稳定性的影响（Mateo et al.，2007）

酶固定化后稳定性提高的原因可能有以下几点：固定化后酶分子与载体多点连接，可防止酶分子伸展变形；酶活力得以缓慢释放；将酶与固态载体结合后，由于酶失去了分子间相互作用的机会，抑制了降解，提高了酶的稳定性。

2. 固定化酶的活力 固定化酶的活力在大多数情况下比天然酶有所下降，一般认为可能有两方面的原因：一是固定化载体对酶分子本身产生影响，即酶和载体的相互作用引起酶的活性中心或调节中心的构象发生了改变，甚至影响了活性中心的氨基酸，从而导致酶活力下降；二是固定化载体增加了酶分子的活性中心与反应底物之间的阻力，包括由于载体的空隙太小或固定化方式与位置不当造成的空间位阻，以及内扩散阻力，这使得底物无法和酶接触，直接影响到活性中心对底物的定位作用，从而影响酶活力。

以脂肪酶为例，脂肪酶活性中心被称为盖子的多肽链所覆盖。当盖子打开时，脂肪酶活性中心暴露，呈现活性；当脂肪酶盖子关闭，脂肪酶活性中心被覆盖，呈现非活性脂肪酶。这两种构象与周围环境密切相关，当脂肪酶接近非极性底物时，盖子被诱导打开，脂肪酶呈现活性。根据脂肪酶的特性，可以通过如下两种固定化方法固定脂肪酶，提高酶活力和回收率。

1）吸附在非极性载体上 在低离子强度下（5～25mmol/L 磷酸钠），脂肪酶可以被吸附在非极性载体上，而其他酶不能被吸附。脂肪酶在非极性载体上呈现活性。但是当底物非常大或者极性比较大时，其接近非极性载体会产生较大位阻，降低脂肪酶活力。

2）在表面活性剂条件下固定脂肪酶 已经证明表面活性剂可以激活脂肪酶的活性，并使脂肪酶在有机溶剂中保持活性构象。但是在水溶液体系中，由于松散结构的酶聚集体容易被溶解，破坏了其活性构象。固定化方法可解决上述难题。在表面活性剂存

在下，沉淀酶形成酶聚集体，可用交联剂固定酶聚集体。交联后酶聚集体在水溶液中不溶解，并且有高的活力。

3．固定化酶的最适温度和最适 pH　　固定化酶的最适温度通常是酶热稳定性和反应速率平衡的结果。固定化过程增强了酶的热稳定性，因此其最适温度可能会提高，这为工业应用提供了更广的催化反应温度范围。

固定化酶的 pH 可能会因载体的带电性质和酶催化反应的产物性质而发生变化。使用带负电荷的载体，如阴离子交换树脂，会导致固定化酶的最适 pH 向碱性方向偏移，因为载体会吸引溶液中的阳离子，包括 H^+，从而增加了载体表面的 H^+浓度。为了达到最大活性，外部溶液的 pH 必须向碱性偏移以抵消微环境的影响。相反，使用带正电荷的载体，如明胶膜，固定化酶的最适 pH 则向酸性方向偏移。

4．固定化酶的底物特异性　　底物特异性是酶的重要特征，由于对酶原有的物理特性和化学特性的修饰，酶的固定化可能会改变酶的选择性（如对映体选择性和反应选择性）。

选择性的变化与底物分子量有一定关系。对于作用于小分子底物的酶，固定化前后底物特异性没有明显变化，如氨基酰化酶、葡萄糖氧化酶、葡萄糖异构酶等。而那些既可以作用于大分子又可以作用于小分子的酶，底物特异性往往会发生改变。例如，胰蛋白酶既可以作用于大分子蛋白质，又可以作用于小分子二肽，而固定在羧甲基纤维素上的胰蛋白酶，对二肽的作用保持不变，但对酪蛋白的作用仅为游离酶的3%左右。

固定化酶底物特异性的改变，是由载体的空间位阻引起的。酶固定在载体上以后，使大分子底物难以接近酶的活性中心而使催化速率大大降低，而小分子底物受空间位阻作用较小或不受影响，故作用于小分子底物的酶固定化后与游离酶没有显著差异。

固定化酶可能改变酶的柔韧度，在酶的周围产生不同的微环境，从而改变酶的选择性。改变固定化方法，可使酶的选择性得到改变，如表 5-2 所示。

表 5-2　不同脂肪酶在不同条件下固定化后水解手性底物结果表（Fernandez-Lorente et al.，2006）

底物	酶类型	载体	反应条件	产物	$e.e._p^a$/%	$e.e._s^b$/%	E
（±）-1	25L	GLUT-琼脂糖	pH 7，25℃	（*R/S*）-5	N.D.	0	1
		DEAE-琼脂糖	10% 1.4-二氧六环（*V/V*）	（*R*）-5	N.D.	>99	>100
	ROL	Octyl-琼脂糖	pH 7，25℃	（*S*）-5	N.D.	25	2
		DS-琼脂糖		（*S*）-5	N.D.	89	51
（±）-2	CAL-B	CNBr 琼脂糖	pH 7，25℃	（*R*）-6	73	N.D.	7.4
		PEI-琼脂糖		（*R*）-6	>95	N.D.	67
（±）-3	CRL	PEI-琼脂糖	pH 5，25℃	（*S*）-7	12	N.D.	1.2
		Octyl-琼脂糖		（*S*）-7	>95	N.D.	85
		GLUT-琼脂糖		（*R*）-7	>99	N.D.	>100
	BTL	十八烷基-Sepabeads	pH 9，4℃	（*R*）-7	70	N.D.	6
		乙醛酰-琼脂糖		（*R*）-7	>99	N.D.	>100

注：25L．分子质量为 25kDa 的脂肪酶 PPL；ROL. *Rhizopus oryzae* 脂肪酶；CAL-B. *Candida antarctica* B 脂肪酶；CRL．*Candida rugosa* 脂肪酶；BTL．*Bacillus thermocatenulatus* 脂肪酶；GLUT．戊二醛；Octyl．辛基；CNBr．溴化氰；PEI．聚乙烯亚胺；DS．硫酸葡聚糖；1．缩水甘油丁酯；2．扁桃酸甲酯；3．2-*O*-丁基 2-苯乙酸；5．缩水甘油；6．扁桃酸；7．2-*O*-丁基-2-苯乙酸乙酯；a．产物的收率 10%～20%；b．底物的转换率 50%；N．D. 代表未检测到；（±）．混旋

从表 5-2 可见，对于 25L 脂肪酶，固定在 DEAE-琼脂糖上与固定在 GLUT-琼脂糖上相比，对映体选择性 E 值从 1 提高到 100。ROL 通过离子吸附固定在硫酸葡聚糖包被的琼脂糖时，其对映体选择性 E 值比固定在辛基琼脂糖凝胶上大约 25 倍。

（二）固定化酶的反应动力学

固定化酶反应动力学中的反应速率是通过测定宏观环境中底物和产物的浓度而获得的，代表的是所有局部速率总和的平均值。固定化酶催化反应的总速率受多种因素的影响，需要准确把握反应总速率与底物或产物在固定化颗粒内外的传递特性才能得出正确的反应动力学方程。通常，固定化酶催化反应存在多个概念，如本征速率、固有速率、有效速率等。一般将考虑固定化酶分子的结构改变、底物作用及位阻效应等诸多因素的固定化酶反应速率称为本征速率。本征速率和本征动力学参数描绘的是酶的真实动力学特性。对于游离酶而言，其催化过程就是本征反应，而对于固定化酶而言，如果底物和产物在微环境和宏观环境中的浓度都相同，这时所观察到的反应动力学行为就是它的本征行为。但值得指出的是，酶经过固定化后，其结构变化及屏蔽效应等诸多因素都会改变酶的行为，因此，固定化酶的本征行为与游离酶的本征行为并非完全一致。

固定化酶反应的固有速率是假定底物和产物在酶的微环境和宏观环境之间的传递是无限的，也就是在没有扩散阻力情况下的反应速率。分配效应或各物质之间的静电作用会导致微环境和宏观环境之间的浓度差异，因此，固有速率及其动力学参数与固定化酶的本征动力学是不同的。

不论分配效应是否存在，将固定化酶受到扩散限制时所观察到的速率统称为有效速率或宏观反应速率，而据此建立的动力学方程也就称为宏观动力学方程或有效动力学方程。图 5-6 表示了三种不同动力学之间的关系。

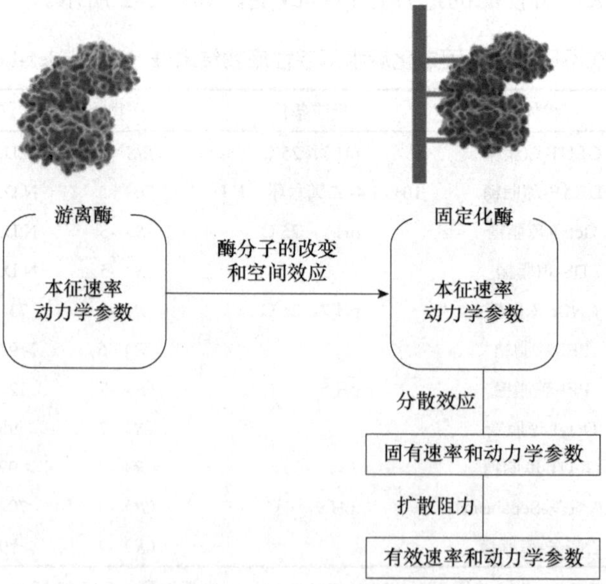

图 5-6　固定化酶的不同速率、参数及其相互关系（罗贵民，2003）

由于底物在溶液内和固定化酶微孔内的扩散速率比较慢，因而扩散阻力是影响固定化酶催化活性的主要因素，建立起来的宏观动力学方程也不完全遵循米氏方程。从上述讨论中可以看出，对固定化酶催化反应动力学而言，不仅要考虑固定化酶本身的活性变化，还要考虑底物等物质传质速率的影响，而传质速率又与底物等物质的性质和操作条件及载体的性质有关。因此，对于固定化酶这样一个包括液固两相的非均相体系所建立的宏观动力学方程，不仅包括了酶的催化反应速率，还包括了传质速率。这是固定化酶催化反应过程动力学的最主要特征。

1. 外扩散限制效应 为了集中研究外扩散限制效应，常选择液体不能渗透的无电活性的固定化酶膜或固定化酶颗粒作为模型。在这种情况下，固定化酶与液相反应物相接触时，反应过程包括了三个步骤：①底物从液相主体扩散达到固定化酶的外表面；②底物在固定化酶的外表面上进行反应；③产物从固定化酶的外表面扩散进入液相主体。其中①和③是单纯的传质过程，②为催化反应过程。可以认为，上述三个步骤是一串联过程，其中任何一个步骤的速率发生改变都会影响整个过程的速率。

假定对一非带电的固定化酶，其外表面上的反应速率符合米氏方程，即

$$R_{si}=\frac{r_{max}c_{si}}{K_m+c_{si}} \tag{5-1}$$

式中，R_{si}为底物在固定化酶外表面上的反应速率，又称宏观反应速率，mol/（L·s）；c_{si}为底物在固定化酶外表面上的浓度，mol/L；r_{max}为底物在固定化酶表面上的最大反应速率 mol/（L·s）；K_m为平衡解离常数，mol/L。

底物由液相主体扩散到固定化酶外表面的速率应表示为

$$R_{sd}=K_L\alpha(c_{so}-c_{si}) \tag{5-2}$$

式中，R_{sd}为底物外扩散传质速率，mol/（L·s）；K_L为液膜传质系数，m/s；α为单位体积的物系中所具有的传质表面积，m^{-1}；$K_L\alpha$为体积传质系数，s^{-1}；c_{so}为底物在液相主体中的浓度，mol/L。

定态条件下，应存在$R_{sd}=R_{si}$，即

$$K_L\alpha(c_{so}-c_{si})=\frac{r_{max}c_{si}}{K_m+c_{si}} \tag{5-3}$$

式（5-3）表示在定态条件下，外扩散传质速率等于在固定化酶外表面上底物的反应速率。

当外扩散传质速率很快，而固定化酶外表面反应速率相对较慢，并成为该反应过程速率的控制步骤时，则酶的外表面上底物浓度应为液相主体溶液的浓度，即为c_{so}。此时的反应速率应为

$$R_{si}=\frac{r_{max}c_{so}}{K_m+c_{so}}=r_{so} \tag{5-4}$$

与式（5-1）相比较，存在 $c_{si}=c_{so}$。因此，式（5-4）为没有外扩散传质速率影响的本征反应速率，或称为在此条件下可能达到的最大反应速率，用r_{so}表示。当外扩散传质速率很慢，而酶表面上的反应速率很快时，外扩散速率成为反应的控制步骤，固定化酶外表面上底物浓度趋于零，即

$$R_{si}=K_L\alpha c_{so}=r_d \tag{5-5}$$

式（5-5）为在此条件下可能的最大传质速率，用r_d表示。

2．内扩散限制效应 对于采用包埋或吸附于多孔性载体中制备而成的固定化酶，其催化反应主要发生在固定化酶颗粒的内部，此时起作用的是内扩散。在这种情况下，内扩散的主要阻力来自固定化酶微孔内的阻力，这种内扩散阻力的大小与固定化酶颗粒内部的物理结构参数、反应物系的性质等因素密切相关。

1）*载体的结构参数与微孔内的扩散* 为了简化处理过程，一般在讨论内扩散对固定化酶催化反应动力学的影响时，常以均匀分布着酶的多孔球形颗粒或多孔膜作为固定化酶的模型。载体的结构参数主要有比表面积 S_g、微孔半径 r、孔隙率 ε_p、颗粒当量直径、颗粒密度。微孔内扩散机制分为两种，一种称为分子扩散，又称正常扩散。此种扩散的阻力来自分子之间的碰撞，扩散速率主要受到分子之间相互碰撞的影响，与微孔直径的大小无关。另一种为努森扩散。其扩散过程的阻力主要来自分子与孔壁之间的碰撞，而分子之间的碰撞影响较小，它常发生在微孔直径较小的情况下。

2）*颗粒内的浓度分布与有效因子* 在微孔内，由于内扩散阻力的存在，反应组分在微孔内的浓度分布是不均匀的。底物在固定化酶颗粒或膜的外表面处浓度最高，而在颗粒中心处浓度最低，形成了一个由表及里的逐渐降低的浓度分布，而反应产物的浓度分布则相反。又由于在微孔内扩散与反应同时进行，因此沿着微孔方向，底物的浓度及反应速率同时在下降。要描述浓度及反应速率的变化规律，必须首先建立包括扩散与反应在内的质量衡算方程式。

为了定量算出在有内扩散影响时的反应速率，引入内扩散有效因子的概念进行处理。内扩散有效因子 η 定义为

$$\eta=\frac{R_s}{R_{si}} \tag{5-6}$$

式中，R_s 为底物反应速率；R_{si} 为颗粒内底物浓度均为其颗粒外表面处浓度 c_{si} 时的反应速率，如果不存在外扩散影响，则 $c_{si}=c_{so}$，即表面浓度等于液相主体浓度，因此 $R_{si}=R_{so}$。

根据式（5-6），可方便求出有内扩散影响时的反应速率，即

$$R_s=\eta R_{si} \tag{5-7}$$

在无扩散影响时，又可表示为

$$R_s=\eta r_{so} \tag{5-8}$$

第二节　酶固定化载体

载体材料的结构和性能对固定化酶的各种功能都有着巨大的影响。自固定化技术兴起以来，很多学者就一直致力于对载体的研究。

一、固定化酶载体的选择

随着科学技术的发展，迄今为止，固定化酶的载体材料已经从最初的天然高分子材料发展到合成高分子材料、无机材料，以及现在的磁性材料等。但是到目前为止，人们还没有找到一种合适的材料可以担当起所有酶的固定化载体，理想的载体材料应具有以下特性。

（1）无毒性：用于固定化的载体应该对细胞无毒性，对酶无抑制作用，不影响酶和

细胞的生物转化能力。

（2）较大的比表面积和多孔结构：这样结构的载体材料易于与酶交联，具有高容量，从而可提高固定化率。

（3）良好的机械刚性和稳定性：固定化酶的一个最大的特点是要能重复使用，此外在反应器内长时间的运转过程中，要求载体具有良好的机械刚性，同时需要保证载体在所使用的 pH 和温度下具有好的化学稳定性。

（4）不溶性：载体材料要求是不溶于水的，这不仅可以防止酶和细胞失活，还可以防止其受到污染。

（5）对微生物的抵抗性：在长时间的使用中，载体材料必须要能防止微生物的降解作用，对微生物抵抗性好的载体材料可以长时间使用。

（6）载体材料应该容易获得、价格便宜、制备方便，能适用于大规模生产。

目前使用和研究中的固定化酶载体材料种类繁多，按其组成可以分为有机高分子材料载体、无机材料载体、复合材料载体和新型载体（表 5-3）。每种载体都各具优势，但整体而言，有机高分子材料载体因它们的表面可以提供更多的反应基团，如氨基、羧基、羟基、咪唑基等，而具有更广泛的应用前景。

表 5-3　固定化酶常用载体

分类		特性	具体材料
有机高分子材料载体	天然有机高分子载体材料	来源于生物的生物相容性和生物可降解材料	琼脂糖、明胶、壳聚糖、海藻酸盐、纤维素等
	人工合成有机高分子载体材料	聚合物和生物聚合物，提供化学修饰的灵活性，以优化酶的固定化	聚合物（聚丙烯酰胺、聚苯乙烯、聚乙烯醇）、生物聚合物
无机材料载体		高机械稳定性、易于改性、抗微生物攻击	硅石、沸石、氧化铝
复合材料载体		结合有机和无机组分以提高性能	有机-无机杂化物（硅-聚乙烯醇）、纳米复合材料

二、固定化酶常用的载体

（一）有机高分子材料载体

有机高分子材料载体又可分为天然有机高分子材料载体和人工合成有机高分子材料载体两类。

1．天然有机高分子材料载体　天然有机高分子载体材料因其固有的生物相容性、生物可降解性和功能多样性，越来越多地被用作酶和细胞固定化的载体。这些材料源自可再生资源，包括如壳聚糖、海藻酸盐、纤维素等多糖，以及明胶和胶原蛋白等蛋白质。在酶固定化中应用这些天然有机高分子材料，具有温和的固定化条件、保持酶活力和增强稳定性等多项优势，这对于工业、生物医学和环境应用至关重要。

天然有机高分子载体材料为固定化过程提供了有利的环境，满足了酶和细胞的结构和功能需求。以下是一些关键特性和优势：

（1）生物相容性：天然有机高分子载体材料具有固有的生物相容性，适合用于食品、制药和医疗设备中，它们引起的不良反应或毒性风险最小，这在生物医学应用中尤为重要。

（2）生物可降解性：天然有机高分子载体材料是可生物降解的，对环境友好，有助于可持续发展。在关注处置和环境影响的应用中，这一点尤其重要。

（3）功能多样性：天然有机高分子载体材料可以化学改性，引入各种功能基团，增强与酶或细胞的相互作用。这种多样性允许定制固定化策略，以满足特定应用需求。

（4）温和的固定化条件：天然有机高分子载体材料聚合和交联所需的温和条件有助于保持固定化酶的天然结构和活性。

（5）稳定性增强：在天然有机高分子载体材料上的固定化可以显著提高酶的热稳定性、操作稳定性和储存稳定性。这种稳定性对于需要在不同条件下长时间保持酶活力的工业过程至关重要。

在具体应用实例中，天然有机高分子载体材料如琼脂糖、明胶、壳聚糖、海藻酸盐、纤维素等利用其表面的疏水作用、氢键和静电吸引等物理作用力，能够非共价地吸附多种酶分子，这种方法因其简单性和适用性而被广泛采用。此外，通过包埋法，将酶分子嵌入如海藻酸盐、琼脂和明胶等多孔性天然高分子载体材料的网络结构中，利用凝胶化过程固定酶分子，这种方法特别适合于那些需要额外保护的敏感酶或需要处理大分子底物的应用。交联法虽然通常涉及化学交联剂，但天然有机高分子载体材料可以通过化学改性引入官能团，进而参与交联反应，间接实现酶分子的固定化，有效提升固定化酶的稳定性。通过在天然有机高分子载体材料上引入氨基、羧基等功能性基团，可以与酶分子形成稳定的共价键，如改性壳聚糖就可作为共价固定化酶的有效载体。总体而言，天然有机高分子载体材料因其易于获取、成本效益高、生物相容性好、化学和物理改性潜力大，使其在吸附法、包埋法、交联法和共价结合法等多种酶固定化方法中都得到了有效的应用，显著提高了酶的稳定性和重复使用性，进一步增强了其在工业规模生物催化过程中的应用潜力，显示了其在生物催化系统中的应用广泛性和高度灵活性。

2．人工合成有机高分子材料载体　人工合成有机高分子作为酶固定化的载体材料，因其结构多样性、可调节性和理化稳定性而在多种固定化技术中发挥着关键作用。这些材料包括聚丙烯酰胺、聚苯乙烯和聚乙烯醇等合成聚合物，并能够通过化学改性引入适合酶附着的功能基团，使得它们在固定化过程中具有显著优势。包括：

（1）高稳定性：与天然聚合物相比，合成聚合物通常具有更好的机械和化学稳定性。这种稳定性确保固定化酶能够承受严苛的加工条件，如极端 pH 或高温，这对于生物催化等工业应用至关重要。

（2）功能化灵活性：合成聚合物的化学结构可以轻松修改，引入广泛的功能基团。这种灵活性允许定制固定化策略，根据特定应用需求，实现酶和细胞的共价键合、吸附或封装。

（3）控制孔隙性：合成聚合物可以设计成具有特定的孔径和孔隙分布，提高酶对底物的可及性，增加催化过程的效率。控制孔隙性还有助于底物和产物的扩散，这对于维持高酶活力至关重要。

（4）形态多样性：这些聚合物可以制成各种形态，包括微珠、膜、纤维和凝胶，为固定化技术提供了多样化的选择。例如，聚丙烯酰胺凝胶可以在其网络中固定酶，而聚苯乙烯微珠可以提供大的表面积用于酶的结合。

人工合成有机高分子载体材料如聚丙烯酰胺凝胶、聚乙烯醇、聚乙二醇和聚甲基丙烯酸酯等，通过其表面功能团与酶分子间的物理吸附或弱化学作用（疏水作用、氢键、静电相互作用）实现酶的固定化，其化学组成和结构的可调性优化了酶的吸附效率和稳定性。同样，利用合成载体上的活性基团（氨基、羧基、羟基等）与酶分子反应形成共价键，这种方法在合成载体上更为常见，因为它们的结构易于定制，从而增强酶的固定化效率和稳定性。通过双功能或多功能试剂（交联剂）在酶分子之间或酶与合成有机载体之间形成共价键连接，合成高分子如聚乙烯醇、聚乙烯亚胺等可通过交联反应成为网络结构，固定酶分子，同时保持其活性和稳定性。尽管包埋法通常使用天然高分子材料，但某些可降解合成聚合物如聚乳酸、聚己内酯等也可用于包埋酶分子，特别适用于需要控制酶释放速率或构建生物降解型催化系统的场景。此外，混合技术通过结合吸附法和共价或交联法的优势，实现更优的固定化效果。总体而言，人工合成有机高分子材料载体在酶固定化中展现了高度的灵活性和可控性，尤其适合于那些需要精确调控酶活力、稳定性和可回收性的高端应用场合。

（二）无机材料载体

无机材料载体具有一些有机材料不具备的优点，如稳定性好、机械强度高、对微生物无毒性、不易被微生物分解、耐酸碱、成本低、寿命长等。无机材料载体大多具有多孔结构，与微生物接触时，利用吸附作用和电荷效应将微生物固定，无机材料载体内部有较大的孔隙度，可以容纳不断增殖的微生物，使得载体内细胞浓度增大，提高了处理效率。传统的无机材料载体主要包括多孔陶瓷、玻璃、二氧化硅、氧化铝、红砖颗粒、活性炭等。多孔陶瓷的吸附能力强，孔径可调控，针对不同大小的微生物，可以用多种规格的陶珠作为载体，但目前多孔陶瓷的价格较为昂贵。红砖颗粒是一种来源广泛、成本低廉、易于制造的固定化载体材料，具有较好的应用前景。二氧化硅来源丰富，造价低廉，纳米尺度的二氧化硅具有较高的表面能和生物相容性，在酶固定化中具有较高的应用价值。

在吸附法中，无机材料载体如硅胶和氧化铝，利用其多孔结构和高比表面积，通过范德瓦耳斯力、静电力等非共价相互作用实现酶的物理吸附。这些载体的化学惰性不仅有助于维持酶的活性，而且其多孔性质还增强了底物和产物的传质效率，显著提升了酶的催化性能。在包埋法中，多孔无机材料如分子筛和介孔二氧化硅为酶提供了一个稳定的微环境，这对于在非水相介质中操作或在极端温度和 pH 变化下维持酶的稳定性至关重要。这些载体的孔道结构不仅可以保护酶分子，还可以调节底物和产物的扩散，为酶提供了一个类似于细胞内环境的微环境。共价结合法通过在无机载体表面引入活性基团，如氨基或羧基，与酶分子的特定氨基酸残基形成稳定的共价键。这种固定化方式虽然在无机材料载体中较为少见，但它为提高酶的稳定性和降低其从载体上脱落的风险提供了一种有效的策略。此外，通过精心设计的表面修饰，无机固体材料载体可以提供更多的功能化位点，从而增强酶的固定化效率和稳定性。

总体而言，无机固体材料载体在酶固定化中展现了高度的灵活性和可控性，尤其适合于那些需要在极端条件下操作或需要精确调控酶活力、稳定性和可回收性的高端应用场合。这些材料的多样性和功能性为酶固定化技术的发展提供了广阔的前景，有助于推动生物催化技术在制药、食品加工、环境治理和能源生产等领域的应用。

（三）复合材料载体

复合材料载体是一种创新的酶和细胞固定化支持材料，它们将有机材料和无机材料的优势特性结合起来，创造出具有增强性能特征的混合系统。由于复合材料载体能够将无机材料的机械强度、热稳定性和抗性与有机材料的生物相容性和功能多样性相结合，因此在酶固定化领域的发展和应用受到了广泛关注。

复合材料载体的主要特点如下所示。

（1）增强的稳定性：与单独组分相比，复合材料载体通常展现出更优越的机械、热和化学稳定性，这对于在恶劣工业条件下维持酶活力至关重要。

（2）增加的表面积：将纳米颗粒或多孔材料整合到复合结构中，显著增加了酶结合的可用表面积，从而提高了固定化能力和催化效率。

（3）功能性多样性：复合材料载体可以被设计为具有多种功能基团，便于通过共价键合、吸附或封装等多种固定化技术结合不同类型的酶或细胞。

（4）增强的生物相容性：通过将生物相容性聚合物如壳聚糖或海藻酸盐整合到复合基质中，提高了整体的生物相容性，使这些载体适用于生物医学和生物技术应用。

（5）可定制性：通过调整有机组分和无机组分的比例和性质，可以精细调节复合材料载体的物理和化学特性，实现对它们特性的精确控制。

在一项由 Cacciotti 等于 2019 年进行的研究中，作者在二氧化硅-壳聚糖复合载体上固定胰蛋白酶（一种重要的蛋白酶），评估这种混合材料对酶的稳定性、活性和可重复使用性的影响。研究结果表明，固定在二氧化硅-壳聚糖复合载体上的胰蛋白酶在热稳定性和操作稳定性方面显著优于游离酶。复合基质的坚固结构为酶提供了保护性微环境，保持了酶的活性构象。由于牢固的共价连接和复合材料载体提供的支撑性微环境，使固定化胰蛋白酶的酶活力在使用 10 个周期后仍保持了近 90%的初始活性。这类复合材料在生物催化、生物传感器和制药等领域具有广阔的应用前景（Cacciotti et al.，2019）。

复合材料载体为酶和细胞固定化提供了一种多功能且有效的解决方案。通过利用有机组分和无机组分的互补特性，这些混合材料提供了增强的稳定性、活性和固定化酶的可重复使用性。它们的可定制性和功能性多样性使它们适用于广泛的工业和生物医学应用。

（四）新型特殊功能载体材料

在材料科学的持续进步推动下，酶固定化技术已经超越了传统载体材料的应用范畴，迎来了一系列新型特殊功能性载体材料的涌现（图 5-7）。这些创新材料，凭借其卓越的物理化学特性和生物相容性，在酶固定化领域展现出了显著的性能优势，并预示着广泛的应用前景。

1. 碳基材料 碳基材料作为一类以碳元素为主构成的特殊功能性材料，在现代科技、工业、环境治理、医学、农业和生物技术等多个领域发挥着重要作用。这类材料包括但不限于碳维材料如金刚石、石墨、碳纳米管、纳米纤维和纳米线等，它们以其独特的一维结构和高表面积为酶提供了高效的固定平台。此外，碳质材料如碳纤维、碳气凝胶、碳布、碳纳米粒子和碳化硅等，以其出色的机械强度、优异的导电性、化学稳定性

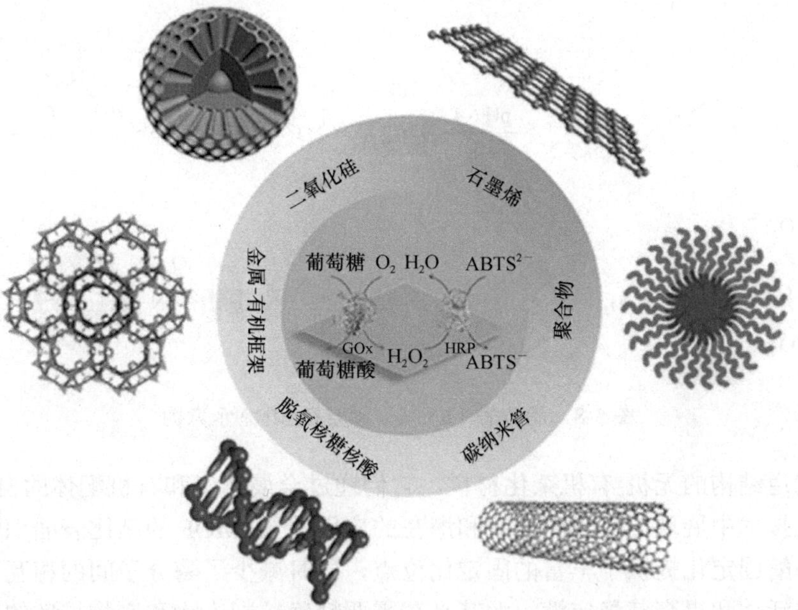

图 5-7　新型酶固定化载体材料（Xu et al.，2020）

彩图

和热稳定性而著称，并能通过定制的孔隙结构和表面性质优化酶的活性，可以在严苛条件下保持酶的活性。

碳基材料在酶固定化中的优势体现在其大表面积、机械稳定性、环境适应性、低成本、易再生能力和低毒性，这些特性有助于酶在固定过程中保持活性。在多尺度操作中，尤其是在纳米结构设计方面，它们能够通过优化性能以满足特定反应需求，为工业废水处理等应用提供了巨大潜力。例如，碳纳米粒子和碳纳米管等碳基材料，因其高表面积、优良的电导性和对酶的强吸附能力，不仅被用作酶固定化的载体，而且在生物传感器和生物能源技术中也显示出巨大应用潜力。因此，碳基材料是酶固定化研究和应用前沿领域中的一个活跃部分，其目标是提升酶的稳定性和重用性，为生物催化技术的进一步发展提供了新方向。

2．磁性纳米材料　磁性纳米材料也是酶固定化技术发展的一个新热点。它通过将酶固定在磁性纳米粒子（magnetic nanoparticle，MNP）上，利用 MNP 的超顺磁性实现酶的快速分离和回收。这种技术可以采用物理吸附、共价固定、生物亲和固定或包埋固定等多种方式，将酶稳定地固定在 MNP 表面或内部（图 5-8）。磁性纳米材料包括四氧化三铁（Fe_3O_4）、γ-Fe_2O_3、磁性纳米复合材料、量子点-磁性纳米粒子、核壳结构磁性纳米粒子、磁性介孔硅（MMS）及磁性碳材料等。这些磁性载体的多功能性、高表面积和可调节孔径有助于提高酶的活性和稳定性，同时简化了酶的回收过程。

此外，MNP 的多功能表面可以修饰不同的配体，实现对多种酶的固定化，适用于生物传感、催化剂回收、药物递送和环境治理等多种应用。尽管存在一些挑战，如 MNP 的团聚问题、可能的酶活力降低及生物安全性考量，但随着纳米材料合成技术的发展和表面修饰策略的改进，磁性纳米粒子固定化技术在生物技术和医学领域的应用前景非常广阔（Ziegler-Borowska et al.，2017）。

3．金属有机框架　金属有机框架（metal-organic framework，MOF）是一类具有

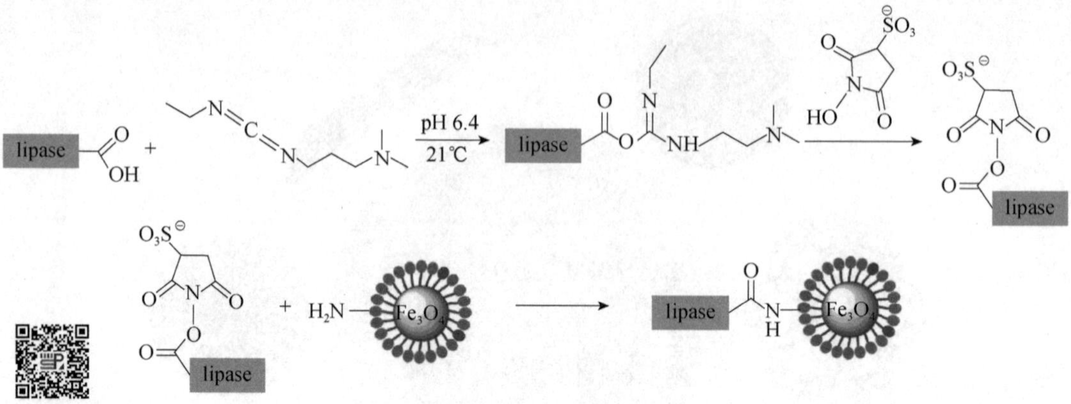

彩图

图 5-8 脂肪酶（lipase）固定在 MNP 示意图

高度有序孔道结构的无机-有机杂化材料，它们通过金属离子和有机配体的自组装形成，在酶固定化技术中展现出显著的优势和潜在的应用前景。MOF 的高比表面积和可调节的孔道特性为酶固定化提供了丰富的固定化位点，同时减少了酶分子间的相互干扰，有助于保持酶的活性和提高其稳定性，尤其是在需要精确控制底物和产物扩散的应用中（图 5-9）。通过改变金属中心和有机配体，MOF 的化学性质可以被精确调控以适应不同酶的固定化需求（Hu et al.，2018）。

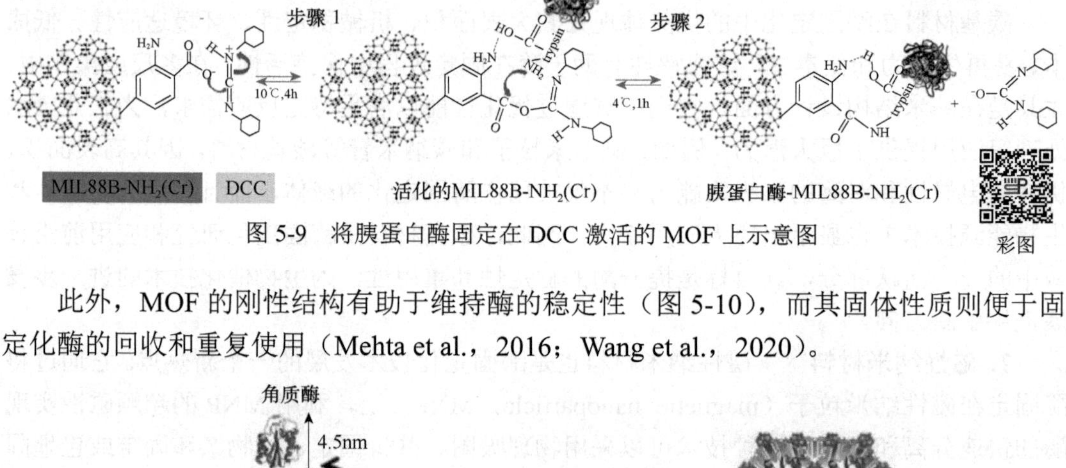

图 5-9 将胰蛋白酶固定在 DCC 激活的 MOF 上示意图

彩图

此外，MOF 的刚性结构有助于维持酶的稳定性（图 5-10），而其固体性质则便于固定化酶的回收和重复使用（Mehta et al.，2016；Wang et al.，2020）。

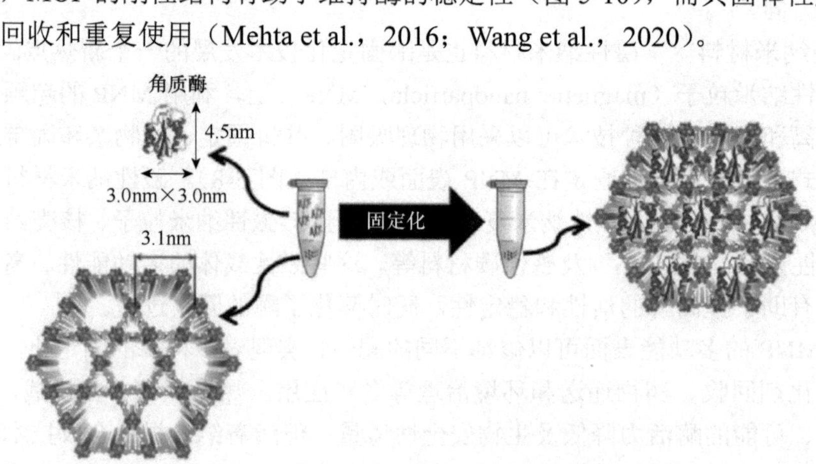

彩图

图 5-10 基于浸润的介孔内角质酶固定化

尽管MOF在酶固定化中具有许多优点，但也面临一些挑战。酶在MOF孔道中的固定可能导致活性位点不易接近，从而影响催化效率（Wang et al.，2020）。MOF的合成过程相对复杂，需要精细的化学控制，这可能限制了其大规模应用。此外，MOF的成本、水稳定性及固定化酶的泄漏问题也是当前研究中需要解决的关键问题（Huang et al.，2022）。尽管如此，随着合成技术的进步和性能优化，MOF作为一种新型酶固定化载体，其在生物催化、药物递送、气体分离和传感器等领域的应用前景仍然非常广阔（Cui et al.，2018）。研究人员正在积极探索新的合成策略和功能化方法，以提高MOF在酶固定化中的性能，使其成为一种更加实用和高效的生物催化平台。共价有机框架（covalent organic framework，COF）类似于MOF，COF提供了一个稳定的平台，用于固定化酶，并且可以通过设计来优化酶的固定化环境（Liang et al.，2020）。

4. 智能响应型固定化材料　智能响应型酶固定化技术是一种利用具有环境响应性的高分子材料作为载体，实现酶的固定化。这种技术允许固定化的酶根据外界环境条件（如温度、pH、离子强度、氧化还原状态、光、磁场等）的变化而发生活性或构象的改变，从而实现对酶催化反应的精确控制。智能响应型酶固定化技术在生物催化、生物传感、药物释放和诊断等领域具有广泛的应用前景（图5-11）（Trovato et al.，2022）。

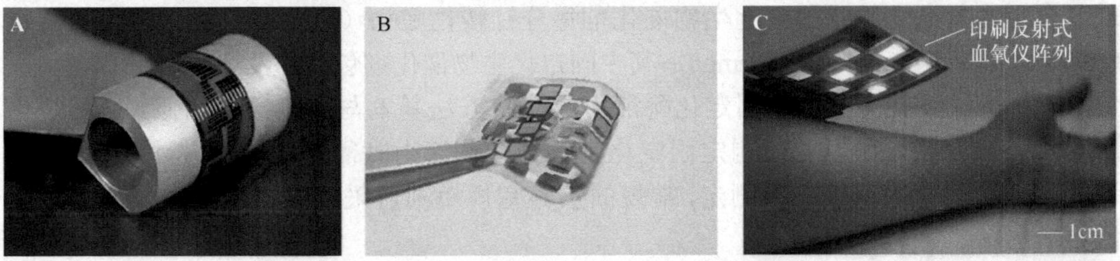

图5-11　智能响应型固定化技术应用实例

A. 硅柔性表皮包裹在直径为1.2cm的铝块上；B. 折叠的硅表皮；
C. 由OLED和OPD阵列组成的柔性血氧仪，用于测量血液和组织的氧合

彩图

智能响应型高分子材料，也称为智能材料或刺激响应性材料，它们能够在特定的外部刺激下发生可逆的物理或化学性质变化。例如，温度敏感的聚合物在特定温度下会发生相变，从而改变其对酶的固定能力；pH敏感的聚合物则能在不同的pH下改变电荷状态，影响酶的结合和释放。

通过这种技术，可以实现酶的高效催化、提高酶的稳定性、减少酶的失活、简化酶的分离和回收过程，以及提高酶的可重复使用性。此外，智能响应型酶固定化技术还可以用于开发智能药物递送系统，实现药物在体内的可控释放，提高药物疗效并减少副作用。

第三节　固定化酶的表征

当今国际酶固定化技术的发展趋势是利用材料科学、化学和生物科学的最新成果，发展能同时提高固定化酶催化活性和稳定性的酶固定化新技术。游离态的生物催化剂成为固定化生物催化剂，其催化的反应体系也由原来的均相体系变成了固-液相不均一体

系。酶经过固定化后，由于受到载体和周围微环境的影响，催化性能会有很大改变，如催化活力、最适催化温度、pH、底物特异性、催化稳定性及动力学常数等的变化。可通过对各种参数的测定来判断对特定酶系采用固定化技术处理后所得到的固定化生物催化剂性能的优劣和可适用性。

一、固定化酶的评价指标

（一）固定化酶活力定义及测定

1. 酶活力定义 固定化生物催化剂的活力，即固定化生物催化剂催化某一特定化学反应的能力。催化活力的大小可以用在一定条件下催化某一反应的初速率来表示。固定化酶的活力与游离酶的活力稍有区别。游离酶活力即表示每毫克（毫升）酶液所表现的催化活力，通常定义为一定条件下，一定时间内，将一定量的底物转化为产物所需的酶量。而酶活力的大小即酶含量的多少，用酶活力单位表示。酶的比活力（specific activity）代表酶的纯度，即每毫克酶制剂或每毫升酶制剂含多少酶单位（U/mg 或 U/mL），对同一种酶来说，比活力愈大，表示酶的纯度愈高。常用的固定化生物催化剂的比活力用来表示每毫克固定化酶制剂所含的酶活力单位数，而非每毫克酶所含的酶活力单位数；或者表示为每毫克干重固定化生物催化剂每分钟转化底物（或生成产物）的物质的量（μmol），表示为 μmol/（min · mg）。其中固定化生物催化剂包括酶及载体。

2. 酶活力测定方法 固定化酶活力的测定方法基本与游离酶的相似，但固定化酶通常呈颗粒状，所以一般测定固定化生物催化剂活力时需对相应的方法进行改进，通常工业应用中采用填充床测定，常规的实验室规模则可采用悬浮于保温介质中进行测定。

按照测定过程分类，测定方法分为间歇测定和连续测定两种。采用间歇测定时，搅拌使固定化酶均匀悬浮于保温的介质中，其他条件与游离酶的活力测定相同。例如，反应隔一段时间后取样，再进行酶活力测定。固定化酶根据酶及所用载体的差异，可能会在反应停止振荡时瞬间即沉淀于反应体系中或仍悬浮于反应体系中，因此对于后一种情况需要通过过滤再进行常规测定。不同固定化酶的活力测定受测定过程的条件影响，如反应的搅拌速率和温度等。在采用连续测定方法时，常将固定化生物催化剂装进具有恒温水夹套柱中，以不同流速流过底物，测定酶柱流出液。根据流速与反应速率的关系，测定和计算酶活力。此方法比较多地应用于测定放大规模的实际反应体系中，而工业应用过程中底物的浓度并非达到饱和程度，因此测定酶催化反应的条件应该要尽可能与实际工艺中的条件相同，以有利于评价固定化酶的工艺流程的应用价值。

按照测定方法分类，可采用分光光度法（spectrophotometry）、荧光测定（fluorometry）、同位素法（isotope method）、电化学法（electrochemical method）、旋光法、量气法、量热法和层析法等。通常要考虑固定化酶的颗粒性对测定方法精确度和稳定性的影响，也要考虑不同底物产物的物化性质，以及各种方法的使用范围和灵敏度等要求（表 5-4）。

表 5-4 几种主要酶活力测定方法（曹秋林，2008）

测定方法	原理	优点	缺点	应用实例
分光光度法	底物和产物在紫外光或可见光部分的光吸收不同	简便，省时，精确到 nmol/L，重复性好	依赖于分光光度计的精确性	固定化青霉素酰化酶催化青霉 G 生成 6-氨基青霉烷酸，采用对二甲氨基苯甲醛（PDAB）法测酶活力，产物在 415nm 有光吸收
荧光测定	根据底物或产物荧光性质的差别	与荧光强度和激发光光源有关，高效快速且较易被采用	易受干扰（紫外区较显著）	应用荧光共轭物质作为底物测定土壤中的木聚糖酶和纤维素酶的酶活力
同位素法	由放射性同位素的底物经酶水解后得到的产物的脉冲数（引起放射性同位素计数改变）换算	灵敏度高，可达飞摩尔或更高水平	底物范围有限制	蛋白激酶催化组蛋白的磷酰化反应，用 ^{32}P 标记的底物可测得酶活力
电化学法（pH 测定法）	用高灵敏度 pH 计跟踪反应中 H^+ 变化，由变化测反应速率	可测定许多酯酶的酶活力，灵敏度高	应用范围相对较窄	电化学法测定超氧化物歧化酶的酶活力

（二）固定化酶的偶联率及酶活力参数的测定

酶活力和偶联率均可用于表示在酶固定化期间引起的酶损失，以及影响固定化生物催化剂性质的诸多因素的综合效应。

通常固定化酶的催化活力除了比活力外，还有负载率、相对活力和活力回收率等表征方式。其中，活力回收率是指固定化后固定化酶所显示的活力占被固定的等量游离态酶总活力的比例。固定化酶的偶联率可以定义为酶经固定化之后，所显示出的固定化酶的活力与固定前加入的酶总活力之比，也可以理解为成功固定的酶量与加入的总酶量的比例（%）。通常可以通过测定酶活力（或 G250-考马斯亮蓝法测定酶浓度）计算得到。

$$\text{负载率}=(\text{总蛋白质}-\text{上清液中的蛋白质})/\text{总蛋白质}\times 100\% \tag{5-9}$$

$$\text{相对活力}=\text{固定化酶的总活力}/\text{等量游离酶的总活力}\times 100\% \tag{5-10}$$

$$\text{活力回收率}=\text{固定化酶的总活力}/\text{加入酶的总活力}\times 100\% \tag{5-11}$$

当偶联率接近 1 时，表示反应控制得好，固定化或扩散限制引起的酶失活并不明显，且载体的表面性能可较好地适用于酶的固定化；偶联率小于 1 时，表示扩散限制对酶活力有影响，数值较小时说明载体表面的性能不能与酶有兼容作用；当偶联率大于 1 时，有细胞分裂或从载体排除抑制剂等原因。因真空干燥或冻干处理会导致酶活力损失，因此在工业应用过程中常采用湿固定化酶作为催化剂，湿酶活力和干酶活力则作为固定化酶催化活力的重要指标。

（三）固定化酶的半衰期及其操作稳定性

固定化酶的稳定性是酶经固定后显著改变的重要参数之一，是影响应用的关键因素，通常采用半衰期来衡量酶催化的稳定性。固定化酶的半衰期是指在连续或半连续酶催化过程中，固定化酶的活力为最初始活力的50%时所经历的时间，以 $t_{1/2}$ 表示。固定化酶的测定过程可以采取长期实际操作测定，也可以通过较短时间的操作进行推算。在没有扩散限制时，固定化酶的催化活力与时间呈指数关系。

半衰期可由下式计算得到

$$t_{1/2}=0.693/K_D \tag{5-12}$$

$$K_D=\frac{2.303}{t}\lg(E/E_0) \tag{5-13}$$

式中，K_D为衰减常数；E为t时刻的酶活力；E_0为酶的初始活力；E/E_0是时间t后酶活力残留的比例。

在现今酶稳定性的评价指标中，半衰期已从初始的操作稳定性的天数或次数发展至其他重要的性能参数，如不同温度处理下的半衰期、高温处理下的半衰期时间及连续或半连续操作下的半衰期次数等。

二、固定化酶的表征手段

目前，可用于表征催化剂的检测手段技术繁多，在此仅对酶固定化制剂比较重要的几种表征手段予以说明。

（一）扫描电镜法

扫描电镜（scanning electron microscope，SEM）是一种新型的电子光学仪器。它具有制样简单、放大倍数可调范围宽、图像的分辨率高、景深大等特点。通过 SEM 能观察到载体表面结构，固定化酶表面的酶分布状态及酶周围的载体孔径特点等。

例如，溶胶-凝胶法固定木瓜蛋白酶，并用 SEM 对固定化酶结构进行研究。由图 5-12 可以看出，在优化条件下制备的固定化木瓜蛋白酶形态呈规则的球状，有利于固定化酶的回收及重复利用；将固定化酶颗粒磨碎观察到其内部孔径分布呈蜂窝状，多孔的结构有利于底物和产物的传质，能够充分发挥酶分子的催化活性。

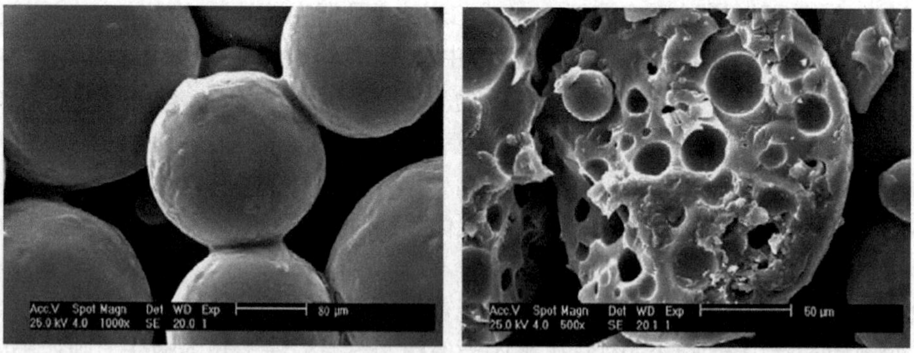

表面特征　　内部特征

图 5-12　固定化酶 SEM 照片

图 5-13 展示了大孔树脂及固定化脂肪酶后的载体表面结构。载体的液体致孔剂为甲苯和正庚烷（体积比为 1∶1），浓度为 100%［与反应组分甲基丙烯酸缩水甘油酯（GMA）和二乙烯基苯（DVB）体积总和比为 1∶1］，加入的固体致孔剂 $CaCO_3$ 的质量与整个液相（GMA、DVB 和液体致孔剂）的体积比为 1∶2，载体的交联度为 40%（DVB 与 GMA 体积比）。从扫描电镜照片可以看出载体的孔结构。载体不仅具有微孔和大孔结构分布，

还具有约 2μm 的贯通式超大孔。这是固液联合致孔的特点（生成双孔结构），液体致孔剂主要生成微孔，固体致孔剂与反应相不溶，并且部分颗粒因为表面自由能大而形成团聚，导致介质形成大孔和超大孔结构。

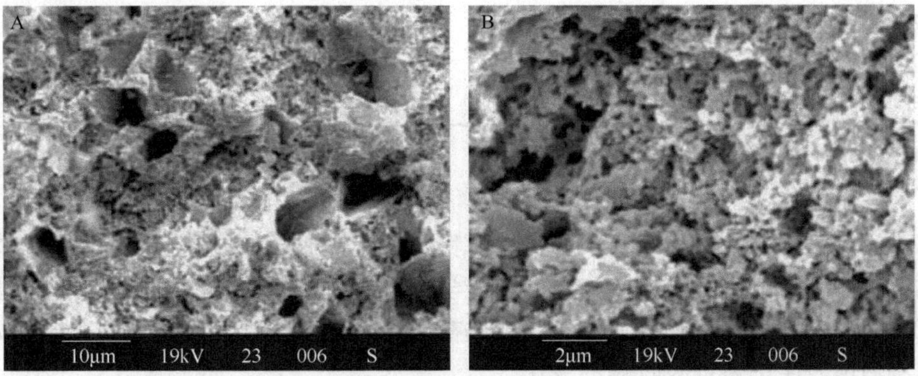

图 5-13　大孔树脂（A）及固定化脂肪酶（B）的扫描电镜照片（蔡宏举等，2007）

（二）布鲁诺尔-埃梅特-泰勒（Brunauer-Emmett-Teller，BET）法

一般来说粒子的粒度越小，比表面积越大。因此，比表面积与粒度之间也存在一定的函数关系，可以借助测试比表面积，求得粒子的粒径大小及其分布。目前，比表面积一般采用 N_2 低温吸附容量法测试，即 BET 法。

研究介孔材料 SBA-15 固定化脂肪酶（PPL）的性质：采用比表面积和孔径吸附测定仪，用液氮在一定温度下测定固定化前后载体的 N_2 吸附-脱附曲线，通过 BET 模型计算载体在固定化酶前后的比表面积，巴雷特-王京娜-汉拉达（Barrett-Joyner-Halenda，BJH）模型计算载体在固定化前后的孔径分布等结构参数，结果见图 5-14。

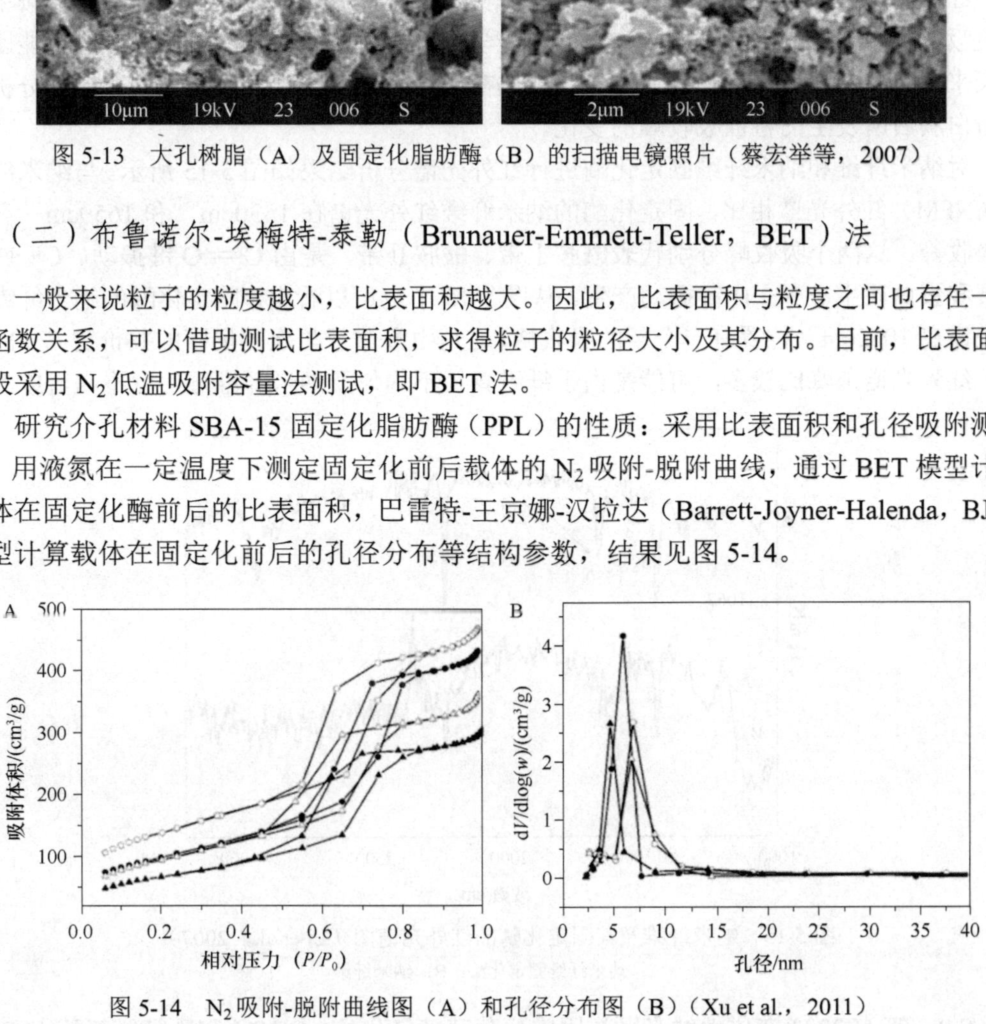

图 5-14　N_2 吸附-脱附曲线图（A）和孔径分布图（B）（Xu et al.，2011）

固定化前后载体的主要结构参数如表 5-5 所示。由表 5-5 可知氨基活化的 SBA-15 的 BET 比表面积大于没活化的（$497m^2/g>345m^2/g$），表明氨基成功地锚定在了载体的表面。两种载体固定化后的最可几孔径都相应地减少，孔容也分别降低。这就说明了大量的脂肪酶 PPL 固定在了孔道里面，孔道被很好地利用了。

表 5-5 SBA-15、SBA-15-PPL、NH-SBA-15 和 NH-SBA-15-PPL 的结构性能

样品	比表面积/（m^2/g）	孔容/（cm^3/g）	孔径/nm
SBA-15	497	0.76	6.57
SBA-15-PPL	354	0.69	5.71
NH-SBA-15	345	0.61	6.60
NH-SBA-15-PPL	255	0.50	5.30

（三）红外光谱法

红外光谱常用来测试相应分子的特性。特定的官能团总是能在相同或相近的频率处产生吸收谱带，这种特征谱带的稳定性使化学家可通过简单的观察并参考一般官能团频率表来获得有用的结构信息。通过利用载体在酶固定化前后的红外光谱差异比较分析结合蛋白质后所发生的特征吸收峰的变化。

对纳米纤维和纳米纤维固定化酶进行红外光谱分析结果如图 5-15 所示。与纳米纤维膜（NFM）红外光谱相比，固定化酶的纳米纤维红外光谱在 1530cm^{-1} 和 1650cm^{-1} 有两个吸收峰。这两个吸收峰分别代表酰胺Ⅰ带、酰胺Ⅱ带，是由 C═O 键振动、C—N 键伸展和蛋白质主链 N—H 键振动产生。从图 5-15 中也可以看出，固定化酶的纳米纤维红外光谱在 1062cm^{-1} 位置有一个新的吸收峰，这是由酶分子与聚丙烯腈的共价键 C—N 产生。红外光谱杂峰比较多，可能是由于纤维直径不均匀及纳米纤维透明度不高造成的。

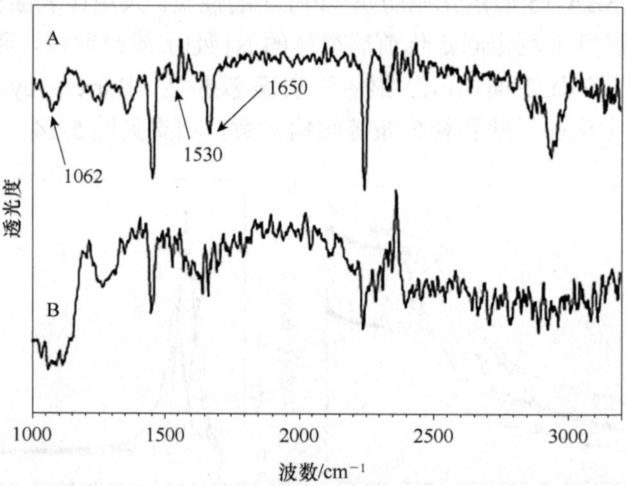

图 5-15 纳米纤维及其固定化酶的红外光谱图（Li et al.，2007）

A．纳米纤维固定化酶；B．纳米纤维

Sohn 等（2008）在磁性纳米颗粒固定化葡萄糖氧化酶（GOD）和乳糖脱氢酶（LDH）研究中采用傅里叶变换红外光谱（FTIR）分别对载体和固定化酶进行分析，结果如图 5-16 所示。

在 3 个 FTIR 图中都有酰胺伸缩峰 2932cm^{-1} 和酰胺弯曲峰 1631cm^{-1}，这可能是由于采用高浓度的氨水共沉淀 Fe^{2+} 和 Fe^{3+} 所带入的固定化 GOD 纳米颗粒和固定化 LDH 纳米颗粒。在峰 2361cm^{-1} 增强是由碳氮三键伸缩振动引起的，这是由碳二亚胺连接到载体

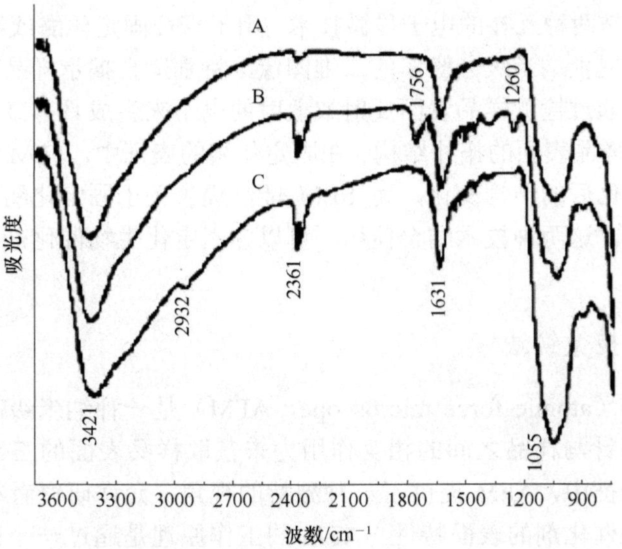

图 5-16　磁性纳米颗粒及其固定化酶的 FTIR 图（Sohn et al.，2008）

A．磁性纳米颗粒；B．固定化 GOD 纳米颗粒；C．固定化 LDH 纳米颗粒

上带入的。固定化 GOD 纳米颗粒在 $1756cm^{-1}$ 有一个碳氧双建特征峰，这可能是戊二醛和碳二亚胺反应引起的。在 GOD 纳米颗粒同时观察到碳氮三键特征峰 $361cm^{-1}$，然而 LDH 纳米颗粒在 $1756cm^{-1}$ 和 $1260cm^{-1}$ 都没有峰，这可能是固定化 LDH 纳米颗粒是通过其他反应机制进行的。

（四）透射电镜法

透射电子显微镜（transmission electron microscope，TEM）作为一种高分辨率的显微镜，利用电子束穿透样品来获取图像。相较于光学显微镜，TEM 能够提供纳米级别的分辨率，成为固定化酶或细胞表征的重要工具。TEM 的应用不仅局限于观察固定化酶的二维结构投影，还能深入揭示酶与载体的相互作用、分布、粒子尺寸和形态，尤其对于纳米或微米级载体如碳纳米管、磁性珠、纳米粒等的研究至关重要。通过 TEM，研究人员能够清晰地观察固定化酶或细胞的形态特征，包括它们的大小、形状和表面结构，以及固定化后的结构变化。通过 TEM 还能观察到固定化酶或细胞的内部结构，如细胞器的排列、酶的多聚体形态或纳米粒子的分布。

为了通过 TEM 进行有效观察，固定化酶或细胞需经过包埋并切割成极薄切片以维持其结构完整性。利用重金属染色或免疫标记等特定染色剂或标记技术，可以增强图像对比度，使特定生物分子或细胞结构更加清晰可见。TEM 图像的应用不仅能进行形态学分析，还能进行定量分析。例如，测量固定化酶的分布密度、细胞尺寸或评估固定化效率。通过时间序列成像，TEM 还能捕捉固定化酶或细胞在不同条件下的动态变化，如其在反应过程中的结构转变。此外，TEM 的多功能性使其能够与其他技术如计算机断层扫描和电子能量损失谱（EELS）联合使用，以获得更全面的三维结构和化学状态信息。综上所述，TEM 在固定化酶或细胞的形态学、结构和组成分析中起着至关重要的作用，是固定化生物催化剂研究中不可或缺的工具，为优化固定化过程和提升催化性能提供了重要信息。

TEM和SEM是两种互补的电子显微技术，用于表征固定化酶或细胞。TEM通过电子束穿透超薄样品提供纳米级分辨率的二维图像，特别适合揭示样品内部结构和晶体学特征，而SEM则通过检测样品表面反射或散射的电子来生成具有高度立体感的表面形态图像，适合观察样品表面的拓扑结构。在固定化酶的表征中，TEM能够展示酶在载体内部的分布和固定化后的结构变化，而SEM能够提供关于固定化酶表面形态和载体表面特征的详细信息。这两种技术结合使用，可以为固定化生物催化剂的结构和性能提供全面的理解。

（五）原子力显微镜法

原子力显微镜（atomic force microscope，AFM）是一种纳米级高分辨率的表面分析技术，它通过探针与样品之间的相互作用力来获取样品表面的三维形貌图像。在固定化酶或细胞的表征中，AFM提供了一种独特的视角，允许研究者在纳米尺度上观察和分析固定化生物催化剂的表面特性。AFM的工作原理是通过一个微小的探针，该探针安装在可弯曲的悬臂梁的一端，悬臂梁的另一端固定。当探针接近样品表面时，由于原子间的相互作用，探针会感受到一个向上或向下的力，这个力会导致悬臂梁发生形变。通过激光束照射在悬臂梁上并反射到光电探测器上，可以测量悬臂梁的形变，从而得到探针与样品之间的力的变化。随着探针在样品表面上扫描，可以获得样品表面的三维形貌图。

在固定化酶的表征中，AFM可以用来观察酶分子在载体上的分布情况，分析固定化后酶分子的形态变化，以及评估在固定化过程中可能发生的酶分子聚集或取向。此外，AFM还可以用于测量固定化酶的高度、直径等尺寸参数，为固定化酶的活性和稳定性提供形态学依据。对于固定化细胞，AFM能够揭示细胞与载体之间的相互作用，观察细胞表面的微观结构，如细胞壁、细胞膜的微观特征，以及固定化过程中细胞形态的变化。通过AFM的力-距离曲线，可以评估细胞表面的机械性质，如细胞的黏附力、弹性模量等，这些信息对于理解细胞的固定化行为和生物相容性非常重要。

AFM的一个显著优势是它能够在不同的环境条件下进行成像，包括空气、液体甚至是生物体内的模拟环境。这意味着AFM可以在更接近实际应用条件的情况下对固定化酶或细胞进行表征，从而提供更实际的生物物理信息。此外，AFM还可以与其他技术联用，如结合荧光显微镜可以提供样品的形貌和化学信息，结合红外光谱可以提供分子层面的信息。这些联用技术可以为固定化酶或细胞的表征提供更全面的视角。

总之，AFM是一种强大的表征工具，它通过提供纳米尺度的高分辨率表面形貌图像，为固定化酶或细胞的形态学、尺寸参数、表面机械性质及分子间相互作用的研究提供了丰富的信息。AFM的应用不仅有助于优化固定化过程，提高生物催化剂的性能，还能增进对固定化生物催化剂在分子和细胞层面上功能机制的理解。

（六）X射线衍射技术

X射线衍射（XRD）技术是一种强大的分析手段，广泛应用于研究材料的结构特性。在固定化酶和细胞的特性分析中，XRD技术发挥着重要作用，尤其是在理解载体材料的晶体结构和相组成方面，这对于优化固定化效率和催化性能至关重要。

XRD 技术的原理是 X 射线与晶体格子中的原子平面相互作用，产生衍射图样，通过分析这些图样可以确定晶体结构。对于固定化酶或细胞，XRD 能够提供关于载体材料和固定化生物分子的宝贵信息。

XRD 技术在固定化酶和细胞的特性分析中扮演着关键角色，其主要应用包括载体材料的结构表征、监测固定化效率、评估固定化酶的稳定性和可重复使用性，以及表面功能化表征。XRD 技术通过分析载体材料的结晶性、相组成和形态，帮助识别晶体相，确定晶体尺寸和应变，从而理解载体材料的稳定性和与酶的相互作用。此外，XRD 技术能够监测固定化过程中载体材料结构属性的变化，如晶体结构变化和相组成，为固定化效率提供重要信息。在评估固定化酶的稳定性和可重复使用性方面，XRD 技术通过分析热处理前后的 XRD 图样，评估载体材料的热稳定性和操作稳定性，确保固定化酶的耐用性和重复使用性。同时，XRD 技术还用于研究载体材料的表面改性，提供晶体结构的详细信息，优化功能化过程，从而提高酶的结合和活性。这些应用表明，XRD 技术为固定化酶和细胞的表征提供了一种全面而深入的分析方法，有助于优化固定化过程并提高生物催化剂的性能。

总之，XRD 技术是表征固定化酶和细胞的宝贵工具。它能够提供关于载体材料的详细结构信息，增强我们对固定化过程的理解，帮助优化载体设计，并确保固定化生物催化剂在各种工业和生物医学应用中的性能和稳定性得到改善。所引用的例子展示了 XRD 在酶固定化表征领域的广泛适用性和重要性。

数字资源 5-1

固定化酶的应用实例见数字资源 5-1。

思　考　题

1．酶的固定化在现代工业生物技术发展中占据了越来越重要的地位，试分析固定化对酶性能有怎样的改变。列举几种常见的酶固定化方式并比较它们的优缺点。

2．固定化酶有哪些特征？这些特征各需要什么样的方法来表征？

3．在酶的固定化过程中，载体材料的结构和性能对酶的各种功能有着巨大的影响，试简述目前固定化载体材料的类型及其优缺点。

4．在酶固定化过程中，其物理吸附或者化学吸附在载体内外表面，酶构象稳定性提高，但酶的柔韧度减低，活力下降。同时由于固定化酶内的扩散阻力，底物不能到达载体内部酶活性中心，固定化酶表观活力下降。所以，往往回收率小于 100%，即固定化过程有酶活力损失。在什么情况下酶活力回收可能大于 100%？请举例说明。

5．固定化酶和固定化细胞的方法大部分相同，但并不能完全通用，试举例说明两者不能通用的方法，并阐明理由。

6．查阅文献，试举出 1 或 2 个固定化酶在工业上应用的实例。

主要参考文献

蔡宏举，付大雁，王满意，等．2007．大孔载体固定化脂肪酶．过程工程学报，7（4）：773-777．

曹秋林．2008．载体固定化酶：原理、应用和设计．杨晟，袁中一，译．北京：化学工业出版社．

李丹，刘冬梅，于淑娟．2009．泡沫多孔陶瓷固定酵母细胞条件研究．现代食品科技，25（12）：1400-1403．

梁传伟，张苏勤．2006．酶工程．北京：化学工业出版社．

罗贵民．1993．酶工程．北京：化学工业出版社．

王红玉，高静，王海鸥．2008．溶胶-凝胶法固定化木瓜蛋白酶的活性保护．过程工程学报，8（6）：1190-1194．

许建和．2008．生物催化工程．上海：华东理工大学出版社．

周德庆．2011．微生物学教程．3版．北京：高等教育出版社．

Bié J, Sepodes B, Fernandes P C B, et al. 2022. Enzyme immobilization and co-immobilization: main framework, advances and some applications. Processes, 10, 494.

Cacciotti I, Lombardelli C, Esti M. 2019. Clay/chitosan biocomposite systems as novel green carriers for covalent immobilization of food enzymes. Journal of Materials Research, 9: 3644-3652.

Cui J, Ren S, Sun B, et al. 2018. Optimization protocols and improved strategies for metal-organic frameworks for immobilizing enzymes: Current development and future challenges. Coordination Chemistry Reviews, 370: 22-41.

Czulak J, Guerreiro A, Metran K, et al. 2016. Formation of target-specific binding sites in enzymes: solid-phase molecular imprinting of HRP. Nanoscale, 8(21): 11060-11066.

Fernandez-Lorente G, Palomo I M, Mateo C, et al. 2006. Glutaraldehyde crosslinking in the presence of detergents of lipases adsorbed on aminated supports: improving lipases performance. Biomacromolecules, 7(9): 2610-2615.

Gatou M A, Bika P, Stergiopoulos T, et al. 2021. Recent advances in covalent organic frameworks for heavy metal removal applications. Energies, 14(11): 3197.

Gupta B, Mishra A, Singh R, et al. 2021. Fabrication of calcite based biocomposites for catalytic removal of heavy metals from electroplating industrial effluent. Environmental Technology & Innovation, 21: 101278.

Hu Y, Dai L, Liu D, et al. 2018. Progress & prospect of metal-organic frameworks (MOFs) for enzyme immobilization (enzyme/MOFs). Renewable and Sustainable Energy Reviews, 91: 793-801.

Huang W, Zhang W, Gan Y, et al. 2022. Laccase immobilization with metal-organic frameworks: Current status, remaining challenges and future perspectives. Critical Reviews in Environmental Science and Technology, 52(8): 1282-1324.

Li S F, Chen J P, Wu W T. 2007. Electrospun polyacrylonitrile nanofibrous membranes for lipase immobilization. Journal of Molecular Catalysis B: Enzymatic, 47(3-4): 117-124.

Liang S, Wu X, Xiong J, et al. 2020. Metal-organic frameworks as novel matrices for efficient enzyme immobilization: an update review. Coordination Chemistry Reviews, 406: 213149.

Lim K S, Galarraga J H, Cui X, et al. 2020. Fundamentals and applications of photo-cross-linking in bioprinting. Chem Rev, 120(19): 10662-10694.

Luo Z, Qiao L, Chen H, et al. 2024. Precision engineering of the co-immobilization of enzymes for cascade biocatalysis, angew. Chem Int Ed, 63, e202403539.

Mateo C, Palomo J M, Fernandez-Lorente G, et al. 2007. Improvement of enzyme activity, stability and selectivity via immobilization techniques. Enzyme and Microbial Technology, 40(6):1451-1463.

Meena N, Tian Z, Dinesh K. 2022. Enzyme immobilized nanomaterials as electrochemical biosensors for detection of biomolecules. Enzyme and Microbial Technology, 156: 110006.

Mehta J, Bhardwaj N, Bhardwaj S K, et al. 2016. Recent advances in enzyme immobilization techniques:

Metal-organic frameworks as novel substrates. Coordination Chemistry Reviews, 322: 30-40.

Messina M S, Messina K M M, Bhattacharya A, et al. 2020. Preparation of biomolecule-polymer conjugates by grafting-from using ATRP, RAFT, or ROMP. Prog Polym Sci: 101186.

Olejnik A, Gosz K, Piszczyk Ł. 2020. Kinetics of cross-linking processes of fast-curing polyure-thane system. Thermochim Acta, 683: 178435.

Patel S K S, Gupta R K, Karuppanan K K, et al. 2024. Sequential co-immobilization of enzymes on magnetic nanoparticles for efficient l-xylulose production. Int J Mol Sci, 25: 2746.

Sharma M, Singh S P. 2020. Enzyme entrapment approaches and their applications. In: Biomass, biofuels, biochemical. NewYork: Elsevier, 191-216.

Sohn O J, Kim C K, Rhee J I. 2008. Immobilization of glucose oxidase and lactate dehydrogenase onto magnetic nanoparticles for bioprocess monitoring system. Biotechnology and Bioprocess Engineering, 13(6): 716-723.

Sondhi S, Kaur R, Kaur S, et al. 2018. Immobilization of laccase-ABTS system for the development of a continuous flow packed bed bioreactor for decolorization of textile effluent. International Journal of Biological Macromolecules, 117: 1093-1100.

Srivastava B, Singh H, Khatri M, et al. 2020. Immobilization of keratinase on chitosan grafted-β-cyclodextrin for the improvement of the enzyme properties and application of free keratinase in the textile industry. International Journal of Biological Macromolecules, 165: 1099-1110.

Sutanto F, Konstantinidou M, Dömling A. 2020. Covalent inhibitors: a rational approach to drug discovery. RSC Med Chem, 11(8): 876-884.

Tian R Z, Li Y J, Xu J Y, et al. 2022. Recent development in the design of artificial enzymes through molecular imprinting technology. J Mater Chem B, 10: 6590-6606.

Trbojević Ivić J, Veličković D, Dimitrijević A, et al. 2016. Design of biocompatible immobilized *Candida rugosa* lipase with potential application in food industry. Journal of the Science of Food and Agriculture, 96(12): 4281-4287.

Trovato V, Sfameni S, Rando G, et al. 2022. A review of stimuli-responsive smart materials for wearable technology in healthcare: Retrospective, perspective, and prospective. Molecules, 27(17): 5709.

Vasseghian Y, Dragoi E N, Almomani F. 2022. Graphene derivatives in bioplastic: a comprehensive review of properties and future perspectives. Chemosphere, 286: 131892.

Vo T S, Hossain M M, Jeong H M, et al. 2020. Heavy metal removal applications using adsorptive membranes. Nano Converg, 7: 1-26.

Wang X, Lan P C, Ma S. 2020. Metal-organic frameworks for enzyme immobilization: beyond host matrix materials. ACS Cent Sci, 6(9): 1497-1506.

Wu S C, Wang C, Chin J, et al. 2019. A bio-coupling approach using a dextran-binding domain to immobilize an engineered streptavidin to Sephadex for easy preparation of affinity matrix. Sci Rep, 9: 3359.

Xu K L, Chen X X, Zheng R C, et al. 2020. Immobilization of multi-enzymes on support materials for efficient biocatalysis. Front Bioeng Biotechnol, 8: 660.

Xu Y, Zhou G, Wu C, et al. 2011. Improving adsorption and activation of the lipase immobilized in amino-functionalized ordered mesoporous SBA-15. Solid State Sciences, 13(5): 867-874.

Zhang H, Han L, Dong H . 2021. An insight to pretreatment, enzyme adsorption and enzymatic hydrolysis of lignocellulosic biomass: experimental and modeling studies. Renew Sust Energ Rev, 140: 110758.

Zhang J, Huang X, Zhang L, et al. 2020. Layer-by-layer assembly for immobilizing enzymes in enzymatic biofuel cells. Sustainable Energy Fuels, 4: 68-79.

Ziegler-Borowska M, Chelminiak-Dudkiewicz D, Siódmiak T, et al. 2017. Chitosan-collagen coated magnetic nanoparticles for lipase immobilization: New type of “enzyme friendly” polymer shell crosslinking with squaric acid. Catalysts, 7: 26.

第六章 非水相酶催化

酶在非水介质中的催化作用称为酶的非水相催化。酶作为生物催化剂是绿色化学的技术核心。生物体中酶促反应发生在以水为介质的系统中，因为水分子有助于形成并保持其结构和活性。长久以来人们认为酶只能在水溶液中发挥其催化作用，而有机溶剂则被认为是酶的变性剂。这种传统观念直到20世纪80年代中期才被打破，1984年Klibanov在*Science*上发表了一篇关于酶在有机介质中催化条件和特点的综述，奠定了非水相中生物催化研究的基础。酶在微水或几乎无水的不同有机溶剂中表现出不同的立体选择性（stereoselectivity）和热稳定性，而且显示出很高的转酯活力。这一突破性研究成果开辟了酶工程领域新的研究方向——非水酶学，并且迅速成为酶学领域的一个重要分支。近年来，在非水相酶催化反应的研究中发现，有机溶剂中有十多种水解酶和氧化还原酶具备独特的催化功能。酶在有机介质中可以催化多种反应。此外，酶反应介质从以有机溶剂为主体的体系被进一步扩展到超临界流体、气体、低共熔混合的固体和多相混合等其他非水相体系。依据酶在非水相体系中的反应特性，其应用空间得到了进一步扩展，尤其是在不对称合成光学纯度的医药、农药、精细化工、新材料和食品手性化合物或手性模块物质方面，酶的创新应用更为广泛。表6-1列举了一些非水相体系中酶催化的优缺点。表6-2列举了一些非水相酶催化反应类型与应用。

表6-1 在非水相体系中生物催化的优缺点

优点	提高疏水底物溶解度，提高反应效率
	一定程度上调整或提高酶的立体选择性
	在无水有机溶剂系统中酶热稳定性增强
	有效防止催化过程中的微生物污染
	低水环境可以稳定一些酶催化反应中间体
	改变底物和产物的分配比，易于分离纯化
	易于酶的回收与再利用（双相体系）
	酶的固定化过程简单，酶不易脱离吸附表面
	在合成和水解之间趋于热力学平衡
	使酶直接用于化学过程成为可能
	缓解底物或产物抑制（双相体系），大大降低许多需要水参与的反应条件，减少副反应
缺点	酶容易变性失活，尤其在极性溶剂中
	在多相体系中或黏滞性溶剂中物质传递有限
	在共价改性体系中精细化制备生物催化剂的成本较高
	需控制水分活度

表 6-2 非水相酶催化反应类型与应用

酶	催化反应	应用
脂肪酶	肽合成	青霉素 G 前体肽合成
	酯合成	醇与有机酸合成酯类
	转酯	酯类化合物合成
	聚合	二酯的选择性聚合
蛋白酶	酰基化	甘醇的酰基化
	肽合成	合成多肽
	酰基化	糖类酰基化
羟化酶	氧化	甾体转化
过氧化物酶	聚合	酚类、胺类化合物的聚合
多酚氧化酶	氧化	芳香化合物的羟基化
胆固醇氧化酶	氧化	胆固醇监测
醇脱氢酶	酯化	有机硅醇的酯化

第一节 典型的非水介质酶催化体系

非水相系统酶学研究和酶促催化应用最为广泛的体系是有机溶剂系统，包括有机溶剂系统、超临界流体体系、离子液介质体系、低共熔混合体系和气相体系等多种系统。

一、有机溶剂系统

（一）水-有机溶剂单相体系

该体系是由水和极性较大的有机溶剂相互混溶组成的均一反应体系，酶、底物、产物均能溶解于该体系中，易于传质，反应效率高。但该体系对酶的毒性较大，当有机溶剂的比例超过某一阈值后，易导致酶失活。水-有机溶剂单相体系主要适用于在水溶液中溶解度较低、反应速率较慢的亲脂性底物的生物转化。常用的亲水有机溶剂有二甲基亚砜（DMSO）、二甲基甲酰胺（DMF）、四氢呋喃（THF）和丙酮等。

（二）水-有机溶剂双相体系

水-有机溶剂双相体系是指由水相和低/非极性有机溶剂组成的非均相反应系统，通常酶溶于水相中，而底物和产物主要溶于有机相中。有机相通常选用亲脂溶剂，如酯、烷烃、醚和氯代烷烃等，可使酶分子处在有利的水环境中，而不直接与有机溶剂相接触，减少了溶剂对酶的失活作用。若反应产物溶于有机相，则催化过程中产物与酶分子有效分离将推动反应朝着有利于产物生成的方向进行。由于酶催化反应仅在水相或两相界面中进行，必然存在着底物或产物在两相之间的质量传递，通过振荡和搅拌将会加快两相反应系统中酶催化反应效率；但不恰当的搅拌会产生机械和界面张力导致酶失活。在两相系统中，分配系数（热力学参数）和质量传递系数（动力学参数）决定了酶的催化常数 K_{cat}，因此整个反应的速率主要由这两个因素所决定，而与酶的催化能力关系较小。Selin Kara 等使用 5-羟甲基糠醛（HMF）在乙酸乙酯基双相体系中利用半乳糖氧化酶（GalOx）和南极假丝酵母脂肪酶（CALB）级联反应合成 2,5-呋喃二甲酸（FDCA）（图 6-1）。

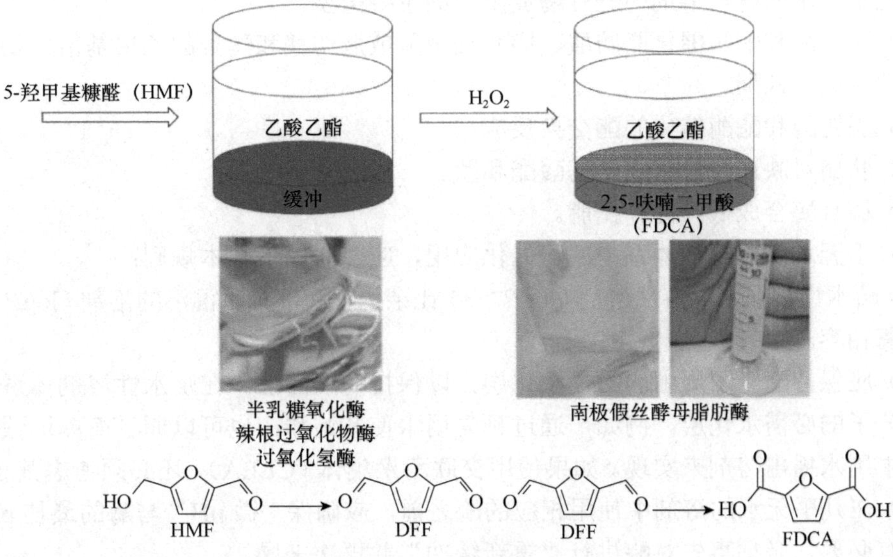

彩图

图 6-1　HMF 合成 FDCA 的双相反应系统示意图

水-有机溶剂两相系统作为非水相酶催化的一种形式，广泛应用于非水溶性底物如甾体、脂类和烯烃类的生物转化。在双相催化反应体系中，有机溶剂的选择至关重要，最佳溶剂的选择是一个非常复杂的问题，需针对具体的生物催化体系进行特定的选择。双相溶剂体系的溶剂选择应遵循以下原则。

（1）对酶变性失活作用小；

（2）对酶催化的抑制作用小；

（3）溶剂对反应物和产物的溶解性；

（4）底物和产物在水相和有机相中具有较好的分配系数；

（5）相界面可能的变性效应；

（6）用于大规模工业用途，所用溶剂的易燃性、毒性和重复使用。

（三）微水有机溶剂体系

微水有机溶剂体系是指用与水不互溶的有机溶剂取代绝大部分的溶剂水（＞98%），形成固相酶分散在有机溶剂中的非均相反应体系。常用的与水不互溶的有机溶剂通常包括烃类、醚、芳香族、卤代烃等。处于这种体系中的酶分子表面必须有一定量的结合水，才能维持其催化活性。一般有机溶剂中需含有 2%的微量水。

微水有机溶剂体系通常采用疏水有机溶剂，酶是不溶的，因此酶在微水有机溶剂体系中往往稳定性较好。通常难以保持固态酶在有机相中的高度分散状态，影响了酶颗粒内部分子的催化效率，微水有机溶剂体系的酶催化效率往往要比在水相中低得多，因此提高酶粉的分散度，增加酶与溶剂接触的比表面积成为提高微水有机溶剂体系中酶催化效率的一项重要课题。例如，在手性醇的酶促酯化反应中使用烯醇酯或酸酐作为酰化供体，不但可以显著加快反应速率，而且有利于提高酶的稳定性和对映选择性，因为使用游离酸作为酰化供体时会生成副产物水，而水在有机溶剂中的积累会影响酯化反应平衡，并使酶易于聚集成团，降低酶的催化效率，加速酶的失活。

在几乎无水的有机溶剂中进行酶促反应的主要类型：

（1）脂肪酶和酯酶催化脂肪酸、脂肪酸甲酯或脂肪酸和醇类的乙烯基衍生物，对映体选择性合成手性酯。

（2）脂肪酶和酯酶催化的酯交换反应。

（3）肽酶对映选择性合成氨基酸酯和肽。

（4）糖苷酶合成低聚糖和糖脂。

在几乎无水有机溶剂体系中的酶催化应用，应遵守以下基本规则：

（1）疏水性和非水混溶性溶剂（log$P$>3）比亲水性和部分水混溶的溶剂（log$P$ 值<3）更能与酶相容。

（2）应保持酶分子周围的必需水化层，以保持酶的活性。在疏水性溶剂体系中可以确保酶分子的必需水化层。例如，通过预先用水使其饱和，也可以通过简单地预先在分液漏斗中用水摇出溶剂来实现。如果使用交联酶聚集体（CLEA），还必须考虑其含水量。

（3）在几乎无水的溶剂中使用相应的酶之前，应确保“微 pH”与酶的最佳 pH 相对应。如有必要，必须事先对酶进行“重新缓冲”并再次干燥。

（4）由于酶分子不会溶解在溶剂中，可通过搅拌、摇晃或超声波等处理方式确保反应物扩散充分接触酶表面和产物扩散迅速离开酶表面。

（5）酶的稳定可以通过添加稳定剂（如非活性蛋白质、糖、多元醇、聚合物和盐）或通过固定化来实现。

（四）无溶剂反应体系或寡溶剂反应体系

无溶剂反应体系通常是指在至少有一种反应物为液体的情况下，该种液体反应物兼作溶剂而不用另外添加溶剂（无溶剂体系），或者只添加很少量的溶剂（寡溶剂体系），而酶分子往往悬浮于该体系中。无溶剂或少溶剂固体反应体系：当反应物均为固体颗粒时，可将其置入含酶的溶液中进行反应，该液相有可能完全隐藏在反应物固体颗粒之间的间隙中。为了形成这一隐形液相，一般只需加入很少量（如反应物质量的 10%）的某种“溶剂”，而最好的溶剂通常是水，因为酶在水中往往催化活力最高。这种主要由固体构成的酶催化系统同样具备有机溶剂介质系统的某些优点。例如，有利于水解酶催化的反应平衡偏向产物合成方向，避免不必要的水解，提高目标产物的得率等。

（五）反胶束体系

反胶束体系又称反胶团体系，是指在非极性有机溶剂中，酶分子溶解在由表面活性剂形成的含水反向胶团内催化底物转化的体系。在适宜条件下反向胶团溶液是均相的、热力学稳定的透明液体。表面活性剂的极性端朝内，非极性端朝外，水可以溶入反胶团的极性核中形成水核，水含量（定义为水与表面活性剂的摩尔比，W_0）是影响反胶团物理性质的重要参数。由于反胶束体系能较好地模拟酶的天然环境，因而在反胶束体系中大多数酶能够保持较高的活性和稳定性，甚至表现出“超活性”。

常用表面活性剂为丁二酸二（2-乙基）己酯磺酸钠（AOT）、十六烷基三甲基溴化铵

（CTAB）、卵磷脂和吐温等。酮还原酶（KRED）可催化合成对映体纯手性卤代芳醇，但其在水介质中溶解度低且传质缓慢，例如，通过 TPGS-750-M 形成的胶束水溶液进行 KRED 催化还原卤代芳基酮，得到相应的手性醇，在最佳条件下，收率高达 99%，具有中等至优异的产率，并且具有＞99% *e.e.* 的对映选择性。TPGS-750-M 是一种表面活性剂，由疏水性 α-生育酚、亲水性聚乙二醇单甲醚 750（MPEG-750）和琥珀酸酐连接组成，已被证明能够通过在水介质中形成稳定的胶束来溶解亲脂性化合物。因此，在含有 TPGS-750-M 的水性胶束介质中进行 LfSDR1 催化，可以提高在较高底物浓度下的转化率。例如，这大大提高了 2-氯苯乙酮的转化效率，对 2-氯-3-4-二氯苯乙酮的转化效率也从 49%增加到 67%，并且对映选择性从 83%提高到 92%。在较高底物浓度下进行反应，仍可获得 70%的转化率，展示了胶束水溶液中生物催化的实际应用潜力（图 6-2）。

图 6-2　在胶束水溶液中酶促还原卤代芳基酮

二、超临界流体体系

超临界流体（supercritical fluid）是指物质在温度、压力高于临界温度和临界压力时所形成的可压缩性高密度流体，其密度接近液体，黏度接近气体，同时具有与液体相近的溶解能力和与气体相近的扩散特性。超临界流体最显著的性质是其密度随温度和压力的改变而改变，因此可以通过调节温度或压力达到改变其溶解能力的目的（图 6-3）。

超临界流体也可以使酶稳定，加强酶对疏水性底物的溶解性，并且改变酶在合成反应中的热力学平衡。超临界体系具有气体所具有的扩散性能及较低的黏度，这就使得反应混合物和酶活性中心之间的转移电阻得到降低，导致反应速率增加。连续的反应环境中，酶的活性和选择性可通过不断变化的压力和温度来控制。利用超临界体系作为酶催化反应溶剂具有比液体溶剂拥有更简便的下游处理技术的优点。超临界体系常利用气体作为反应条件，溶剂可以很容易地去除，而不会留下任何残留物。在超临界条件下可进行生物催化反应的溶剂中，CO_2 被研究得最多，具有较低的临界温度、简便、无毒且便宜，许多酶在其中较稳定且保持活性。但较高的压力、温度和极端的 pH 都可能导致蛋白质变性。在超临界体系中，压力可直接影响酶活力，可能导致其变性，压力也可间接影响酶的活性。

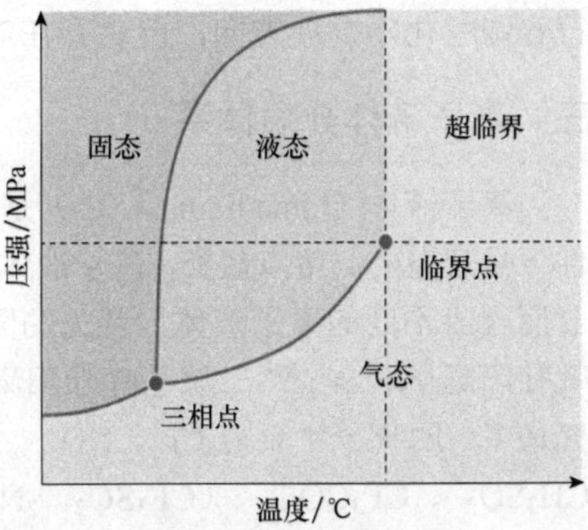

图 6-3　超临界流体的相图

1985 年，Hammard 率先提出超临界二氧化碳（$SCCO_2$）可作为酶催化酯交换反应的介质，接着

Nakamura 报道了 $SCCO_2$ 体系中碱性磷酸酶与脂肪酶催化甘油三酯的酯交换反应（图 6-4）。国外已对十多种酶在超临界流体中的反应进行了研究：在 $SCCO_2$ 中成功地进行了与醇脱氢酶的不对称还原反应及与各种脱羧酶的羧化反应。Dos Santos 等报道了固定化南极念珠菌（Lipozyme 435）脂肪酶在 $SCCO_2$ 中的活性影响。Lipozyme 435 在 $SCCO_2$ 中降低了残留活性，与压力、暴露时间、温度和加压/减压循环次数的增加成正比。然而，即使 $SCCO_2$ 降低脂肪酶的残留活性，在一定的条件下（40°C、10MPa 和 1h 的暴露时间）仍然可以获得高产率和酯化速率，其中 $SCCO_2$ 的酯化比在正己烷介质中高出 67%。Chen 等进行了原位和实时研究，揭示了压力和温度对中华根霉脂肪酶构象和行为状态的影响。结果显示该酶存在部分可逆的构象改变。高温导致二级结构的显著损失。然而，即使在高于 60°C 的条件下，α 螺旋段也能通过高压保存下来。高压是中华根霉脂肪酶在高温下具有较高催化能力和稳定性的原因。

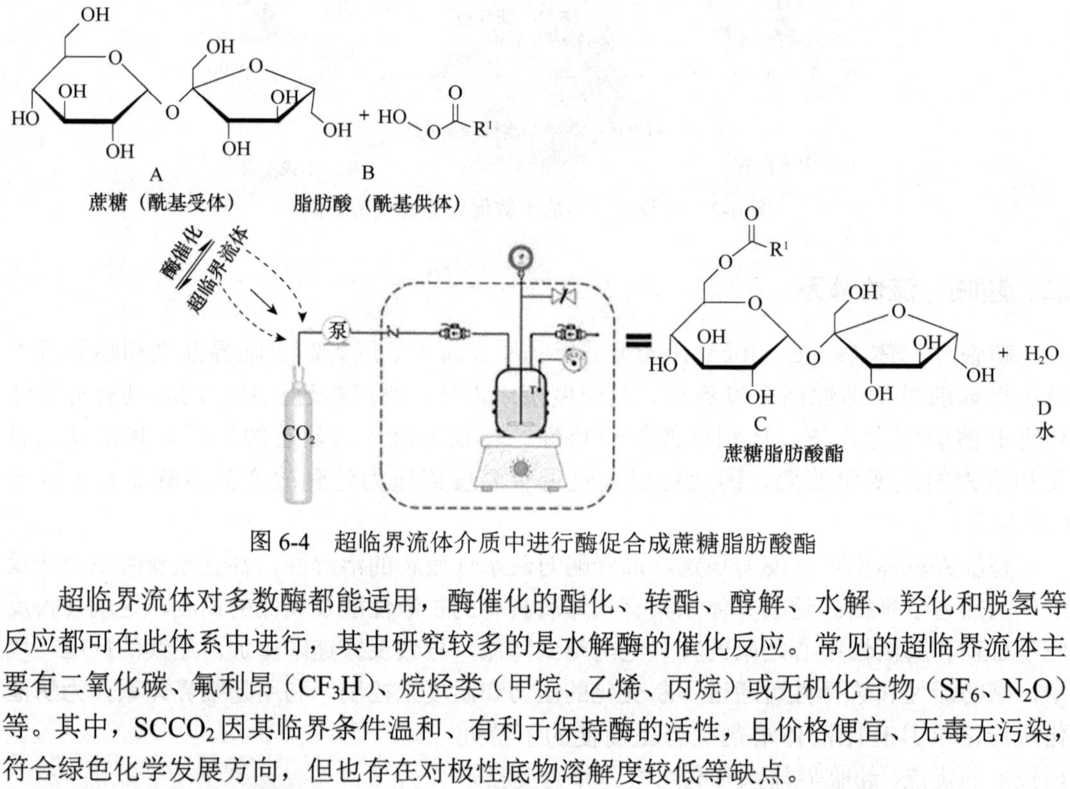

图 6-4　超临界流体介质中进行酶促合成蔗糖脂肪酸酯

超临界流体对多数酶都能适用，酶催化的酯化、转酯、醇解、水解、羟化和脱氢等反应都可在此体系中进行，其中研究较多的是水解酶的催化反应。常见的超临界流体主要有二氧化碳、氟利昂（CF_3H）、烷烃类（甲烷、乙烯、丙烷）或无机化合物（SF_6、N_2O）等。其中，$SCCO_2$ 因其临界条件温和、有利于保持酶的活性，且价格便宜、无毒无污染，符合绿色化学发展方向，但也存在对极性底物溶解度较低等缺点。

三、离子液体介质体系

离子液体（ionic liquids，IL）是由有机阳离子与有机（无机）阴离子构成的在室温条件下呈液态的低熔点盐类，离子液体的种类很多，理论上可以通过改变不同的阴阳离子组合而合成不同的离子液体。常见的阳离子类型有烷基铵阳离子、烷基鎓阳离子、*N*-烷基吡啶阳离子和 *N'*,*N'*-二烷基咪唑阳离子等（图 6-5），其中对以烷基取代的咪唑阳离子研究最多。阴离子主要有 Cl^-、NO_3^-、BF_4^-、PF_6^-、SbF_6^- 等无机阴离子，以及 CH_3COO^-、$CH_3SO_3^-$、CF_3COO^-、$(CF_3SO_2)_2N^-$ 等有机阴离子。酶在离子液体中的催化反应显现出良好的稳定性、区域选择性、立体选择性和键选择性等特点。

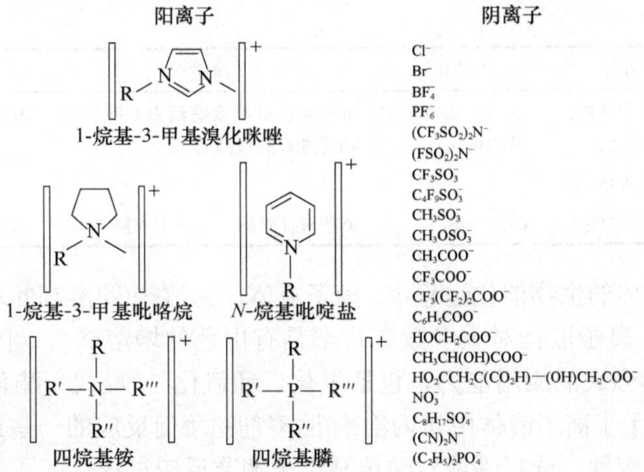

图 6-5 离子液体介质体系中常见的阳离子与阴离子类型

离子液体作为一类极性溶剂，能溶解许多有机化合物。与普通的有机溶剂相比，它具有一些优点：①它们与许多有机溶剂互不相溶，可以形成有机溶剂-离子液体两相系统或者有机溶剂-水-离子液体三相系统，拓展了溶剂工程在生物催化中的应用；②离子液体不会挥发，对环境比较友好，工业化生产更安全。离子液体运用于生物催化反应的主要方式有：①作为单一溶剂；②作为共溶剂添加于水相系统中；③与水形成两相系统。

可用于生物催化的离子液体由 1,3-二烷基咪唑/*N*-烷基吡啶/四烷基铵/四烷基膦阳离子和非配位阴离子组成，如［MMIm］［PF_6］和［BMIm］［BF_4］（Shiva et al.，2020）。这些离子液体显示出不同的物理化学性质，具体取决于所选的离子。在对绿色和可持续化学的需求方面，用环境阳离子（如胆碱盐）和阴离子（如氨基酸和胺）制备的新型离子液体在生物催化中也显示出优异的功能（Sheldon，2016）。

表 6-3 离子液体中酶促反应作为溶剂/助溶剂的例子

酶	离子液体	应用	结果	参考
脂肪酶	［OMIM］［BF_4］；［TOMA］［NTf_2］	七叶皂苷的酯化	［OMIM］［BF_4］具有低黏度；［TOMA］［NTf_2］提高七叶菌素溶解能力	（Pedersen et al.，2020）
	［BMIm］［PF_6］	衣康酸的酯化反应	离子液体使脂肪酶的水解活性和 pH 耐受范围降低，而酯化活性则不降低	（Di et al.，2020）
	［BMIm］［$MeSO_4$］；［BMIm］［PF_6］	酮洛芬的动力学分辨率	离子液体增强了脂肪酶催化分离的对映选择性	（Park et al.，2018）
	［EMIm］［PF_6］；［OMIm］［PF_6］；［MMIm］［NTf_2］；［HMIm］［BF_4］	单阿魏酸甘油酯酯交换反应	［OMIM］［PF_6］实现高酯交换活性和出色的脂肪酶选择性	（Sun et al.，2018）
胃蛋白酶	［HOEtMIm］［BF_4］	不对称交叉醛醇反应	离子液体以高产率、良好的对映选择性和非对映选择性促进反应	（Wang et al.，2020）

续表

酶	离子液体	应用	结果	参考
纤维素酶	[EMIm][DEP]；[AMIm]Cl；[EMIm][MtSO$_4$]	木质纤维素生物质的糖化	可以刺激纤维素酶活力并破坏底物纤维素的结晶度	(Hmad and Gargouri，2020)
磷酸酐酶	[BMIm][NTf$_2$]	CO_2分离	离子液体对酶活力有不利影响	(Nemestóthy et al.，2018)

在涉及离子液体的生物催化过程中，离子液体作为溶剂/助溶剂的功能是最突出的作用（Itoh，2017）。离子液体对大多数底物都具有出色的增溶能力，因此在许多有机合成过程中都表现出强大的应用能力，包括氢化、环氧化、（反式）酯化、酰胺化和酰化反应等。表 6-3 显示了离子液体中作为溶剂/助溶剂的酶促反应的一些最新示例。离子液体可以通过提高反应性、选择性或对映选择性来调节反应过程。

此外，疏水性离子液体已被证明是支持酶生物催化反应的更好溶剂体系。虽然一些离子液体具有疏水性，但其吸湿性能维持酶的必需水化层的定向包裹。离子液体的性质，以及离子的网络结构能够结合生物大分子、极性底物甚至水分子，可能会影响酶活力。利用咪唑鎓阳离子的离子液体显示出具有高度的方向性的极性和非极性部分形成网络状的结构（图 6-6），不同极性空穴的存在允许分子的调节和强结合。当这样结构的离子液体中填充了酶蛋白这样的大分子，酶分子相当于固定在了离子液体相中，从而使酶分子能够易于回收并通过利用不混溶的溶剂进行液-液萃取、超滤、减压对产物进行处理或超临界流体提取。离子液体的强疏水性环境使得随着温度的升高，水分子的动能增加，可提高酶的稳定性，防止酶的热失活，这将使酶在高于水相介质中的最佳反应温度的应用成为可能。另外，适当提高反应温度，也有利于生物催化反应介质中底物溶解和产物的扩散。

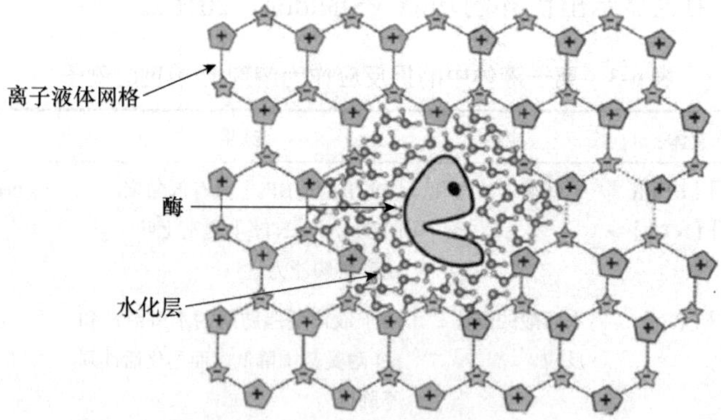

彩图

图 6-6 咪唑离子液体的 3D 超分子结构

其中咪唑鎓阳离子（粉红色）被至少 3 个阴离子（蓝色）包围，并通过氢键相互作用来维持。在疏水性离子液体网格的空间中，酶以天然构象存在并维持其必需的水化层

四、低共熔混合体系

低共熔溶剂（DES）是氢键受体（HBA）和氢键供体（HBD）经高温搅拌形成的均一透明的混合物，与单个组分相比具有更低的熔点（图 6-7 和图 6-8）。DES 已被证明具

有与离子液体相似的特性，因为它们不易燃、挥发性低，并表现出高热稳定性、化学稳定性（Guajardo and Domínguez de María，2019）及高溶解性和与酶的高度相容性。此外，DES 还具有某些优点，可以简单地由廉价和可再生的起始材料制备，并且相对可生物降解。鉴于这些优点，DES 已成功用于催化和生物催化有机反应、生物质精炼（Lindsay et al.，2016）等。DES 的良好特性推动了在一系列生化反应中的应用。在过去 10 年中，DES 在生物催化中的应用取得了一些进展。Marina 等（2015）系统地研究了基于 ChCl 的 DES 作为固定化南极念珠菌脂肪酶 B 催化酯化反应的绿色溶剂的优点和局限性。ChCl/乙二醇是最有前途的组合，酯化收率为 80%，高于庚烷。同样，在 Novozym435 催化的酯化反应中，DES 已被用作底物和溶剂，以合成 1,3-二酰甘油（1,3-DAG）。此外，还发现添加 ChCl 可以提高酶的选择性，从而可以快速有效地合成 1,3-DAG。使用 ChCl/甘油作为溶剂可在 1h 内制备 1,3-DAG，产率为 42.9%（Zeng et al.，2015）。此外，使用由 ChCl 和尿素组成的 DESs 进行脂肪酶催化的甘油与 n-3 多不饱和脂肪酸（n-3 PUFA）的酯化反应，与使用无溶剂系统相比，n-3 PUFA 三酰基甘油的收率（55%）提高了 1.2 倍。这种增强可归因于酯化反应平衡，得益于 DES 对反应吸附水的吸附。在 ChCl/甘油-水混合物中，Novozym 435 催化的苯甲酸和甘油的酯化可获得 99%高转化率的 α-单苯甲酸酯甘油。此外，低黏度 ChCl/甘油-水混合物也已用于甘油与苯甲酸酯化的连续生物催化。

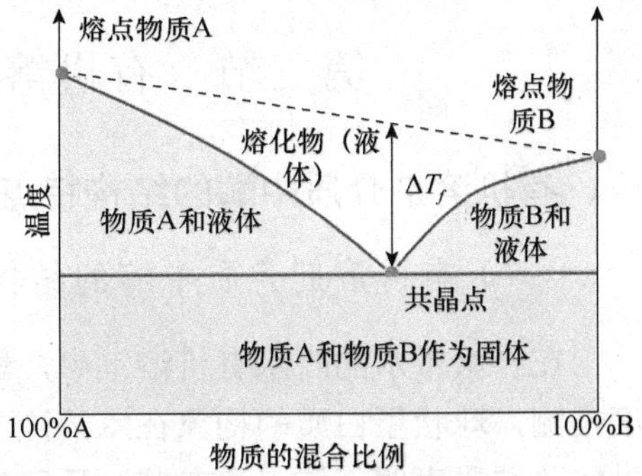

图 6-7　低共熔溶剂的相图

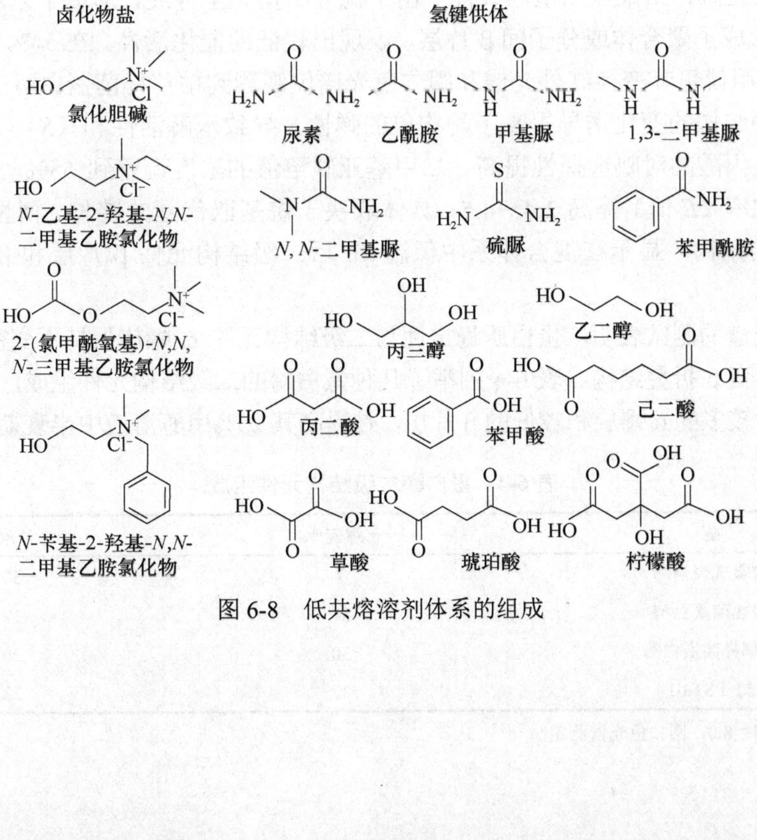

图 6-8　低共熔溶剂体系的组成

第二节　有机溶剂介质中的酶结构与性质

一、有机溶剂介质中酶的结构特点

（一）有机溶剂介质中酶的结构特征

在含微量水的疏水有机溶剂中，酶分子以悬浮状态存在并起催化作用。从热力学角度推测，球状蛋白质的构象在水溶液中是稳定的，在疏水环境中是不稳定的。然而，大量实验结果表明，许多酶在苯、环己烷等有机溶剂中不但不变性，而且能在微水条件下表现出催化活性。为什么酶在有机溶剂中能够表现出催化活性？研究者推测酶的结构（至少酶活力部位的结构）与在水溶液中基本相同。为了从构象角度解析酶的溶剂稳定性现象，Fitzpatrick 用 X 射线衍射技术比较了枯草杆菌蛋白酶 Carlsberg 在水和乙腈中的晶体结构，发现酶的三维结构在乙腈中与在水中相比变化很小，这种变化甚至比两次在水中单独测定结果的变化差异还要小，而且酶活性中心的氢键结构仍保持完整。运用傅里叶变换红外光谱（FTIR）和环境扫描电镜（ESEM）等其他手段对在有机溶剂和水溶液中酶蛋白的结构和酶活力进行比较研究后也都发现在不同介质中酶分子活性中心的变化很小。Zakes 认为，酶悬浮于含微量水（小于 1%）的有机溶剂中，与酶分子形成分子间氢键的水分子极少，酶分子内氢键起到了主导作用，从而导致蛋白质结构刚性增加，活动的自由度变小。蛋白质的这种动力学刚性限制了疏水环境下的蛋白质构象向热力学稳定状态转化，维持了与在水溶液中相似的结构。

用傅里叶变换红外光谱仪观测枯草杆菌蛋白酶在 100%二甲基亚砜中二级结构元件的构象和动力学过程，结果显示室温条件下由于酶的结构完全伸展，形成了无规则卷曲。但在 30℃时，形成了聚合体或分子间 β 片层，表现出较低的催化活性。在 54%～56%二甲基亚砜溶液中，用傅里叶变换红外光谱和圆二色光谱仪观测到枯草杆菌蛋白酶三级结构部分被破坏。这种结构的变化诱导提高了酶构象的弹性，导致水解活性和（*S*）-乙基-2（4-取代的苯氧基）丙酸的对映选择性提高。二甲基亚砜溶液的浓度调整到 55%（体积分数），对映异构体比率（*E* 值）提高 2.4～4.5，具体取决于烷基取代基的链长。傅里叶变换红外光谱分析酶的结构，显示在混合体系中保温 4h 后二级结构元件 β 片层和 β 转角层的含量明显提高。

圆二色光谱的测试表明，蛋白质稳定性与二级结构元件 α 螺旋保持不变密切相关，而添加甲醇会改变 β 折叠结构。表 6-4 列举了几种蛋白酶的二级结构元件组成，酶 PST-01 结构中含有相对较多的 α 螺旋和较低的 β 片层，是提高其 25%甲醇溶液中半衰期的重要因素。

表 6-4　蛋白酶二级结构元件组成

酶	α 螺旋/%	β 片层/%
胰凝乳蛋白酶	7	30
嗜热菌蛋白酶	38	17
枯草杆菌蛋白酶	30	26
酶 PST-01	37	23

注：30℃，pH＝8.0，圆二色光谱测定

（二）有机溶剂介质中酶结构的研究方法

目前研究非水介质中酶结构的方法中，傅里叶变换红外光谱是一种测定非结晶固体酶分子二级结构的理想方法。采用该方法测定蛋白质二级结构时，大多是分析光谱中的酰胺Ⅰ区（amideⅠ，1600～1720cm^{-1}）。此区虽然能反映蛋白质整体的二级结构，但因此区内蛋白质的二级结构的各个吸收峰相互重叠不能正确描绘出单个结构单元的定量信息，定量解析有一定困难。蛋白质红外光谱吸收的酰胺Ⅲ区（amide Ⅲ，1220～1330cm^{-1}）也能反映蛋白质二级结构信息，并能定量反映这些结构的变化。虽然此区和酰胺Ⅰ区相比光谱的吸收强度要弱很多，但是由于现代仪器的灵敏度和分辨率都达到了较高水平，因此这并不影响利用酰胺Ⅲ区对蛋白质的二级结构进行分析。

另外一种测定非水介质中酶结构的方法是利用双亲分子增溶的方法。酶分子在这种情况下所处的微环境最接近于固体酶分子悬浮于有机溶剂中的情景，酶分子在有机溶剂中是均相的，能够对这种酶-表面活性剂复合物进行光谱分析。有报道双亲分子氯化三辛基甲基铵（TOMAC）增溶的脂肪酶在非水介质中的荧光光谱与水溶液中的荧光光谱相比有很大的差异。增溶酶在有机溶剂中的荧光光谱发生了明显的红移，这种红移现象与增溶过程无关，而是由于酶分子从水溶液中抽提到有机溶剂中酶所处的微环境发生变化造成的。这也说明了酶分子在有机溶剂中的构象与水溶液中的构象不同（图6-9）。

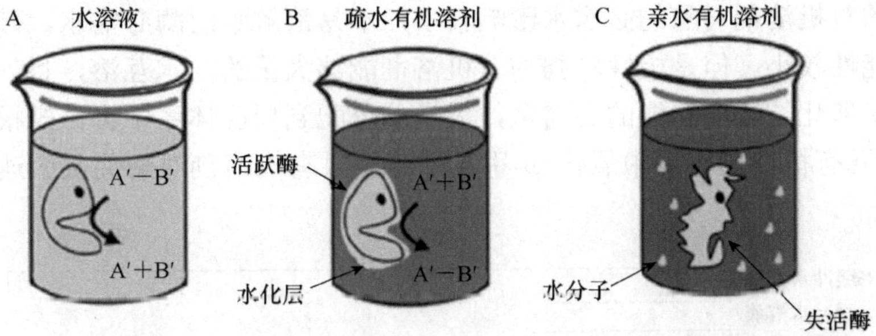

图6-9 不同溶剂体系对酶的结构、稳定性和催化活性的影响

A．在水相介质中，酶是完全具备活性的，但酶催化的反应仅限于水的参与；B．在疏水有机溶剂中，酶保留了其活性的必需水化层和低水含量不足以改变反应的平衡；C．亲水有机溶剂往往会剥离酶的水化层，引起酶的变性和失活

表6-5列举了一些非水相介质中酶的结构检测方法及用途。

表6-5 非水相介质中酶的结构检测方法

方法	用途
电子顺磁共振技术（EPR）	观察固定化酶的构象
固态核磁共振法	冷冻干燥过程中酶活性中心结构变化
傅里叶变换红光谱	测定非结晶固体酶分子二级结构
双亲分子增溶法	测定非水介质中的酶结构（酶分子所处微环境最接近实际情况，真实性强）
圆二色谱法	研究胶束中酶的二级结构性质
时间分辨荧光光谱法	酶的结构性质

二、有机溶剂介质中酶的理化性质

（一）有机溶剂介质中必需水与酶分子的柔性

酶分子在水溶液中以一定构象的三级结构状态存在，酶与底物结合是一个双方诱导契合的过程，在相互作用的过程中酶和底物都会发生微小的构象变化。多数有机溶剂缺乏提供形成氢键的能力，不具备像水那样的调节功能。有机溶剂的介电常数一般较低，往往会导致蛋白质带电基团之间更强的静电作用，使蛋白质的“刚性”增加，因而酶在多数有机溶剂中比在水溶液中的催化活性低。

研究表明，酶天然结构的形成和功能的实现只需要少量的水。悬浮于辛烷中的胰凝乳蛋白酶在含水量大约为 50mol/mol 酶时就开始具有活性，这相当于在酶分子表面形成单层覆盖水的量。在酶活力位点标上自旋标记，用电子自旋共振谱测得酶的柔性，发现酶的柔性取决于纯溶剂的介电常数值，而有机溶剂种类决定了酶的需水量。在疏水有机溶剂中为维持酶的催化活性所需的水较在亲水性溶剂中少，可能是因为吸附于酶蛋白分子上的必需水更容易分配到极性溶剂中，从而使酶的表观需水量增加。当酶活力与酶的结合水含量相关联时各种酶与各种溶剂之间的需水量差别就会消失，一般水含量约为 0.3mg/mg 酶时，酶活力就能达到最大值。

有机溶剂可以通过与酶表面水合的水分子产生作用，而直接影响酶的结构与功能。部分极性弱的有机溶剂对酶的必需水影响较小，不易溶解吸附酶必需水，破坏酶的结构和活性的可能性较小。但是极性较强的有机溶剂能够大量的与水互溶，将处于酶分子表面起到维持酶催化结构与功能的必需水，大量的分配到反应体系中去。辣根过氧化物酶（HRP）在不同有机溶剂环境中氧化 *p*-甲氧基苯胺时有机溶剂对酶促反应速率的影响情况见图 6-10。

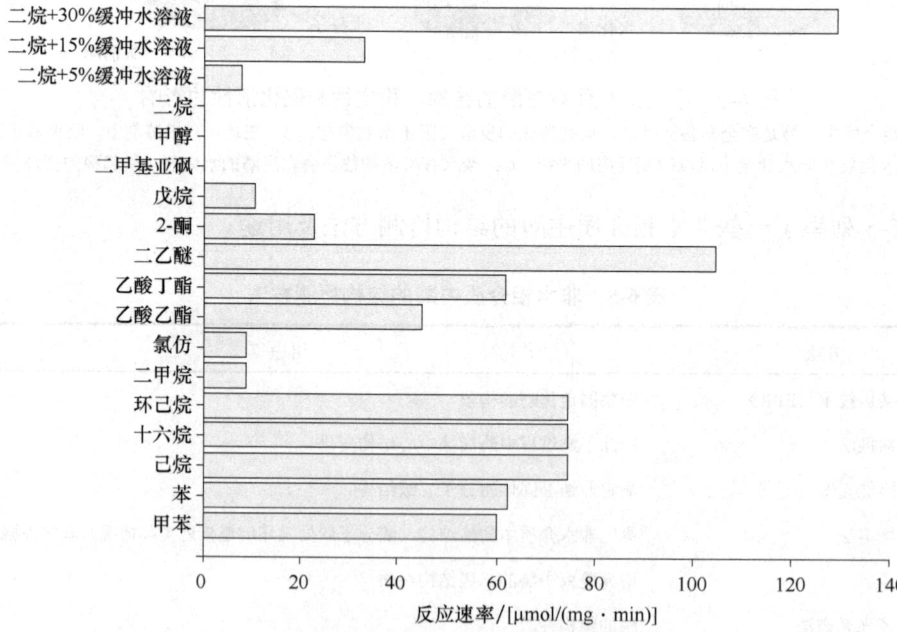

图 6-10 不同溶剂对辣根过氧化物酶氧化 *p*-甲氧基苯胺活力的影响

通过傅里叶变换红外光谱法对有机相中酶分子表面水合的水分子进行了研究，结果证实，亲水有机溶剂能够大量夺取酶分子表面的必需水，如肽键氨基上的结合水。有机溶剂中酶的失水与溶剂的疏水参数（log *P*）和介电常数相关，与系统中底物的极性、底物浓度和含水量也均有关系。

（二）有机溶剂介质中酶的热稳定性

酶的热力学稳定性对酶的催化应用而言是非常重要的特征之一。酶的热不稳定性分为两种状况：一种是酶在高温中随着时间的延长逐步发生的不可逆的失活；另一种是由热诱导产生的酶分子整体伸展失活，这种通常是瞬时可逆的失活。许多报道在疏水有机溶剂中酶的热稳定性和储存稳定性都比水溶液中高（表 6-6）。Klibanov 和 Volkin 认为，在有机溶剂中酶的热稳定性比在水溶液中高的原因是由于有机溶剂中缺少使酶热失活的水分子，因此由水而引起的酶分子中天冬酰胺、谷氨酰胺的脱氨基作用和天冬氨酸肽键的水解、半胱氨酸的氧化、二硫键的破坏及脯氨酸和甘氨酸的异构化等蛋白质热失活的全过程难以进行。在水相介质中加入有机溶剂，可引起疏水效应进而改变体系的疏水性；与水环境相比，有机溶剂的加入使埋在蛋白质核心的疏水残基得到折叠，这样在有机介质中酶分子的活性结构得到动力学截留，使酶在有机介质中比水相中更加稳定。

表 6-6　非水介质和水相中酶的稳定性比较

酶	环境	热稳定性（半衰期/$t_{1/2}$）
猪胰脂肪酶	三丁酸甘油酯	$t_{1/2}$<26h
	水相，pH 7.0	$t_{1/2}$<2min
酵母脂肪酶	三丁酸甘油酯/庚醇	$t_{1/2}$=1.5h
	水相，pH 7.0	$t_{1/2}$<2min
胰凝乳蛋白酶	正辛烷，100℃	$t_{1/2}$=80min
	水相，pH 8.0，55℃	$t_{1/2}$=15min
溶菌酶	环己烷，110℃	$t_{1/2}$=140min
	水相	$t_{1/2}$=10min
核糖核酸酶	壬烷，110℃，6h	剩余活力 95%
	水相，pH 8.0，90℃	$t_{1/2}$<10min
腺苷三磷酸酶	甲苯，70℃	$t_{1/2}$>24h
	水相，60℃	$t_{1/2}$<10min
酸性磷酸酶	正十六烷，80℃	$t_{1/2}$=8min
	水相，70℃	$t_{1/2}$=1min
细胞色素氧化酶	甲苯，0.3%水	$t_{1/2}$=4h
限制性内切核酸酶（*Hin*d Ⅲ）	甲苯，1.3%水	$t_{1/2}$=1.7min
	正庚烷，55℃，30d	活力不降低
β-葡萄糖苷酶	2-丙醇，55℃，30h	活力剩余 80%
溶菌酶	环己烷，110℃	$t_{1/2}$=140min
	水	$t_{1/2}$=10min
酪氨酸酶	氯仿，55℃	$t_{1/2}$=90min
	水，50℃	$t_{1/2}$=10min
醇脱氢酶	正庚烷，55℃	$t_{1/2}$>50d

（三）有机溶剂介质中酶的pH稳定性

酶在有机溶剂中的催化活力与冻干前的酶溶液的pH有很大关系，两者之间呈钟罩形曲线，即酶在有机溶剂中的最大催化活力对应的就是酶在水溶液中的最佳pH。有机溶剂对pH的影响是可以忽略不计的，Costantino等发现在水溶液中和冻干状态时，胺、羧酸、酚的pK_a值相差小于0.3个单位。

水相环境的pH决定着酶表面及酶活性中心的质子化状态，而酶的质子化状态又与酶的活性密切相关。然而在有机溶剂环境中蛋白质不会发生质子化及脱质子化的现象，因此酶在冻干前水相的pH可以在有机溶剂中得到保持，这就是所谓的pH记忆。另外，酶在有机溶剂中结构刚性的增加保持了之前水相中带电官能团正确的离子化状态，对酶的活性和稳定性都起到重要作用。

（四）有机溶剂介质中酶的特异性

酶的特异性是生物催化剂的重要特征之一。当从一种溶剂转入另一种溶剂时，酶的特异性会发生变化，主要体现在底物特异性、对映体选择性、潜手性选择性、区域选择性等。

1．底物特异性 底物特异性是指酶辨别两种结构相似底物的能力，这常常是基于两种底物之间疏水性的差别。胰凝乳蛋白酶等蛋白酶催化疏水的苯丙氨酸和亲水的丝氨酸的*N*-乙酰氨基酸酯的水解，在水溶液中前者反应速率比后者快5×10^4倍，而在辛烷中丝氨酸酯比苯丙氨酸酯快3倍，与水溶液中的结果相反。在水溶液中组氨酸酯的反应活性只有苯丙氨酸酯的0.5%，而在辛烷中其反应活性比后者高20倍。其原因是水溶液中，酶与底物的结合主要是疏水作用。在有机溶剂中，酶与底物之间的疏水作用已不再重要。介质改变时，酶的底物专一性（K_{cat}/K_m）和催化效率会发生改变。表6-7为在不同有机溶剂中枯草杆菌蛋白酶Carlsberg对*N*-Ac-L-苯丙氨酸乙酯、*N*-Ac-L-丝氨酸乙酯与正丙醇间转酯反应的底物选择性。

表6-7 有机溶剂中蛋白酶Carlsberg对*N*-Ac-L-氨基酸乙酯转酯反应的选择性

溶剂	S [$(K_{cat}/K_m)_{Ser}$/$(K_{cat}/K_m)_{Phe}$]	溶剂	S [$(K_{cat}/K_m)_{Ser}$/$(K_{cat}/K_m)_{Phe}$]
二氯甲烷	82	甲基叔丁基醚	2.5
氯仿	5.5	辛烷	2.5
甲苯	4.8	乙酸异丙酯	2.2
苯	4.4	乙腈	1.7
N,*N*-二甲基甲酰胺	4.3	1,4-二氧六环	1.2
乙酸叔丁酯	3.7	丙酮	1.1
N-甲基乙酰胺	3.4	吡啶	0.53
乙醚	32	叔戊醇	0.27
四氯化碳	3.2	叔丁醇	0.19
乙酸乙酯	2.6	叔丁胺	0.12

2. 立体选择性　在精细化工领域，酶的立体选择性尤为重要，尤其是对映体选择性和潜手性选择性。酶的对映体选择性指其对外消旋化合物中某一构象对映体的特异性识别能力。例如，Margolin 发现枯草杆菌蛋白酶在有机溶剂中催化 *N*-乙酰氨基酸转酯化反应的对映选择性与水相不同，且与溶剂疏水性呈负相关；通过更换有机溶剂，α-胰凝乳蛋白酶在催化甲基-3-羟基-2-苯基丙酸酯的转酯反应中，对映体特异性可提高 20 倍，并能调控对 *S* 型或 *R* 型对映体的选择。

典型例子是硝苯地平酶法手性拆分。假单胞菌脂肪酶（Amano AH）催化的亚甲氧基丙酰基或叔戊酰基二酯水解反应，在不同溶剂中表现出显著不同的对映体选择性甚至专一性逆转（图 6-11）。例如，在环己烷中，三代变异株（“FVL”）的 Amano PS 脂肪酶催化得到 88.8%、91.4% *e.e.*的 *R*-型单酯；而在二异丙基醚（DIPE）中，则获得＞99%、68.1% *e.e.*的 *S*-型产物。

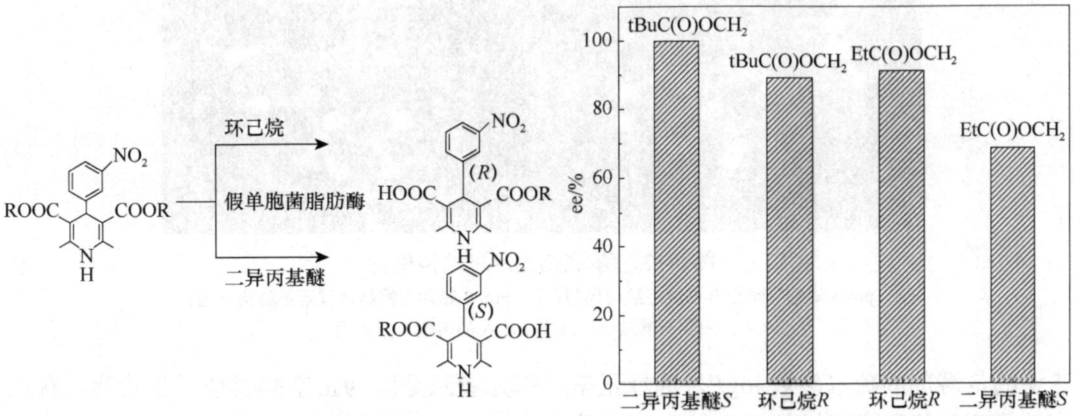

图 6-11　硝苯地平二酯的不对称水解及溶剂对酶对映选择性的影响

潜手性选择性是指酶作用于非手性底物选择性产生某种构象的对映体的能力。例如，用酶结合 pro-*S*（潜手性向 *S* 对映异构体转化的中间体）和 pro-*R*（潜手性向 *R* 对映异构体转化的中间体）过渡态中的底物脱溶剂的能量不同就可以合理解释由溶剂诱导造成胰凝乳蛋白酶的潜手性选择性改变的原因。图 6-12 表示在 pro-*R* 过渡态中底物分子脱去溶剂的情况，而此时由于酶的活性中心引起的空间制约 pro-*S* 过渡态仍保持着溶剂化状态。

3. 区域选择性　在酶促反应中，底物某一位置上的基团被选择性地转化的现象称为酶的区域选择性。非水相催化中，酶的区域选择性也受到了反应介质的影响。通过选择合适的酶及反应介质可以实现糖类、二元醇和类固醇的选择性酰化，制备具有特殊生理活性的糖脂和类固醇酯等。

三、溶剂参数与酶性能的关系

（一）溶剂参数对酶性能的影响

研究表明极性的溶剂能够导致酶分子的脱水失活，从而降低酶的催化活性，甚至引起酶的构象（结构）变化使其变性失活。溶剂性质参数主要包括极性、变性能力、介电常数、偶极矩、Hildebrand 溶解度参数、底物与产物在溶剂-水中的分配系数等。使用较

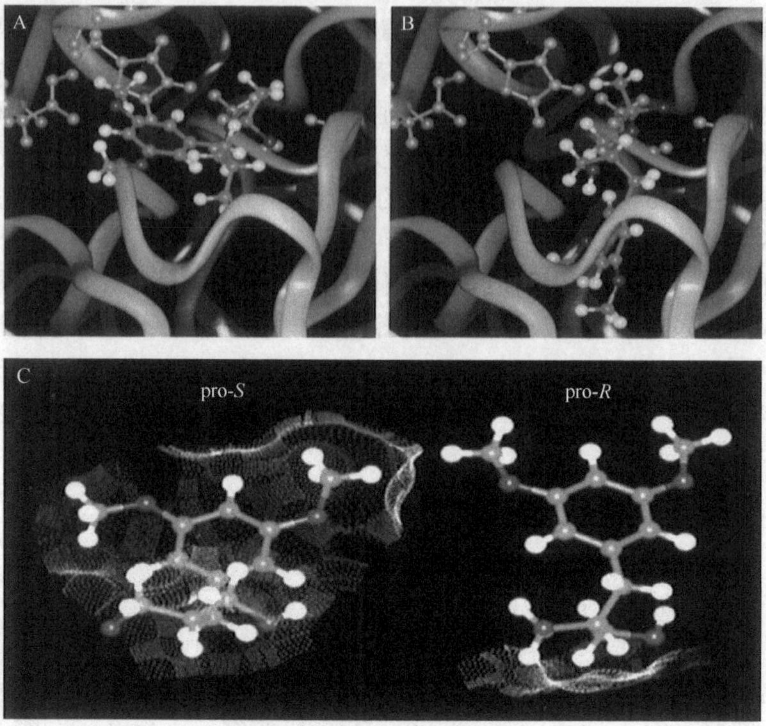

图 6-12　酶-底物过渡态结构模型

A．pro-*S* 底物与酶结合过渡态结构模型；B．pro-*R* 底物与酶结合过渡态结构模型；
C．底物与酶结合过渡态中底物的溶剂可及表面

普遍的是溶剂的疏水参数 log*P*。选择正辛醇作为参照是因为正辛醇类似于生物膜，有疏水性尾巴和能形成氢键的亲水性头部。某组分 A 在水/辛醇两相的分配系数 log*P* 是根据下式定义的，式中［A］低于组分 A 在水和辛醇中的溶解度。

$$\log P=\lg\{[A]_{水}/[A]_{正辛醇}\}$$

（二）溶剂参数对酶活力的影响

Laane 等提出溶剂极性对酶活力影响的规律，称为 Laane 规律。从表 6-8 可以看出，在 log*P*＜2 的极性溶剂中由于强极性的溶剂极易夺取酶蛋白周围的必需水，酶易失活，因此一般不用作酶促反应的介质。只有在催化强极性的底物时，如多烃基化合物，才考虑采用中等极性溶剂作为反应介质，而在这些强极性溶剂中必须采用高强度耐有机溶剂的酶类。大多数酶在 2＜log*P*＜4 的中等极性溶剂中能够表现出活力，如苯、甲苯、环己烷等；酶在 log*P*＞4 的非极性有机溶剂中具有较高的活力，如烷类、醚类及芳香族化合物等。所以一般认为：酶在疏水性大的溶剂介质中反应活力高，催化反应在非极性、疏水性有机溶剂中更易进行（图 6-13）。

图 6-13　脂肪酶催化的三丁酸甘油酯和庚醇在各种几乎无水的有机溶剂中的酯交换反应的初始活性与 log*P* 值的关系

表 6-8　log*P* 值和有机溶剂的水混相及其对酶活力和蛋白质结构的影响

log*P*	有机溶剂	水溶性	对活性和结构的影响
−2.5～0	乙腈、乙醇、DMFA、DMSO	完全水溶性混相	增加亲脂化合物的溶解度，不会使其中的酶失活
0～2	丙醇、乙酸乙酯、丁醇、己醇	部分水混相	容易使酶失活，较少使用
2～4	甲苯、辛醇、苯、正己烷	微水混相	酶的活性难以预测，小心使用
>4	二苯醚、辛烷、十二烷、油酸丁酯	非水混相	不易引起酶变性，能保持酶的较高活性

（三）溶剂参数对酶选择性的影响

酶在不同介电常数的有机溶剂中，其分子结构刚性程度会发生变化，即酶在低介电常数有机溶剂中的柔性比在高介电常数有机溶剂中的要低。当酶分子处于高介电常数的有机溶剂中时，酶分子柔性提高，酶的立体选择性降低，因为酶分子变得更加“宽大”。

枯草杆菌蛋白酶催化的1-苯乙醇与丁醇乙烯酯转酯反应的对映选择性受溶剂介电常数和偶极矩两个参数的影响较大，表 6-9 说明了溶剂介电常数（ε）与 E 值的关系。假单胞菌脂肪酶催化 2-（1-萘酰胺）环丙烷二丁酸酯水解，在不同反应介质中的催化潜手性选择性（S）与溶剂的 log*P* 值有相关性（表 6-10）。

表 6-9　1-苯乙醇与丁醇乙烯酯转酯反应的对映体选择性（*E*）与溶剂介电常数（ε）的关系

溶剂	溶剂介电常数（ε）	对映体选择性（*E*）
1,4-二氧六环	2.2	61
苯	2.3	54
三乙胺	2.4	48
四氢呋喃	7.6	40
吡啶	12.9	31
二甲基亚砜	36.7	9
硝基甲烷	35.9	5
乙腈	35.9	3
甲基乙酰胺	191.3	3

表 6-10　反应中溶剂疏水性 log*P* 对酶潜手性选择性（*S*）的影响

溶剂	log*P*	潜手性选择性（*S*）
乙腈	−0.33	>30
硝基苯	1.8	>30
丙酮	−0.23	18
环己酮	0.96	18
丁酮	0.29	16
2-戊酮	0.8	16

续表

溶剂	logP	潜手性选择性（S）
氯仿	2.0	9.9
四氢呋喃	0.49	9.1
2-己酮	1.3	8.8
1.4-二氧六环	−1.1	5.4
乙酸叔丁酯	1.7	5.3
叔丁醇	0.8	4.9
叔戊醇	1.4	4.8
三乙胺	1.6	4.7
甲苯	2.5	3.5
苯	2.0	3.2
四氯化碳	3.0	2.6

第三节　酶优化处理及非水相酶催化的调控策略

一、有机溶剂介质中酶的记忆

（一）酶的分子记忆

根据分子识别理论，酶与配体相互诱导，从而改变酶的构象，能够获得具有与配体类似物相结合能力的酶，这种由配体诱导产生酶记忆的方法，称为分子记忆。Klibanov研究组将枯草杆菌蛋白酶在含有其竞争性抑制剂（*N*-Ac-Tyr-NH_2）的情况下进行冷冻干燥、去除配体后，在有机相中的酶活力比无配体冷冻干燥的提高100倍以上，且具有独特的底物特异性和稳定性。这种酶的分子记忆在酶分子重新溶解在水相后又会消失。推测其原因是配体造成酶活力区域的构象发生变化，酶在有机溶剂中能维持刚性结构，甚至在去除了配体后这种印记仍然存在。酶与配体相互作用，诱导酶活力区域产生变化的过程见图6-14。

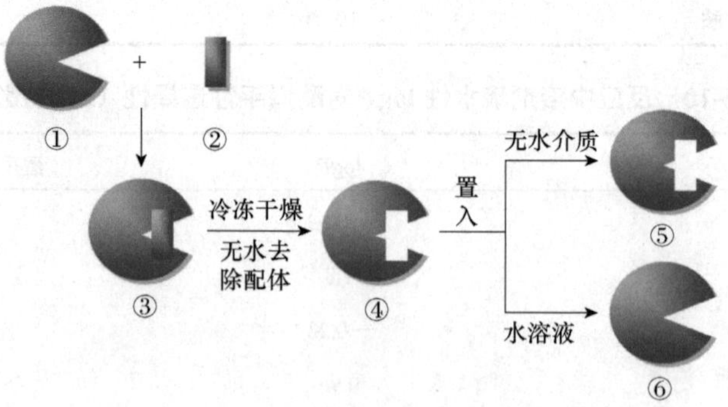

图6-14　配体诱导产生酶活力位点的印记

①酶分子，开口处表示酶的活性区域；②长方形代表配体；③配体在水中结合到酶的活性位点上，酶构象发生变化，形成一个印记；④冻干后印记保留；⑤有机溶剂中维持刚性结构，印记保留；⑥水溶液中，酶的印记消失

（二）酶的 pH 记忆

在有机介质反应中，酶所处的 pH 环境与酶在冻干或吸附到载体上之前所使用的缓冲液 pH 相同，这种现象称为 pH 记忆。酶在有机介质中催化反应的最适 pH 通常与酶在水溶液中反应的最适 pH 接近或者相同。利用酶的这种 pH 记忆特性，可以通过控制缓冲液 pH 的方法，达到控制有机介质中酶催化反应的最适 pH。

Zakes 等在研究脂肪酶催化三丁酸甘油酯与正庚醇的转酯反应中发现，酶反应最适 pH 接近于其在水溶液中的最适 pH。缓冲液中酶的解离状态取决于环境因素，而在疏水有机溶剂中不存在发生质子化或去质子化的条件，当酶分子从水溶液转移到有机溶剂中时，它保持了原有的离子化状态，因此酶在缓冲液中所处的 pH 状态往往仍被保持在有机溶剂中。当然“pH 记忆”并不是一种绝对的现象，研究发现有机溶剂中酶的最适 pH 与其在水溶液中的相差较大。

二、添加剂对非水相中酶催化性能的影响

（一）无机盐类添加剂

酶在发挥其催化功能时需要一个合适的环境，pH 是影响酶催化反应的一个重要因素。因此，酶催化反应时需要一个合适的 pH，可以用缓冲液来控制反应体系的 pH，使用不同的缓冲液会对酶活力有不同程度的影响。酶的活性也与酶的离子状态有关，在缓冲液中加入不同浓度的 NaCl 等惰性盐，改变溶液的离子强度，也能影响酶活力。

在酶溶液中添加大量无机盐（如 KCl、NaCl 等）后进行冻干，获取的酶粉在有机相中的催化活力可以得到显著提高。无机盐离子更好地维持了酶活性中心的极性环境，被认为是酶在有机溶剂中活力提高的主导因素。Khmelnitsky 等在含枯草杆菌蛋白酶的溶液中添加大量 KCl 后进行冻干，该蛋白酶的酶粉在正己烷中的催化效率提高了 3750 倍。图 6-15 为各种阴离子的钠盐及钾盐对枯草杆菌蛋白酶粉基本水含量的影响，其含水量与

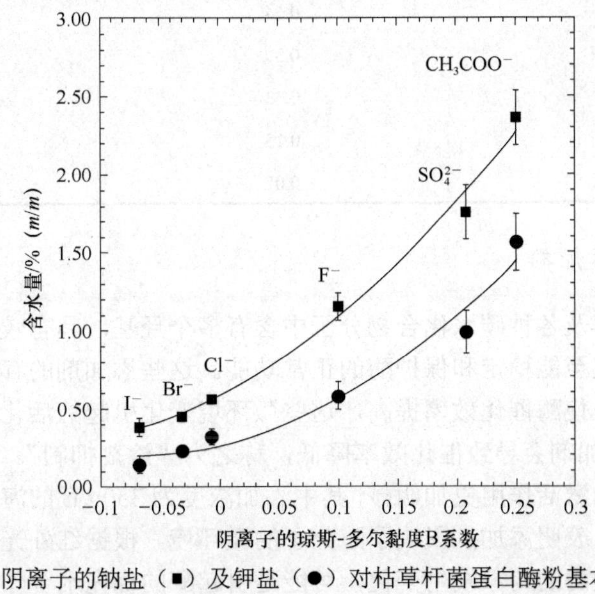

图 6-15　各种阴离子的钠盐（■）及钾盐（●）对枯草杆菌蛋白酶粉基本含水量的影响

冻干酶粉的活力基本上成正比（乙酸钾例外）。

（二）有机溶剂添加剂

在酶催化的非水相体系中加入少量有机溶剂，不仅能进一步增加底物的溶解度，而且可提高酶的催化活性和改变对映体选择性。例如，用来源于不动杆菌细胞酯酶催化拆分烯丙醇酮乙酸酯的水解反应中（图 6-16），添加适量的异丙醇显著提高固定化细胞酯酶的催化活性和对映体选择性；在异丙醇浓度为 10%（*V*/*V*）时，酶的比活力提高 1.6 倍，对映体选择性由 E=54 提高到 E=94。

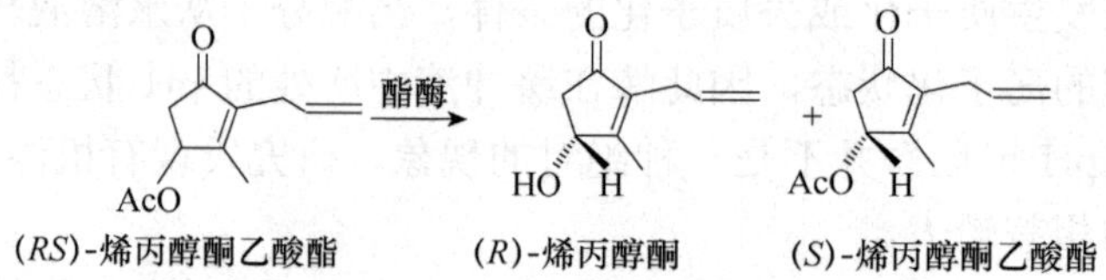

图 6-16　不动杆菌细胞酯酶催化拆分烯丙醇酮乙酸酯的水解反应

不同有机溶剂添加剂对酶活力有着不同程度的影响。例如，用来源于巨大芽孢杆菌（*Bacillus megaterium*）的环氧水解酶催化缩水甘油苯基醚（GPE）开环水解时，加入 5%（*V*/*V*）的不同有机溶剂，都可以增加底物的溶解度，而且比较发现除了丙酮和四氢呋喃使环氧水解酶的活力降低外，其余溶剂均能不同程度提高该酶的活力，其中添加二甲基亚砜或甲醇时酶活力提高了约 7 倍（表 6-11）。

表 6-11　有机溶剂添加剂对巨大芽孢杆菌环氧水解酶的活力影响

添加剂（5%，*V*/*V*）	比活力/（U/mg 蛋白质）	相对活力/%
对照	0.17	13
二甲基亚砜	1.36	100
甲醇	1.40	103
乙醇	0.54	40
二甲基甲酰胺	0.39	29
乙腈	0.33	24
丙酮	0.15	11
四氢呋喃	0.07	5

（三）多醇类添加剂

乙二醇、丙三醇及各种碳水化合物分子中含有多个羟基，具有较强的亲水性，对酶的影响比较温和，甚至能稳定和保护酶的正常功能。这些添加剂的存在可能降低酶催化反应的活化自由能，使酶催化效率提高，这些微环境变化引起的活化作用称为“溶剂活化”；相反，一些添加剂会导致催化效率降低，称之为“溶剂抑制”。多糖及多元醇对嗜热芽孢杆菌蛋白酶的激活作用更加明显，其中添加浓度为 350g/L 的海藻糖和蔗糖均能提高蛋白酶的酶活力，表明添加剂影响了酶分子的微环境。根据红外光谱研究结果发现，添加剂的存在并未使酶的构象发生变化，可能是引起酶的优先水合作用。

（四）离子液体修饰增强剂

离子液体往往是脂肪酶的强增强剂，甚至离子液体改善了酶的底物特异性。阳离子部分在酶的底物特异性中起着重要作用，阴离子部分主要有助于提高脂肪酶的稳定性。例如，Rahman 等利用冻干法制备了氨基酸离子液体包裹的皱褶假丝酵母脂肪酶，由此产生的脂肪酶显示出优越的油醇与羧酸酯化的反应活性，比天然酶的反应活性更高。有报道利用氨基酸离子液体提高南极假丝酵母脂肪酶的催化性能，用制备的 L-或 D-*N*-乙酰脯氨酸盐［Bmim］阳离子处理南极假丝酵母脂肪酶，改善了酶的热稳定性。

（五）表面活性剂类添加剂

表面活性剂是很好的两亲性物质，在疏水性底物进行生物转化时，反应体系中加入一些表面活性剂，不仅改善底物的分散状况，而且可以提高酶的反应速率，也可能显著改善酶的选择性。许建和等用脂肪酶催化酮基布洛芬氯乙酯的水解拆分反应中，不同种类的表面活性剂对酶活力的影响有着显著差别（表 6-12）。

表 6-12 表面活性剂对脂肪酶催化酮基布洛芬氯乙酯水解拆分反应的影响

表面活性剂类型	表面活性剂（50mg/mL）	转化率/%
对照	—	8.7
非离子型	吐温 80	46
	吐温 60	24
	十二烷基磷酸酯	8.0
	壬基酚聚氧乙烯醚	43
	司盘 60	9.2
阴离子型	二（2-乙基己基）琥珀酸酯磺酸钠（AOT）	2.2
	十二烷基磺酸钠	5.0
阳离子型	双十八烷基二甲基氯化铵（BODMAC）	4.9
	苄苯氧基氯化铵	3.9

三、提高酶在有机溶剂介质中的选择性

酶的选择性在催化反应中至关重要，有机溶剂作为介质会影响酶的活力、稳定性和选择性，包括底物特异性、手性选择性等。在有机介质中，水分子减少使酶构象更“刚性”，为通过溶剂调控酶特性提供了可能。Arnold 教授认为，酶的对映选择性难以预测，其结构或条件的微小变化均会影响选择性，但可通过分子进化或“构象工程”优化。调节溶剂、改造底物或添加辅助剂可提高酶在非水介质中的选择性。

（一）溶剂的含水量对酶选择性的影响

溶剂的含水量或水活度对酶的立体选择性有影响。调节水活度，相当于对酶分子的柔性进行调节，进而影响酶的对映体选择性。例如，Joon 等用皱褶假丝酵母脂肪酶（*Candida rugusa* lipase，CRL）在正己烷中催化 2-溴丙酸酯化生成（*R*）-2-溴丙酸正丁酯和（*S*）-2-溴丙酸正丁酯（图 6-17）时，随着水含量的增加脂肪酶的对映体选择性显著

增加；含水量合适时，对映体选择性最大（表6-13）。水活度的提高能增加酶的对映体选择性，但其影响机制还没有十分明确。

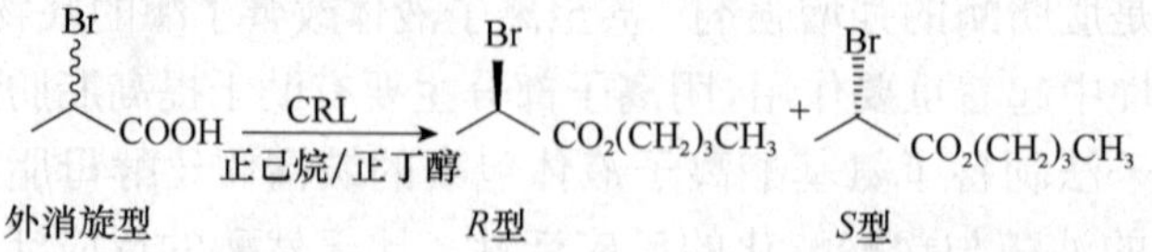

图6-17　皱褶假丝酵母脂肪酶（CRL）催化2-溴丙酸酯化反应

表6-13　水含量对脂肪酶CRL反应的选择性影响

水含量/%	初速率	选择率
0	11	17
0.05	21	21
0.075	66	39
0.125	100	81

（二）改变有机溶剂介质体系提高酶的选择性

酶的立体特异性（尤其是对映体特异性和潜手性选择性）具有重要应用价值。非水介质不仅影响酶的催化活力，还会改变其催化特性，不同溶剂因理化性质差异，不可避免地影响酶的催化选择性。可通过调整溶剂改变酶的立体选择性，在用有机溶剂调节酶选择性时需考虑以下几点。

（1）有机溶剂对必需水的影响，即溶剂的性质对酶的影响。

（2）有机溶剂对底物和产物的影响。

（3）有机溶剂应不参与酶的催化反应。

（4）有机溶剂对生物催化下游产物分离的影响。

1. 对映体选择性　通过调节非水介质系统，可以明显改善酶的对映体选择性。在枯草杆菌蛋白酶Carlsberg催化手性醇类化合物与丁酸乙酰基酯的转酯反应中，不同有机溶剂对酶对映体选择性（*E*）的影响存在差异（表6-14）。

表6-14　枯草杆菌蛋白酶Carlsberg催化手性醇类化合物转酯反应的对映体选择性

手性醇	对映体选择性（*E*）		
	二噁烷（log*P*＝－1.1）	乙腈（log*P*＝－0.33）	四氢呋喃（log*P*＝0.49）
S-苯乙醇	50	3.6	34
S-（2-萘）乙醇	58	20	56
2-辛醇	100	14	80
2-丁醇	3.6	1.2	3.2
2-氯（*S*）-苯乙醇	6.8	2.1	5.6

酶促反应的对映体选择性可用“口袋”模型解释（图6-18）：枯草杆菌蛋白酶Carlsberg的结合位点有两个大小不同的“口袋”。*S*型异构体与酶结合是以底物苯基进入酶的大口袋、甲基进入酶的小口袋的方式进行，该方式利于羟基进攻酶中间体羰基；而*R*型异构

体结合时，苯基需克服空间障碍，反应难度增加。因此，酶对 *S* 型异构体更具选择性。

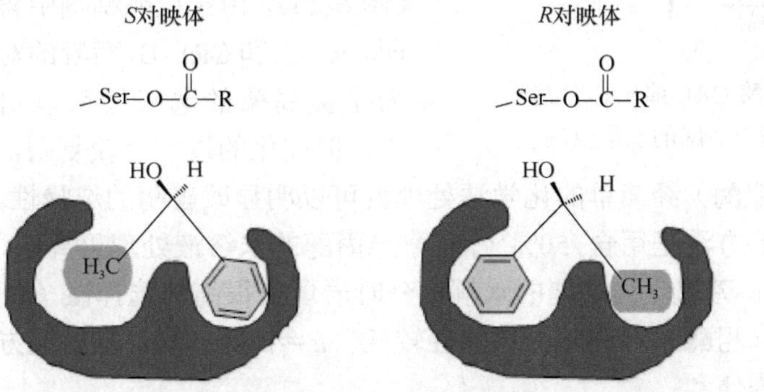

图 6-18　枯草杆菌蛋白酶 Carlsberg 催化的“口袋”模型

在不同介电常数的有机溶剂中，酶的柔性各异。低介电常数下，酶柔性降低，*S* 型异构体空间位阻小，活性增强，对映体选择性提高。研究酶选择性需考虑酶柔性、运动性及底物置换熵能。例如，向二噁烷中添加 3%的水（*V*/*V*），可使（K_{cat}/K_m）*R*/（K_{cat}/K_m）*S* 提高 9 倍。

2. 区域或位置选择性　　酶的位置选择性可通过有机溶剂调整。脂肪酶在甲苯和乙腈中催化反应的区域选择性不同（图 6-19），速率比 v_2/v_3 分别为 2.0 和 0.5。推测因溶剂影响底物辛基与酶疏水口袋的结合方式：疏水溶剂促进辛基排出，亲水溶剂促进辛基进入，从而改变产物类型。

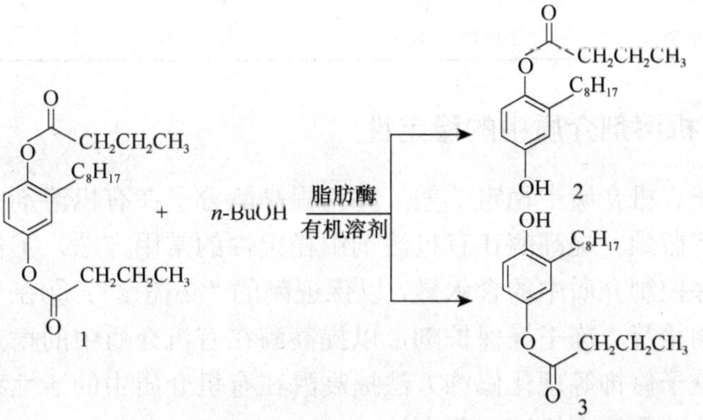

图 6-19　反应介质对脂肪酶酯交换反应的区域选择性的影响

在利用溶剂工程原理调控酶的催化活性和底物选择性时，选择合适的有机溶剂必须考虑以下几点。

（1）充分考虑有机溶剂对必需水的影响，溶剂的疏水性和亲水性会对酶产生影响。

（2）考察有机溶剂对底物和产物的影响。

（3）所选用有机溶剂应该属于“惰性”，不参与预先选定的酶所催化的反应过程。

（4）考虑有机溶剂在生物催化反应过程中或反应结束后产物分离与纯化的难易程度。

（三）有机溶剂处理优化酶分子提高其催化反应的选择性

生物催化反应中，如脂肪酶 CRL 主要用于仲醇或其酯的拆分。脂肪酶 CRL（粗酶）

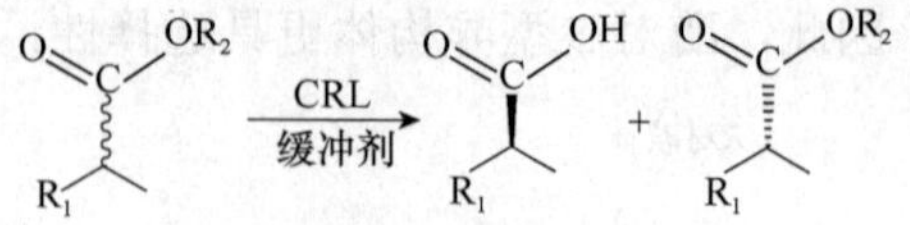

图 6-20　粗酶 CRL 催化 α-芳基或 α-芳氧基丙酸酯的水解反应

在催化某些酯的水解时表现出一定的选择性（图 6-20）。由于粗酶制剂中含有两种形式的酶，即 CRL-A 和 CRL-B，两者的对映体选择性不同，为了提高酶的选择性可以将这两种酶分别纯化，但纯化的过程比较复杂，限制了酶的应用。脂肪酶 CRL（粗酶）经简单的化学法处理就可以明显改善酶的选择性，并且能提高酶的稳定性。处理的方法是用含 50%（*V*/*V*）异丙醇的水溶液处理再离心，透析后得到的酶催化 α-芳基或 α-芳氧基丙酸酯的水解拆分时表现出很高的选择性（表 6-15），而未经过处理的脂肪酶（粗酶）拆分时的选择性较低（*E*＝2.3～17），该处理方式使脂肪酶 CRL 的工业应用更为便利。

表 6-15　粗酶 CRL 与有机溶剂处理后的 CRL 催化选择性比较

CRL	R_1	R_2	选择性（*E*）
未经处理的粗酶	PhO—	Me	4
经异丙醇处理的粗酶	PhO—	Me	13
未经处理的粗酶	4-ClC_6H_4—	Me	2.3～17
经异丙醇处理的粗酶	4-ClC_6H_4—	$Cl(CH_2)_2$—	＞100
未经处理的粗酶	Ph	$Cl(CH_2)_2$—	10
经异丙醇处理的粗酶	Ph	$Cl(CH_2)_2$—	＞100
未经处理的粗酶	3-$PhCOC_6H_4$—	$Cl(CH_2)_2$—	4
经异丙醇处理的粗酶	3-$PhCOC_6H_4$—	$Cl(CH_2)_2$—	＞100

四、提高酶在有机溶剂介质中的稳定性

绝大多数酶在有机介质中稳定性差，如何提高酶分子在有机溶剂中的稳定性已经成为这一领域的关键瓶颈。提高酶在有机溶剂中稳定性的常用方法：①使用疏水性有机溶剂作为反应介质并控制介质中的含水量，以保证酶的“必需水”；②在反应介质中加入无机盐、冠醚、环糊精等冷冻干燥保护剂，以提高酶在有机介质中的稳定性；③利用固定化、包埋法、大分子修饰等理化修饰方法提高酶在有机介质中的活性和稳定性；④利用蛋白质工程手段改造酶的有机溶剂稳定性。

（一）改变有机溶剂介质体系提高酶的稳定性

非水酶学的黄金定律是疏水性有机溶剂优于亲水性。亲水性溶剂会破坏酶表面水化层，导致酶失活。有机溶剂对酶的影响主要源于与水化层的相互作用，而非直接作用于酶分子本身。Lee 等研究了蛋白酶在不同溶剂中的稳定性，结果表明：在 log *P* 为 1～4 的溶剂中，酶稳定性较差；log *P*＜2 的极性溶剂中稳定性低，log *P* 为 2～4 的溶剂中稳定性中等，log *P*＞4 的非极性溶剂中稳定性较高。随着 log *P* 值从 4 增至 8，酶稳定性呈线性上升趋势。

（二）添加剂对有机介质中酶稳定性的影响

固相酶（如酶冻干粉和结晶酶）对有机溶剂引起的脱水失活具有更强耐受性，适用

于有机相催化。其表面会形成由变性蛋白质组成的“保护层”，阻止内层酶分子与有机溶剂接触，从而保持较高催化活性。通过高盐浓度低压冻干可提高酶稳定性。例如，Khmelnitsky 等在 98% KCl 条件下冻干枯草杆菌蛋白酶，其在己烷中的催化活性较无 KCl 条件下提高了 4000 倍。盐活化机制可通过调控冻干时间、冻干粉含水量、盐浓度及反应介质优化，且对多种酶（如 α-糜蛋白酶、嗜热蛋白酶、脂肪酶等）均有效。例如，盐活化的嗜热蛋白酶在有机相中对紫杉醇进行选择性酰化，生成水溶性提高 1700 倍的药物前体。

（三）固定化及化学修饰提高酶稳定性

将酶固定在载体（如颗粒、纤维、膜、凝胶等）上，可提高其在有机相中的稳定性，原因在于载体减少了酶与溶剂的直接接触。此外，酶分子表面的化学修饰（如在赖氨酸残基上连接疏水结构）也能增强其在有机溶剂中的溶解性、稳定性和底物选择性。例如，Inada 等用聚乙二醇（PEG）修饰酶后，酶可在苯和氯化烃类中溶解，但不溶于环己烷或石油醚。尽管化学修饰通常会降低酶活力，但 PEG 通过在其表面形成水化层，有效阻止了有机溶剂的毒害作用，从而保持了酶在有机相中的催化活性。此外，邻苯二甲酸酐（PA）修饰辣根过氧化物酶（HRP）后，酶的有机溶剂耐受性提高 1 倍，热稳定性提升 4 倍。这可能源于修饰去除了酶分子表面 4 个赖氨酸中的 2 个电荷，同时 PA 的芳香环促进了疏水性底物向酶活性中心的定位，提升了催化效率。

Wang 等通过理性设计，制备了温度响应性淀粉颗粒用于酶的固定化，成功稳定了油水比为 8∶2 的温敏型水包油 Pickering 高内相乳液（图 6-21），并应用于高效界面酶催化。通过丁基缩水甘油醚（BGE）和缩水甘油酯三甲基氯化铵（GTAC）改性淀粉（StBG），将酶固定在淀粉颗粒上，显著提升了界面生物催化性能，表现出更快的反应速率和更高的转化率。得益于高内相乳液的超高比表面积，该体系在 2.5h 内转化率可达 80%，远高于其他体系。此外，酶固定在淀粉粒子上的 Pickering 高内相乳液体系比活度高达 10.8867U/mg，明显优于现有的双相催化反应体系。

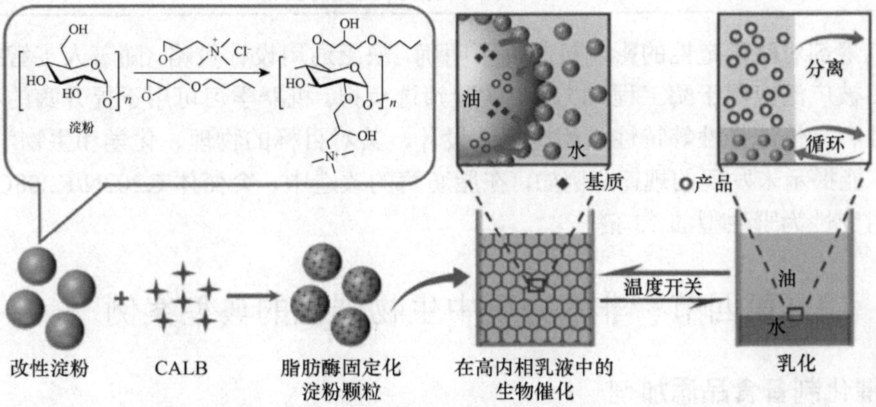

图 6-21 热响应性 Pickering 高内相乳液与循环界面生物催化反应的示意图 彩图

（四）蛋白质工程改造提高酶稳定性与溶剂耐受性

虽然酶的化学修饰和固定化技术有效，但蛋白质工程正成为酶分子改造的重要方法，主要包括机器学习、半理性设计、理性设计和定向进化。在非水介质中，酶处于疏水环境会导致结构与状态改变，因此通过微调、固定化、定点突变和定向进化等优化是重大进步。非水相催化技术是突破最早且仍广泛应用的酶催化反应方法，通过修饰酶的结构可提升其耐有机溶剂性能（表 6-16）。定向进化是酶分子改造的主要手段，其核心为“随机突变＋定向筛选”。该方法无须了解酶的空间结构和催化机制，通过引入基因突变并结合重组技术（如 DNA 改组）提高进化效率，再利用高通量筛选从突变文库中获得目标性能的突变株。相关实例见表 6-16 展示的耐有机溶剂酶进化改造的结果。

表 6-16　蛋白质工程改造酶耐有机溶剂性能实例

酶	策略	性能
α-裂解蛋白酶	理性设计	在 84% DMF 中稳定性提高
枯草杆菌蛋白酶 BPN′	理性设计，定向进化	两个突变体在 DMF 中稳定性提高 50 倍、1050 倍
枯草杆菌蛋白酶 E	理性设计	三个突变体在 40% DMF 中稳定性微弱下降，在 80%DMF 中稳定性提高
枯草杆菌蛋白酶 E	定向进化	突变体 PC3 在 60%、85% DMF 中活力为野生酶的 256 倍、131 倍，突变体 13M 活力比 PC3 还高 3 倍
对硝基苯甲基酯酶	定向进化	在 25% DMF 中酶活力提高
果糖二磷酸醛缩酶	定向进化	突变体 4-43D6 有机溶剂稳定性提高
哺乳动物细胞色素 P450 2B1	定向进化	突变体 QM/L295H、QM/K236I/D257N 在 DMSO 中催化活性提高
细胞色素 P450 BM3	定向进化	在 25% DMSO、2% THF 中比活力分别提高 6 倍、10 倍
抗生蛋白链菌素	理性设计	DMSO 及乙酸乙酯中稳定性提高
枯草杆菌脂肪酶 A	理性设计	四个突变体在三种有机溶剂中耐受性提高、热稳定性提高
奇异变形杆菌脂肪酶	定向进化	甲醇中的稳定性提高
米黑根毛霉脂肪酶	半理性设计	甲醇中的稳定性提高
卤代烷脱卤酶	半理性设计	提升的催化活性和有机溶剂稳定性，在 40% DMSO 中的半衰期为 385min（是野生型的 7 倍），整体催化性能达到了野生型的 26 倍

有机溶剂对酶稳定性的影响机制尚不明确，缺乏通用设计策略。随着人工智能发展，机器学习被广泛应用于酶工程，以减少实验筛选负担。机器学习可用于提升酶的稳定性、催化活性和立体选择性等特性，相比理性设计，其对目标的物理、化学和生物学知识要求较低，能揭示未发现的规律。例如，在脂肪酶的改造中，突变体 G202N/K208G/G266S 的甲醇耐受性为野生型的 13 倍。

第四节　非水介质中生物催化的典型案例

一、酶催化制备食品添加剂

案例：脂肪酶非水相合成植物甾醇酯

植物甾醇（酯）具有降低胆固醇含量、保护心血管健康、抗炎、抗癌等生理功能，被美国 FDA 认定为一种新型降低血脂和预防动脉硬化的天然健康食品，并被世界营养学协会列为十大功能性营养素之一。

植物甾醇酯的合成方法主要有化学合成法和酶催化合成法。酶催化合成植物甾醇酯，反应条件温和，通常在常温常压下进行，脂肪酸和植物甾醇酯产物不易发生氧化。同时，由于酶的催化专一性，不会产生有害副产物，使用安全。酶催化合成植物甾醇酯的方法主要有两种：一是植物甾醇与脂肪酸的酯化反应；二是植物甾醇与三酰甘油或脂肪酸甲酯的酯交换反应。

案例分析：脂肪酶非水相催化反应机制符合 Ping-Pong Bi-Bi 机制，脂肪酶首先与酰基供体脂肪酸形成复合物，相互作用后生成脂肪酶-酰基-水复合物，释放出水分后，脂肪酶-酰基复合物与醇相结合，形成脂肪酶-酰基-醇复合物，相互作用后生成脂肪酶-酯复合物，释放出产物酯后，脂肪酶恢复最初催化结构及催化活力，继续催化下一分子脂肪酸和醇的酯化反应（图 6-22）。

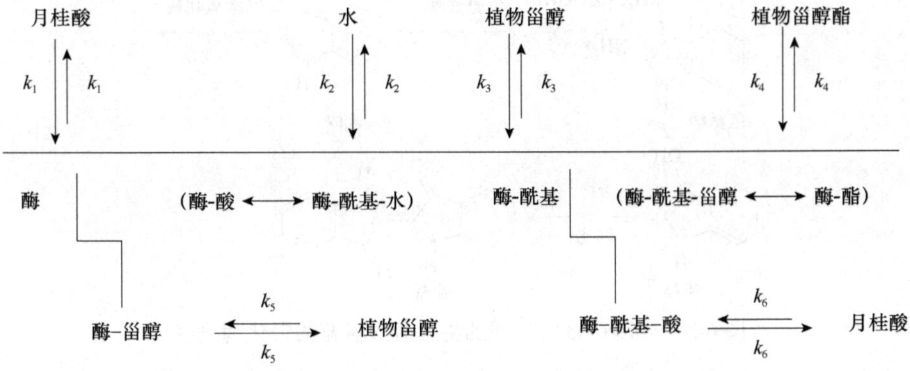

图 6-22　脂肪酶催化合成植物甾醇月桂酸酯的反应示意图

k_1～k_6 分别表示速率常数

二、精细化学品及医药中间体的制备

案例一：生物催化合成靛蓝

靛蓝是最早发现的天然染料之一，广泛应用于印染、医药和食品等行业。天然靛蓝是食品和药品理想的着色剂，色泽亮丽，稳定性好，着色力强。全球靛蓝的年产量达 7 万～8 万吨，天然靛蓝的比例非常小。传统的靛蓝化学合成方法不仅依赖于石油基原料，还涉及有害溶剂和有毒试剂，对环境的可持续发展构成了严峻挑战。利用微生物生产天然色素的技术具有广阔的应用前景。基因工程、酶工程、介质工程、代谢工程和合成生物学的不断进步推动了生物合成靛蓝研究的发展。

1982 年发现假单胞菌可氧化吲哚合成靛蓝。真菌合成周期长（至少 1 个月），细菌周期短（18～24h）且产量高。1983 年后，生物工程技术发展推动靛蓝生物合成取得突破。

1983 年，Ensley 等通过遗传工程技术，将色氨酸酶（来自大肠杆菌）和萘双加氧酶（来自恶臭假单胞菌）的编码基因重组到同一菌株中。他们将萘双加氧酶基因从恶臭假单胞菌（*Pseudomonas putida* PpGT）中分离，并连接到质粒载体 pBR322 上，导入大肠杆菌 HB101 中实现表达（图 6-23）。重组后的大肠杆菌能在肉汤培养基中生长并生成靛蓝。

1985 年，瑞士日内瓦大学的 Mermod 等报道了一种新的靛蓝合成途径。他们发现假单胞菌 *Pseudomonas putida* mt-2 中的二甲苯氧化酶，能以吲哚为前体，在 C3 位置羟化

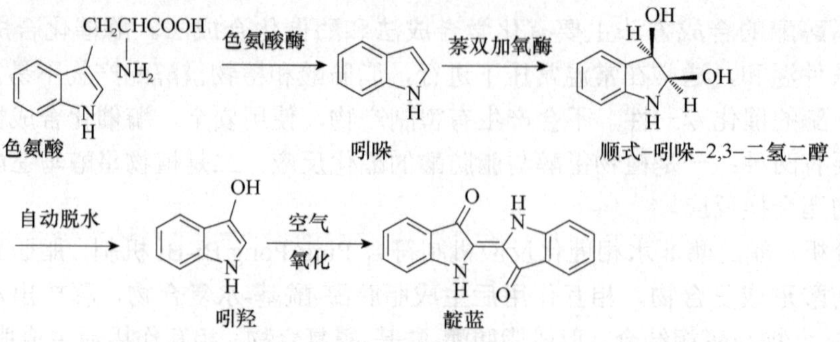

图 6-23 Ensley 等发现的微生物合成靛蓝的双加氧酶途径

生成吲羟，随后经单加氧酶催化环化，并通过空气氧化二聚生成靛蓝（图 6-24）。

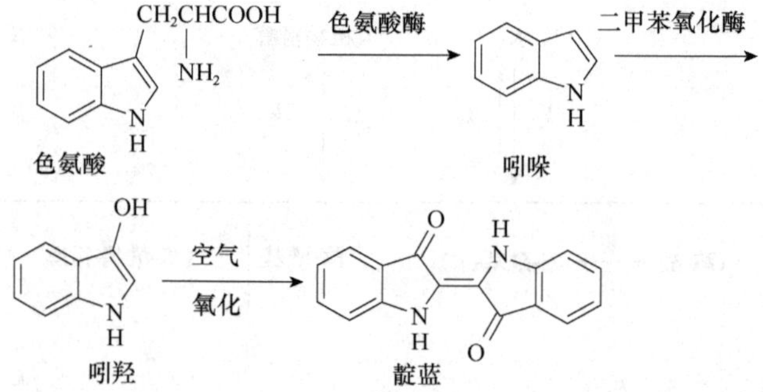

图 6-24 Mermod 等发现的生物合成靛蓝的羟化酶途径

1995 年，Eaton 等利用含特定基因片段的 *P. putida* F1 和 *P. putida* mt-2 菌株，通过双加氧酶的氧化作用，将 2-羟基吲哚转化为靛蓝和靛玉红，并阐明了其催化机制。此外，吴云等通过细菌接合与转化技术，将假单胞菌中携带萘降解酶基因的质粒转移至大肠杆菌，获得的转化子不仅能降解萘，还能生产靛蓝，产量达 136.3mg/L。研究者通过在大肠杆菌中构建和优化靛蓝合成途径，在添加 1g/L 色氨酸和 30g/L 木糖的基础上，添加 30g/L 甘油，靛蓝产量达到了 1.09g/L。也有研究者构建全新的生物合成途径，实现从葡萄糖到靛蓝的高效转化，将靛蓝产量提高到了约 965mg/L。

案例分析：以上阐述了众多研究者制备靛蓝的策略，由于吲哚对微生物的强毒性作用，全菌转化利用色氨酸为底物来制备靛蓝，避免中间产物吲哚的积累，但色氨酸价格昂贵。后续研究利用代谢工程、合成生物学方法改进，革新了靛蓝的生物合成技术，提供了一种绿色、可持续的替代方案。

案例二：非水相高效制备 5-羟甲基呋喃

5-羟甲基呋喃（HMF）是生物质纤维素和半纤维素转化为各种“平台分子”的起始化合物。HMF 含有碳水化合物源的所有碳原子，具有多种用途。例如，HMF 的加氢脱氧缩合产物可提供“滴入式”液体运输燃料，而加氢或醚化产物［如 2,5-二甲基呋喃和 5-（乙氧基甲基）糠醛］则是很好的燃料添加剂。通过催化氧化 HMF 得到的呋喃二甲酸（FDCA）是 PET 塑料的石化前体对苯二甲酸的可行替代品。利用生物质糖生产 HMF 的过程示意图见图 6-25。

案例分析：该研究采用 SIRE 技术，通过与 N_2B 的选择性结合，将酮糖反应萃取到不相溶的有机相（辛醇）中，从而克服葡萄糖到果糖的不利转化平衡。该反应体系中果糖产量达 89%，离子液体［EMIM］HSO_4 中的果糖含量 90%，可用于直接脱水。在酸催化剂的存在下，双相（离子液体［EMIM］HSO_4/不相溶有机溶剂）反应介质中进行果糖脱水，获得了较高产率的 HMF（>80%）。

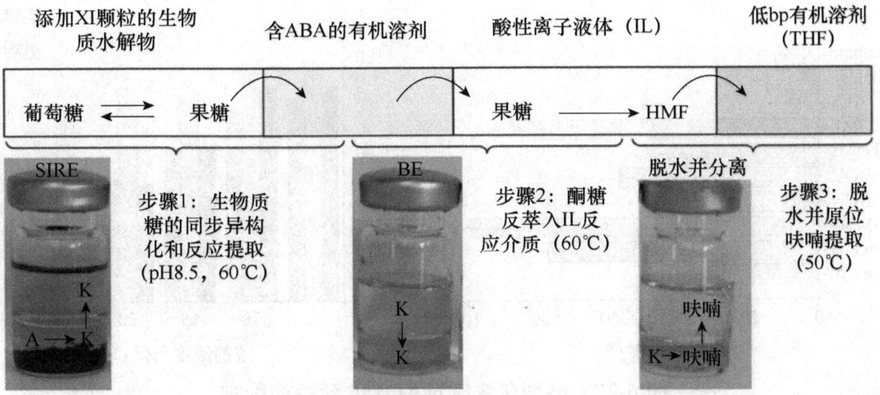

图 6-25　生物质糖制备 HMF 过程的示意图

A．醛糖；K．酮糖

彩图

案例三：酶在非水相体系中合成人参皂苷产物

人参皂苷 Rh2 是从红参中提取的重要成分，具有显著的抗癌、抗炎和抗过敏等活性。由于人参生长周期长且某些皂苷提取困难，人工合成稀有人参皂苷成为研究热点。通过合成生物学方法，以葡萄糖为原料利用酵母菌生产原人参二醇（PPD，约 1.2g/L），解决了 PPD 资源问题，为酶法合成人参皂苷提供了基础。

利用枯草杆菌 168 的糖基转移酶 Yjic 以 7∶3 比例合成 Rh2 和 F12。经半理性设计改造的突变体 M135F 可高区域选择性（约 99%）地合成 Rh2（约 99%）并抑制 C12-OH 进一步糖基化反应。结合拟南芥蔗糖合成酶（AtSuSy）实现 UDPG 循环，并通过 PPD 流加补料反应，在含 17% DMSO（*V*/*V*）的水溶剂系统中获得高产率的 Rh2（3.7g/L）（图 6-26，图 6-27）。

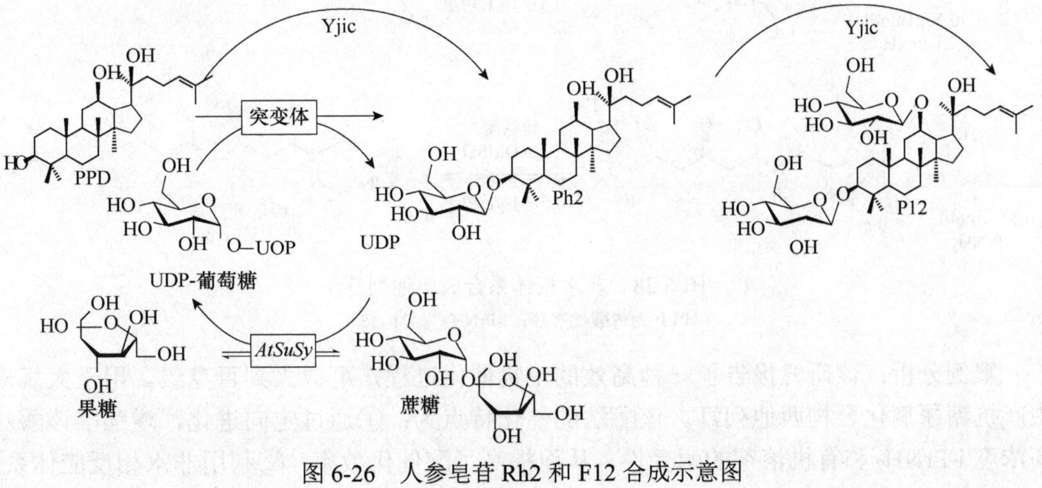

图 6-26　人参皂苷 Rh2 和 F12 合成示意图

案例分析：由于PPD的溶解度极低，分析了有机溶剂对其糖基化反应的影响。通过半理性设计，发现来自枯草芽孢杆菌168的Yjic突变体M315F能高区域选择性（约99%）地合成Rh2。该酶法合成Rh2的催化特点是：选择DMSO-水反应体系，使酶和底物存在于不同的溶剂层中，有效促进底物PPD的溶解和糖基化反应速率。

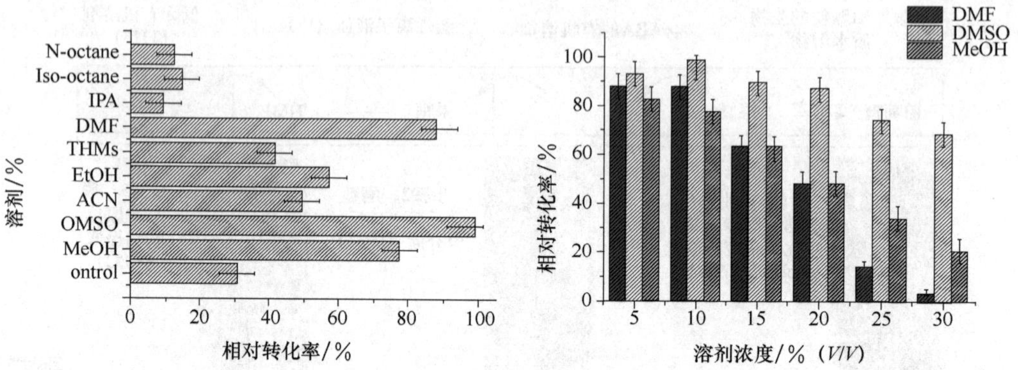

图6-27 溶剂和浓度对M315F活性的影响

案例四：非水相体系不对称合成酮基手性胺生产西他列汀

西他列汀是二肽基肽酶-4（DPP-4）抑制剂，为口服治疗2型糖尿病的手性胺药物，疗效显著且副作用小，市场前景广阔。目前其合成依赖铑基手性催化剂对烯胺进行高压不对称氢化，但存在立体选择性不足、产品含铑污染等问题，需额外纯化，导致产量低下。

通过转氨酶的蛋白质工程技术开发了新型生物催化方法，使用6g/L酶于50%二甲基亚砜中反应，底物浓度可达200g/L，西他列汀的*e.e.*值超99.95%，反应的产率达93%。相比铑催化法，转氨酶的催化反应不仅缩短了反应步数，同时提高了*e.e.*值，总收率提高10%～13%，生产率提升53%，总废物减少19%，消除重金属污染，且无须专用高压设备，显著降低制造成本（图6-28）。

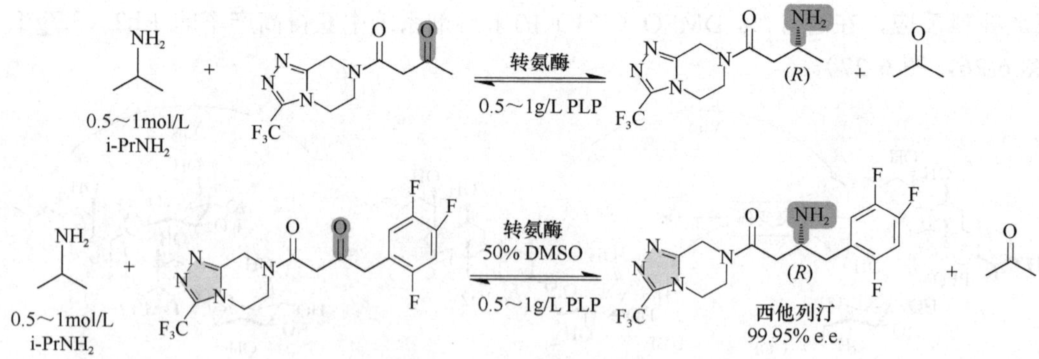

图6-28 非水相体系合成西他列汀

PLP为磷酸吡哆醛；i-$PrNH_2$为异丙胺

案例分析：该研究报告了一种高效的生物催化过程，可放大到百克级，用于大规模生产抗糖尿病化合物西他列汀。该酶法的催化特点为：①通过定向进化，增强了该酶对高浓度i-$PrNH_2$和有机溶剂的耐受性，从而提高了酶催化效率；②利用非水相反应体系，极大程度地提高了底物浓度；③消除了转氨酶只能接受与羰基官能团相邻的甲基取代基的固有限制。

案例五：天然低共熔溶剂促进纤维素酶水解橄榄苦苷的研究

橄榄苦苷水解可生成羟基酪醇、葡萄糖和榄烯酸，其中羟基酪醇生物活性更高。目前水解方法包括酸水解、碱水解和酶水解，但酸、碱水解需强酸、强碱及高温，条件苛刻。酶水解则因反应温和、污染少而更具优势。

该研究利用天然低共熔溶剂（NADES）增强纤维素酶稳定性，构建NADES-纤维素酶溶剂系统促进橄榄苦苷酶水解。在50℃、pH＝5.0条件下水解3h，使用10%（*V*/*V*）DES-5（甜菜碱∶1,4-丁二醇＝1∶2）作为溶剂时，水解率是缓冲液的1.7倍。结果表明，以氯化胆碱/甜菜碱与多元醇混合的NADES能显著提升纤维素酶稳定性，有效促进橄榄苦苷酶水解。

案例分析：纤维素酶具有热不稳定性，酶水解效率低下。因此，尝试寻找一种新的绿色溶剂代替缓冲液，提高橄榄苦苷的酶水解效率。该酶催化的特点是：①通过NADES更好增加纤维素酶的稳定性，使其长时间保持良好活性，促进了橄榄苦苷的酶水解效率；②证明了DES中的HBA和HBD对促进酶水解率不是单个组分的单独作用，而是HBA和HBD之间的联合作用来促进酶水解率。

思　考　题

1．在不寻常的反应介质中使用酶催化反应的可能原因是什么?

2．log*P*值是如何定义的?它对有机溶剂分类的重要性是什么?

3．水活度（a_W）是如何定义的?在完全与水混溶和不与水混溶的有机溶剂中，它对酶促反应的重要性是什么

4．在两相体系中选择合适的酶催化反应溶剂的基本标准是什么?

5．在几乎无水的有机溶剂中处理酶的基本规则是什么?

6．离子液体的定义是什么?离子液体是由什么组成的?

7．什么是共晶溶液?什么是“天然共晶溶剂”（NADES）?

8．什么是超临界流体?哪些化合物通常用作超临界流体?

主要参考文献

安德列亚斯．2006．生物催化：基础与应用．孙志浩，许健和，译．北京：化学工业出版社．

郭勇．2005．酶工程原理与技术．北京：科学出版社．

韩双艳，郭勇．2024．酶工程．北京：科学出版社．

林影．2018．酶工程原理与技术．北京：高等教育出版社．

罗贵民．2005．酶工程．北京：化学工业出版社．

施巧琴．2005．酶工程．北京：科学出版社．

孙志浩．2005．生物催化工艺学．北京：化学工业出版社．

王梦亮，张瑞芳，任振兴．2008．非水相介质中β-葡萄糖苷酶催化合成红景天甙的研究．天然产物研究与开发，20：1072-1074．

辛嘉英，王艳，章俭，等．2008．生物合成靛蓝的研究进展．现代化工，28：31-35．

许建和．2008．生物催化工程．上海：华东理工大学出版社．

袁勤生．2005．酶与酶工程．上海：华东理工大学出版社．

张玉彬．2002．生物催化的手性合成．北京：化学工业出版社．

Cui H, Eltoukhy L, Zhang L, et al. 2021. Less unfavorable salt bridges on the enzyme surface result in more organic cosolvent resistance. Angew Chem Int Ed, 60: 11448.

Datcheva V K, Kiss K, Solomon L, et al. 1991. Asymmetric hydroxylation with lipoxygenase: the role of group hydrophobicity on regioselectivity. J Am Chem Soc, 113: 270-274.

Di X, Zhang Y, Fu J, et al. 2020. Ionic liquid-strengthened immobilized Rhizomucor miehei lipase for catalytic esterification of itaconic acid in aqueous media. ACS Sustain Chem Eng, 8(4): 1805-1812.

Doukyu N, Nakano T, Okuyama Y, et al. 2002. Isolation of an *Acinetobacter* sp. ST-550 which produces a high level of indigo in a water-organic solvent two-phase system containing high level of indole. Appl Microbiol Biotechnol, 58: 543-546.

Elgharbawy A A M, Moniruzzaman M, Goto M. 2020. Recent advances of enzymatic reactions in ionic liquids: part Ⅱ.Biochem Eng J, 154: 107426.

Fitzpatrick P A, Klibanov A M. 1991. How can the solvent affect enzyme enantioselectivity. J Am Chem Soc, 113: 3166-3171.

Fitzpatrick P A, Ringe D, Klibanov A M. 1992. Computer-assisted modeling of subtilisin enantioselectivity in organic solvents. Biotechnol Bioeng, 40: 734-742.

Gong P F, Xu J H, Tang Y F, et al. 2003. Improved catalytic performance of *Bacillus megaterium* expoxide hydrolyase in a medium containing Tween-80. Biotechnol Prog, 19: 652-654.

Guajardo N, Domínguez de María P. 2019.Continuous biocatalysis in environmentally-friendly media: a triple synergy for future sustainable processes. ChemCatChem, 11(14): 3128-3137.

Hirose Y, Kariya K, Sasaki J, et al. 1992. Drastic solvent effect on lipase-catalyzed enantioselective hydrolysis of prochiral 1, 4-dihydro-pyridines. Tetrahedron Lett, 33: 7157-7160.

Hmad I B, Gargouri A. 2020. Ionic liquid-tolerant cellulase system of *Stachybotrys microspora* exploited in the *in situ* saccharification of lignocellulosic biomass. J Mol Liq, 310: 113167.

Itoh T. 2017 Ionic liquids as tool to improve enzymatic organic synthesis. Chem Rev, 117(15): 10567-10607.

Kim G J, Ryu Y W. 2002. Screening, production and properties of a stereospecific esterase from *Pseudomonas* sp. S34 with high selectivity to *S*-ketoprofen ethyl ester. J Mol Catal B: Enzymatic, 17: 29-38.

Klibanov A M. 2001. Improving enzymes by using them in organic solvents. Nature, 409: 241-246.

Kumar S S, Arora N, Bhatnagar R, et al. 2009.Kinetic modulation of *Trichosporon asahii* MSR 54 lipase in presence of organic solvents: Altered fatty acid specificity and reversal of enantio selectivity during hydrolytic reactions. J Mol Catal B-Enzymatic, 59: 41-46.

Lindsay S, Matthew J E. 2016. Green solvents in biomass processing. ACS Sustainable Chem Eng, 4(11): 5821-5837.

Liu Y Y, Xu J H, Tang Y F, et al. 2000. Enhancing effect of Tween-80 on lipase performance in enantio-selective hydrolysis of ketoprofen ester. J Mol Catal B: Enzymatic, 10: 523-529.

Liu Y, Yan J, Yuan Q, et al. 2024. Enzymatic reduction of halogenated aryl ketones in an aqueous micellar solution with enhanced catalytic performance. Green Chem, 26: 6666.

Ma G Z, Zhang Z H, Lu Z P, et al. 2024. Hydrophobic deep eutectic solvents-lipase synergistically catalyze the synthesis of vitamin E succinate via hydrogen bonds. J Mol Liq, 394: 123711.

Ma W, Zhao L, Ma Y D, et al. 2020. Oriented efficient biosynthesis of rare ginsenoside Rh2 from PPD by compiling UGT-Yjic mutant with sucrose synthase. Int J Biol Macromol, 146: 853-859.

Marina C B, Ana J T, Marijana V, et al. 2015. Cholinium-based deep eutectic solvents and ionic liquids for lipase-catalyzed synthesis of butyl acetate. J Mol Catal B: Enzymatic, 122: 188-198.

Mejri M, Mathlouthi M. 2001.Effect of small carbohydrates on the catalytic activity of a protease and two glycohydrolase. Carbohydr Polym, 45: 161-167.

Milić M, Byström E, Domínguez de María P, et al. 2022. Enzymatic cascade for the synthesis of 2, 5-furandicarboxylic acid in biphasic and microaqueous conditions: 'Media-Agnostic' biocatalysts for biorefineries. ChemSusChem, 15: e202102704.

Nemestothy N, Bakonyi P, Nemeth Z, et al. 2018. Evaluation of pectinreinforced supported liquid membranes containing carbonic anhydrase: the role of ionic liquid on enzyme stability and CO_2 separation performance. J CO_2 Util, 24: 59-63.

Park S, Doan T T N, Koo Y M, et al. 2018. Ionic liquids as cosolvents for the lipase-catalyzed kinetic resolution of ketoprofen. Mol Catal, 459: 113-118.

Pedersen J N, Liu S, Zhou Y, et al. 2020. Synergistic effects of binary ionic liquid-solvent systems on enzymatic esterification of esculin. Food Chem, 310: 125858.

Rahman M B A, Jumbri K, Hanafiah N A M A, et al. 2012. Enzymatic esterification of fatty acid esters by tetraethylammonium amino acid ionic liquids-coated Candida rugose lipase, J Mol Catal B: Enzym, 79: 61-65.

Ru M T, Hirokane S Y, Lo A S, et al. 2000.On the salt-induced activation of lyophilized enzymes in organic solvents: effect of salt kosmotropicity on enzyme activity. J Am Chem Soc, 122: 1565-1571.

Rubio E, Femandez-Mayorales A, Klibanov A M.1991. Effect of the solvent on enzyme regioselectivity. J Am Chem Soc, 113: 695-696.

Sheldon R A. 2016. Biocatalysis and biomass conversion in alternative reaction media. Chem Eur J, 22(37): 12984-12999.

Shiva R M, Razif H, Dayang R A B, et al. 2020. COSMO-RS Based Prediction for Alpha-Linolenic Acid (ALA) Extraction from Microalgae Biomass Using Room Temperature Ionic Liquids (RTILs). Mar Drugs, 18(2): 108.

Sun S, Chen X, Jiang C. 2018. Enhanced synthesis of feruloylated acylglycerols by the lipase-catalyzed transesterification of glyceryl monoferulate with different acyl donors using ionic liquids as reaction solvents. J Biotechnol, 280: 31-37.

Tang X Y, Wu B, He B F, et al. 2010. Biochemical properties and potential applications of a solvent-stable protease from the high-yield protease producer *Pseudomonas aeruginosa* PT121 Appl biochem. Biotech, 160: 1017-1031.

Terradas F, Teston-Henry M, Fitzpatrick P A, et al. 1993. Marked dependence of enzyme prochiral selectivity on the solvent. J Am Chem Soc, 115: 390-396.

Walker A J, Bruce N C. 2004. Combined biological and chemical catalysis in the preparation of oxycodone Tetrahedron, 60: 561-568.

Wang C, Chi H, Zhang F, et al. 2022.Temperature-responsive Pickering high internal phase emulsions for recyclable efficient interfacial biocatalysis. Chem Sci, 13: 8766-8772.

Wang Y, Chen X Y, Liang X Y, et al. 2020. Pepsincatalyzed asymmetric cross aldol reaction promoted by ionic liquids and deep eutectic solvents. Catal Lett, 150(9): 2549-2557.

Xu C, Suo H, Xue Y, et al. 2021. Experimental and theoretical evidence of enhanced catalytic performance of lipase B from Candida antarctica acquired by the chemical modification with amino acid ionic liquids. Mol Catal, 501: 111355.

Zeng C X, Qi S J, Xin R P, et al. 2015. Enzymatic selective synthesis of 1, 3-DAG based on deep eutectic solvent acting as substrate and solvent. Bioprocess Biosyst Eng, 38: 2053-2061.

Zhao M, Zhang X S, Xiong L B, et al. 2024. Establishment of an efficient expression and regulation system in streptomyces for economical and high-level production of the natural blue pigment indigoidine. J Agric Food Chem, 72(1): 483-492.

第七章 酶反应器

酶和固定化酶在体外进行催化反应时，都必须在一定的反应容器中进行，以便控制酶催化反应的各种条件和催化反应的速率。用于酶进行催化反应的容器及其附属设备称为酶反应器。酶反应器是用于完成酶促反应的核心装置，它为酶催化反应提供合适的场所和最佳的反应条件，以便在酶的催化下，使底物（原料）最大限度地转化成产物。它处于酶催化反应过程的中心地位，是连接原料、底物与产物的桥梁。

第一节　酶反应器类型及操作方式

酶催化在工业过程中的应用目的是合成较高附加值的产物，以达到降低反应成本和高效分离纯化。该过程中酶反应器是核心部分，在其中发生的酶催化反应是受到严格调控的。酶反应器和其他一些生物反应器类似，在几种基本反应器的基础上，对反应器进行特殊的结构改造即可开发出一些特殊的反应器，从而使酶催化反应能在最佳的条件下操作。因此，酶反应器在选择和设计上要遵循以下几个要求。

（1）高产率、高浓度和高纯度，也就是使反应过程中一些难分离的副产物及添加剂的浓度降低，如缓冲液。

（2）高催化效率，即酶催化剂有较高的催化效率和操作稳定性。

（3）低成本、低维护费、低空间要求，即优先考虑使用一个或者几个容量小且配件少的反应器。

一、酶反应器类型与操作方式

酶反应器可以是分批操作，也可以是连续操作，也报道有补料一分批操作的。分批操作是将酶（主要是水解酶）置于液相反应体系，该操作方式应用广泛，但是缺点比较多，因为酶在反应体系中稳定性差且很难回收再利用，造成生产效率比较低；另外，分批操作的显著缺点是附加值低，因此过程优化非常重要。酶稳定性差是酶催化过程中一个限制性因素，因此需要采用使酶在反应器中保持稳定的方法，如酶固定化。固定化酶可以应用在分批操作或持续操作中，这时固定化酶可以重复利用直到酶失活，这样比生产速率提高，反应器设计更具灵活性，可以满足特定酶催化过程的需要。

尽管固定化酶会增加催化过程的非均一性和复杂性，但固定化使得酶的稳定性大大提高，而且酶容易从反应液中回收利用，产物也不容易受其他物质干扰，连续操作和自动化操作也变得可行。连续操作的酶反应器很大程度上是和固定化酶相关联的，因为只有酶稳定才能保证连续操作过程的恒定。也有例外的情况，如利用α-淀粉酶液化玉米淀粉生产高果糖浆（该过程中，α-淀粉酶被连续投入一个管状反应器，淀粉直接发生水解和糊化）。当然，这种情况是因为 α-淀粉酶非常便宜，对操作成本影响非常小。在大多数情况下，固定化酶都是用于连续操作过程。

酶反应器从外型分类有两种，即搅拌釜式反应器和管式反应器，再根据实际应用中的一些特殊改造可以衍生出多种反应器类型，如图 7-1 所示。利用游离酶的分批操作一般是在搅拌釜式反应器（BSTR）中进行，可以满足搅拌均匀和温度、pH 控制等需要。固定化酶也同样可以在搅拌釜式反应器中进行催化反应，但是这种情况下必须引入一个装置，在每批次结束进行产物提取时，使固定化酶截留在反应器内。最常用的这种装置是一个在底部安装的不锈钢筛板，当然还有其他类型的装置，如篮子形状反应器，超滤组件中的原位或者离位酶被截留。带循环的分批反应器（recyle batch reactor，RBR；图 7-1B）有时也会被利用到：固定化酶装在一个较小的床层中，反应液循环泵入以达到转化的目的——这种酶反应器类型可以保证一些反应平稳操作。例如，对 pH 敏感的酶催化反应伴随有质子产生或者消耗，会影响反应液的 pH。能用于固定化酶的连续操作的反应器比较多，如图 7-1A、E、F 所示。其中最常用的是填充床管式反应器（PBR），固定化酶被装填在反应器中，而反应液底物从床层流过；对于连续搅拌釜式反应器（CSTR），酶是通过一个筛板进行截留，或通过离位的过滤或离心进行回收利用。另外一种酶反应器是流化床反应器，固定化酶通过重力与水流曳力之间的水力平衡留在反应器内，反应液从底部流进。

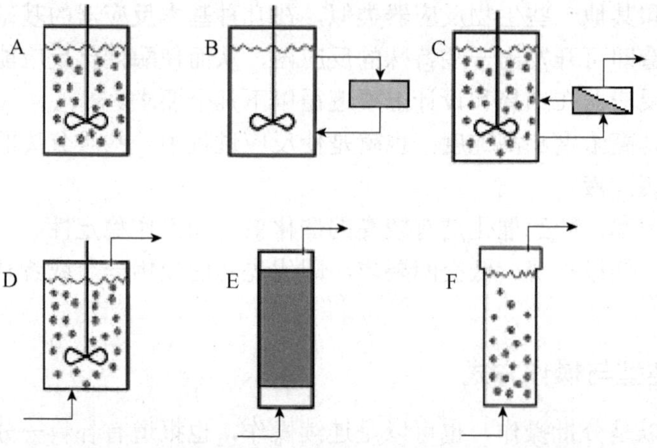

图 7-1　含有固定化酶的不同反应器类型（Andrés，2008）

A．分批反应器；B．带有循环的分批反应器；C．搅拌釜式-超滤反应器；
D．连续搅拌釜式反应器；E．填充床；F．流化床

二、酶反应器类型及特点

酶反应器是由一个容器或者一系列容器组成的，以达到某一特定酶催化目的。如何选择一个合适的反应器，需要考虑多种因素。通常，选择某种类型反应器取决于达到产品规格要求的最大产率所需的成本，其他可能影响因素还包括选择什么形式的酶（如游离酶或固定化酶），酶反应动力学，固定化酶基质的物理和化学特性（是否是颗粒、膜或者纤维状，密度，可压缩性，坚固性，颗粒大小及可再生性）。另外，还必须特别关注操作规模的大小，pH 或者温度控制的可行性，气体加入和去除，酶、底物和产物的稳定性

等。当然，最重要的是选择合适的酶反应器。

（一）间歇式酶反应器

间歇式酶反应器又称为批量反应器（batch reactor，BR）、间歇式搅拌罐、搅拌式反应罐。其特点是：底物与酶一次性投入反应器内，产物一次性取出；反应完成之后，若是固定化酶（细胞）可以通过过滤法或超滤法回收，再转入下一批反应。优点：装置较简单，造价较低，传质阻力很小，反应能很迅速达到稳态，反应条件容易调节控制。缺点：对于游离酶，反应后酶和产物混合在一起，酶很难回收再利用；固定化酶经反复回收使用时，易失去活性，故在工业生产中，间歇式酶反应器很少用于固定化酶，但常用于游离酶。

（二）连续式酶反应器

连续式酶反应器又称为连续搅拌釜式反应器（continuous stirred tank reactor，CSTR）、连续式搅拌罐。向反应器投入固定化酶和底物溶液，不断搅拌，反应达到平衡之后，再以恒定的流速连续流入底物溶液，同时，以相同流速输出反应液（含产物）。优点：在理想状况下，混合良好，各部分组成相同，并与输出成分一致。缺点：搅拌浆剪切力大，易打碎磨损固定化酶颗粒。

（三）连续填充床反应器

连续填充床反应器（continuous packed bed reactor，CPBR），又称连续固定床反应器。将固定化酶填充于反应器内，制成稳定的柱床，然后，连续通入底物溶液，在一定反应条件下实现酶催化反应，以一定的流速收集输出的转化液（含产物）。优点：高效率、易操作、结构简单等。因此，CPBR 是目前工业生产及研究中应用最为普遍的反应器。它适用于各种形状的固定化酶和不含固体颗粒、黏度不大的底物溶液，以及有产物抑制的转化反应。缺点：传质系数和传热系数相对较低。当底物溶度含固体颗粒或黏度很大时，不宜采用 CPBR。

（四）流化床反应器

流化床反应器（fluidized bed reactor，FBR）。特点：底物溶液以足够大的流速，从反应器底部向上通过固定化酶柱床时，便使固定化酶颗粒始终处于流化状态。其流动方式使反应液的混合程度介于 CSTR 的全混型和 CPBR 的平推流型之间。FBR 可用于处理黏度较大和含有固体颗粒的底物溶度，同时，也可用于需要供气体或排放气体的酶反应（即固、液、气三相反应）。但因 FBR 混合均匀，故不适用于有产物抑制的酶反应。

（五）膜反应器

膜反应器（membrane reactor，MR）是将酶催化反应与半透膜的分离作用组合在一起而成的反应器，可以用于游离酶的催化反应和分离，也可以用于固定化酶的催化反应，MR 组装和操作如图 7-2 所示。在酶催化反应后，反应液以错流形式经过外置的透析膜，产物或有害物可直接排除，或经过另外一个反应器处理再回流。对于固定化酶，也可以组装成中空纤维膜反应器，反应液穿越固定化酶，产物形成并在另外一个管路流出。在设计 MR 时，通常需要考虑酶是否应以天然或固定化形式使用，所用膜的孔径或截留分子量（MWCO）必须小于酶的分子量，以使酶分子能够被限制在反应器内。

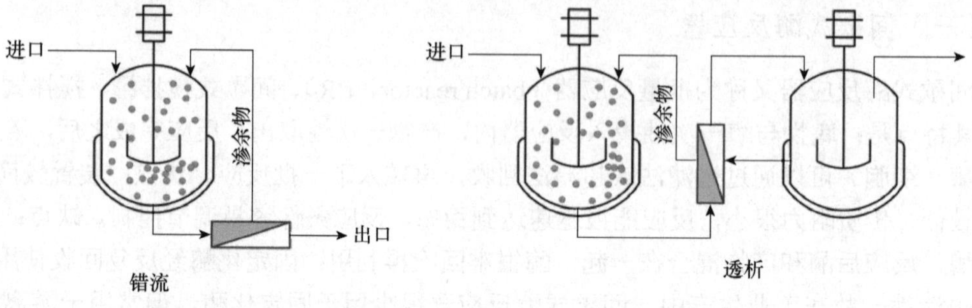

图 7-2 几种膜反应器的组装结构（Sitanggang et al.，2022）

三、其他反应器类型和结构

（一）多级连续釜式反应器

一些简单的标准反应器具有灵活性的优势，它们可以应用在不同方面。为满足某些特殊的反应，人们对一些基本反应器进行特殊改造使其符合优化设计的需要，如多级连续搅拌釜式反应器（multi-CSTR）。multi-CSTR 可以利用搅拌釜式反应器所具有的简单和灵活的优点，同时可以避免在生物催化中所遇到的稳态下底物浓度较低和产物浓度过高的缺点。更多 CSTR 串联起来就和管式反应器相似。

multi-CSTR 反应器（图 7-3）的物料平衡方程可以用式（7-1）来计算。其中将前一级反应器的出口浓度作为反应器进口浓度 S_i，对于米氏方程，其反应速率可以表示如下：

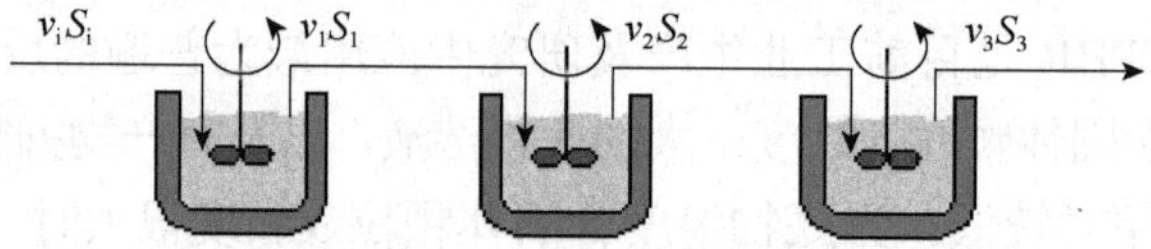

图 7-3 multi-CSTR

$$v=\eta_i\frac{K_{cat}\cdot E_i\cdot S_i}{K_m+S_i} \tag{7-1}$$

式中，η_i 为有效系数；E_i 为反应器总酶活力。

进料浓度与每个反应器的出料浓度有关，每一级的转化率如下：

$$X_i=(V/Q)\cdot(v_i/S_{i-1}) \tag{7-2}$$

式中，V 为反应器体积；Q 为体积流量。最终转化率 X_i 为

$$X_i=1-S_i/S_o \tag{7-3}$$

式中，S_i 为进口底物浓度；S_o 为出口底物浓度。

利用 α-淀粉酶对淀粉进行液化，然后用糖化酶进一步水解制备葡萄糖的过程中（啤酒和其他一些利用淀粉糖发酵的产品），也应用了多级连续搅拌釜式反应器，一般使用 6～12 个反应器来避免终产物的损失。在连续反应过程中可溶性的酶会损失，若反应所使用的酶较廉价（淀粉酶和糖化酶都较便宜），这种损失在经济上是可行的。但是如果生物催化剂的成本增加（大于产品价格的 2%），就需要使用带有循环装置的反应器，如超滤膜系统。

（二）微流控固定化酶反应器

微流控固定化酶反应器是以其较小的尺寸、较大的表面体积比和明确的反应时间而闻名的装置，在进行生物催化反应方面比传统技术具有优势，如低能耗、快速热交换、快速传质、高效和优越的重复性等。微流控固定化酶反应器可以重复使用并已持续应用于（生物）聚合物降解、蛋白质组学、生物标志物发现、抑制剂筛选和检测等领域。通过与分析仪器的在线集成，如高效液相色谱（HPLC）系统，减少了多步骤所需的时间，工作效率高，减少了样品处理的需要，并实现了自动化。

第二节　酶反应器设计

一、反应器设计基础

在设计酶反应器过程中，第一步是确定反应器的类型。反应器的特点及对某些特殊反应的适合性是首先需要考虑的因素。连续操作反应器通常用于大规模生产过程。如果严格考虑动力学，CPBR 比 CSTR 更适合于大规模生产应用。但是，CPBR 也有一些缺点，那就是其反应条件（如温度、pH）很难控制，特别是当放大到更大规模生产时。酶的特性有时候也是非常重要的决定因素：如果酶对 CPBR 的紧凑性特点不敏感（因为会发生床层压缩和形成通道），而对剪切力敏感，那么 CSTR 不太适用，因为酶会损失。另外，流入酶反应器的料液特性也具有决定性：如果是清澈的底物料液，CPBR 就足够了；但是如果料液中含有大量的悬浮物质，床层堵塞会影响操作过程，这就需要经常清洗反应器，大大降低了生产能力。

酶反应器设计需要考虑反应器尺寸（操作体积）以满足一定的生产任务。对于已有的反应器，则需要计算其满负荷的生产能力。在反应器设计时，需要考虑 4 个方面，即物料平衡、酶反应动力学、酶失活和传质阻力。其中物料平衡和酶反应动力学最重要，物料平衡可以反映操作规模和操作模式，而酶反应动力学则描述酶催化反应速率。只需考虑这两个方面就可以设计一个最基础的酶反应器。此外，操作过程的酶失活是酶反应器设计中必须考虑的，因为不管酶的稳定性和耐受性多么好，酶催化剂一般都是循环使用直至几乎完全失活（数字资源 7-1）。

数字资源
7-1

二、酶反应器的基础设计和无因次特征参数

酶反应器的性能评价和基础设计依赖于操作状态，包括：理想流态（CSTR 和 BSTR 的完全混流及 CPBR 的活塞流），控制及恒定的操作变量（pH 和温度），整个操作中酶活力的保留时间，非均相体系催化反应中的传质限制。其他一些情况会造成偏离理想状态，如非理性流体（搅拌釜式反应器的不完全混合、填充床反应器的返混）、非等温操作中的传热限制、混合和控制不足造成的 pH 变化、固定化反应中的酶从载体上的洗脱及由于热失活带来的酶损失、非均相催化反应中扩散限制的分配效应等。在设计酶反应器中，不管是连续操作还是分批操作，都必须考虑酶失活和传质限制等因素。

在酶反应器设计过程中，考虑反应、混合、扩散或分散等的相互影响，我们引入一些重要的无因次参数。例如，达姆科勒（Damkohler）数（D_a）表示的是反应器和反应

时间尺度的比例。在一个停留时间 τ 固定，并以 CSTR 方式操作的循环反应器中，转化率可以通过保持恒定的 Damkohler 准数来实现。

$$D_a=\frac{\text{反应器的时间常数}}{\text{反应的时间常数}}=\frac{\tau\cdot K_{cat}\cdot[E]}{K_m}=\text{常数}\times[E]\cdot\tau \tag{7-4}$$

式中，K_{cat} 为酶的催化常数；[E] 为酶浓度；K_m 为米氏常数；τ 为停留时间。

三、酶反应器的选择与物料平衡

（一）酶反应器的选择

酶反应器类型和操作方式很多，如何选择一个合适的酶反应器需要以该反应器的物料平衡为依据。物料平衡要考虑反应器的尺寸、反应器停留时间、酶的用量和所需的转化量。某种基质进入酶反应器后的转化量 ΔS 由基质的起始浓度 S_0 和最终浓度 S_i 决定，$\Delta S=S_0-S_i$。在酶反应器中，基质浓度 S、反应速率 v 和效率因子 η 在过程中都是变化的，效率因子 η 是游离酶与固定化酶反应速率之比。

对于 CSTR 来说，基质浓度不随空间和时间而改变。在实际过程中，这种反应器并不受欢迎，因为其反应速率取决于最终的基质浓度，而最终的基质浓度往往比较低。

在用游离酶进行催化反应时，酶与底物均溶解在反应溶液中进行催化反应。可以选用搅拌罐式反应器、膜反应器、鼓泡式反应器、喷射式反应器等。通常颗粒状、片状、膜状或纤维状固定化酶均可采用 CPBR，而颗粒状、粉末状及片状固定化酶均可使用 CSTR，膜状固定化酶要用螺旋卷膜式反应器。

可溶性底物适用于所有的反应器。对于难溶底物或者底物溶液呈胶体状者，易堵塞柱床，可选用 FBR。颗粒状底物溶液可选用 CSTR。当反应过程需要控制温度、调节 pH 时，选用 CSTR 更为方便。在反应器操作过程中，由于搅拌或液流的剪切作用，常会使酶从载体上脱落下来，或者由于磨损而使粒度变细，从而影响了固定化酶的操作稳定性。

（二）物料平衡

对于稳态下的 CSTR 反应器，如果酶反应符合米氏方程，其物料平衡方程如下。

$$F\cdot S_i-F\cdot S_0=v\cdot S\cdot V=\eta\cdot\frac{V_{max}\cdot S_0\cdot V}{K_m+S_0} \tag{7-5}$$

式中，F 为体积流速，L/s；V 为反应器的有效体积；V_{max} 为最大反应速率；K_m 为米氏常数。

对于不连续搅拌釜式反应器和连续管式反应器，反应器中基质浓度随着反应时间而变化。因此，对反应速率方程（7-6）进行积分，从而得到一个以转化率 $X=\Delta S/S_i$ 为参数的反应时间（或停留时间）的函数。如果其中设计传质过程，在等式中还需引进一个操作效率因子 η_0。

$$v\cdot S=-\frac{dS}{dt}=\eta_0\frac{V_{max}\cdot S}{K_m+S} \tag{7-6}$$

$$S_i-S_0+K_m\cdot\ln(S_i/S_0)=\eta_0\cdot V_{max}\cdot t \tag{7-7}$$

物料衡算是计算在一定时间内转化一定量的底物所需反应器体积（或停留时间 τ）或所需酶量的基础。因此，在已知酶量的情况下，根据式（7-7）可以计算出转化一定量底物所需的反应时间。对于固定化体系，还需考虑一定浓度范围内操作效率系数 η_0 和转化率。

反应速率为 r_S 时，转化组分 S 所需的停留时间 τ 可以根据物料衡算来计算。对于CSTR，其停留时间为

$$\tau_m = \frac{1}{r_S} \cdot (S_i - S) \tag{7-8}$$

对于 CPFR，其停留时间为

$$\tau_P = -\int_{S_i}^{S_0} \frac{dS}{r_S} \tag{7-9}$$

停留时间用也可以用图解方式表示，如图 7-4 和图 7-5 所示。

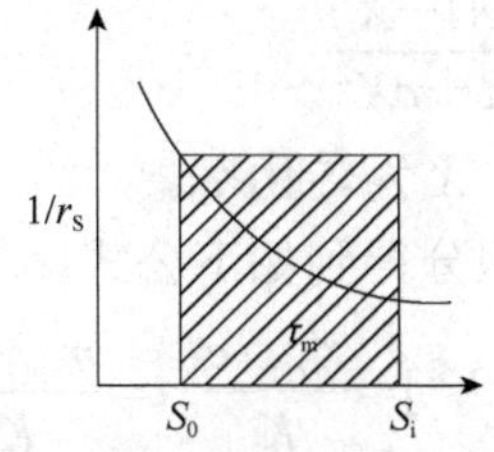

图 7-4　CSTR 反应器停留时间

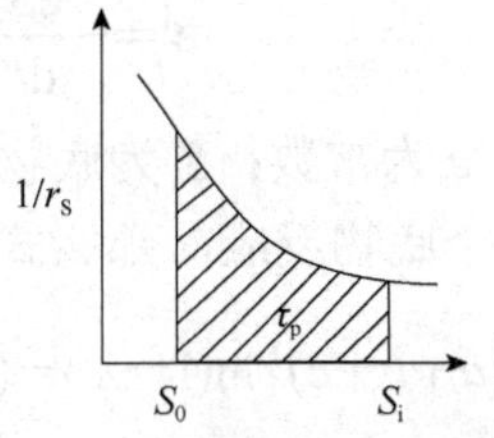

图 7-5　CPFR 反应器停留时间

对管式反应器和搅拌釜式反应器的效率进行比较，可以有如下规律（连续操作情况下）：对于符合反应式速率随着转化率的增加而减少的动力学反应（如米氏动力学），在同样的反应体积和同样酶催化作用下，管式反应器可以提供更高的转化率，这结论与化学反应工程的情况类似。

四、酶反应器的放大

酶反应器放大是指如何将实验室的研究成果从小型反应器放大到工业规模的大型反应器中，或者是如何选择一个大型反应器把实验室小试结果进行中试或产业化。放大其实是个困难的步骤，要满足各方面要求，但往往又相互矛盾。例如，同为固体颗粒悬浮（固定化酶）所要求的恒定输入功率和恒定叶端速率放大操作，两种放大方式计算得出酶反应器体积相差会较大。这里传质起比较大的作用：小试过程中，传质由动力学因素（酶特性）决定，而在大规模试验或生产中，传质过程由传递相决定——反应器尺寸的放大会导致传递滞后。主要存在的问题有：搅拌釜式反应器中存在颗粒物质的混合、悬浮与磨损，管式反应器中在反应器垂直方向有压降。

（一）经验放大法

它是依靠已有装置的操作经验来进行放大，不是太准确。对于生化反应器，到目前为止应用较多的方法也是根据经验和实用的原则进行反应器的放大和设计。例如，根据 P/V（单位体积消耗功率）、u_a（搅拌桨叶端速度）相等的原则进行放大。此外还有以恒定剪切力（恒定搅拌桨叶端速度）、几何相似、混合时间相同等作为放大原则。

（二）因次分析法

因次分析法是依据相似原理，以保持几个无因次准数相等的原则进行放大。此法是

根据对反应过程的了解，确定影响该过程的控制因素，用因次分析法求得相似准数。根据相似原理，若能保证放大前后的无因次准数相同，则有可能保证放大后的某些特性相同。无因次准数，如雷诺数（Re）、牛顿准数（Ne）、舍伍德数（Sh）、施密特数（Sc）等常常被用来与功率消耗关联，可用于酶反应器的放大。

第三节 分批酶反应器

分批酶反应器（BSTR）是一个不连续操作设备，可以用于游离的酶，也可用于固定化的酶。其物料平衡方程如下：

$$v=-\frac{\mathrm{d}S}{\mathrm{d}t}=S_{\mathrm{i}}\frac{\mathrm{d}X}{\mathrm{d}t}=\frac{K_{\mathrm{cat}}\cdot e(1-X)}{a+bX+cX^2} \tag{7-10}$$

式中，a、b、c、e 为常数；S_{i} 为底物起始摩尔浓度；X 为转化率。

如果考虑单个底物反应，那么式（7-10）可以积分得到如下公式：

$$\frac{S_{\mathrm{i}}}{K}[-(a+b+c)\cdot\ln(1-X)-(b+c)\cdot X-0.5\cdot cX^2]=\frac{K_{\mathrm{cat}}\cdot e}{K}\cdot t=\frac{m_{\mathrm{cat}}\cdot a_{\mathrm{S}}}{K}\cdot t \tag{7-11}$$

式中，m_{cat} 为酶浓度；a_{S} 为酶的比活力。

需要特别指出的是，式（7-11）把系统自由度减少到 3，但是还有 2 个自由度以保证操作的灵活性。因为有如下 3 个操作变量：m_{cat}、t 和 S_{i}，其中两个可以单独确定。例如，式（7-11）可以用来计算在一定时间 t 达到一定转化率 X 所需的酶用量。另外，该方程也可用于反应器设计，因为 $m_{\mathrm{cat}}=M_{\mathrm{cat}}/V_{\mathrm{R}}$，$V_{\mathrm{R}}$ 是反应体积，对于 BSTR 则表示反应器总体积的 70%～80%。图 7-6 分别表示分批酶反应器的 M-M 动力学和不同抑制模式的酶动力学（数字资源 7-2）。

数字资源 7-2

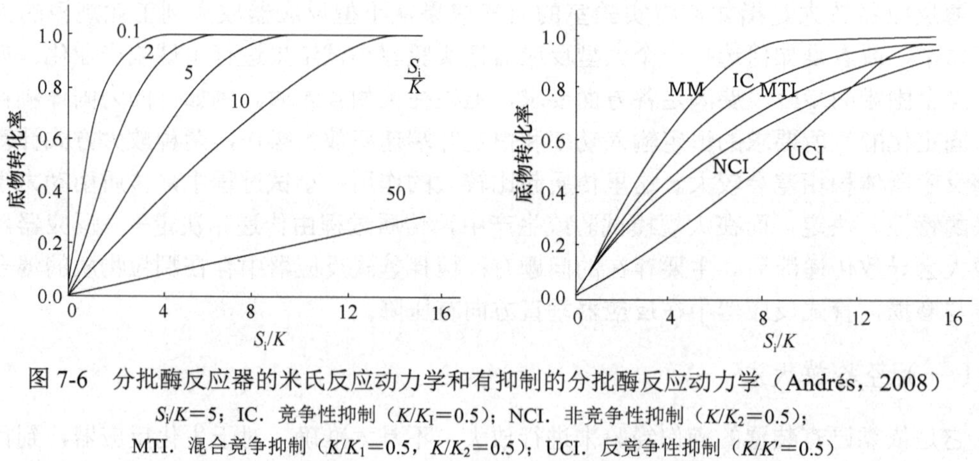

图 7-6 分批酶反应器的米氏反应动力学和有抑制的分批酶反应动力学（Andrés，2008）

$S_{\mathrm{i}}/K=5$；IC．竞争性抑制（$K/K_1=0.5$）；NCI．非竞争性抑制（$K/K_2=0.5$）；MTI．混合竞争抑制（$K/K_1=0.5$，$K/K_2=0.5$）；UCI．反竞争性抑制（$K/K'=0.5$）

第四节 固定化酶反应器

一、反应器设计

以恒定的速率将反应底物流进装有固定化酶的反应器（CPBR），以形成淹没式固定床，进行酶催化反应。固定化酶反应器既可以从底部流加底物，也可从顶部流加底物。在实验室，通常选用底部流加形式，这样既容易控制反应器的液位，使催化剂床层浸于底物溶液，又可防止床层压实。大规模生产通常采用顶部流加底物的方式以节约泵送物料所需的能耗。为避免催化剂床层被压实，通常采用周期性改变底物流加方向，同时，这样也可以对固定化酶进行清洗。在酶不失活的情况下，连续反应在 3～5 个保留时间即可达到稳定状态，因此在大部分操作时间内，反应器可以保持稳定的反应状态。

假设一个活塞流通过催化剂层床，那么单底物的稳态物料平衡方程如下：

$$F\cdot S_{\mathrm{i}}(1-X)-F\cdot S_{\mathrm{i}}[1-(X+\Delta X)]=v\cdot\Delta V_{\mathrm{R}}\cdot\varepsilon \tag{7-12}$$

式中，保留时间 $\tau=(V_{\mathrm{R}}\cdot\varepsilon)/F$；$\varepsilon$ 为空隙组分，表示反应液占床层体积的百分数，一般在 40%～50%。

对于单底物反应，将式（7-12）引入反应速率 v，即

$$\begin{aligned}&\frac{S_{\mathrm{i}}}{K}[-(a+b+c)\cdot\ln(1-X)-(b+c)\cdot X-0.5\cdot cX^2]\\&=\frac{K_{\mathrm{cat}}\cdot e}{K}=\frac{K_{\mathrm{cat}}\cdot E}{F\cdot K}=\frac{M_{\mathrm{cat}}\cdot a_{\mathrm{s}}}{F\cdot K}\end{aligned} \tag{7-13}$$

式中，M_{cat} 为酶用量。

式（7-13）可以用于测定稳态时任何 M_{cat}/F 组合下的转化率 X。该方程共有 3 个操作变量：M_{cat}、F 和 S_{i}，其中任何一个变量都可通过确定其他两个变量来确定。例如，式（7-13）可以用来计算在一定底物流速下达到一定转化率 X 所需的酶用量。

该方程也可用于反应器的设计，因为它的大小可以通过催化剂床层体积来决定，即

$$V_{\mathrm{B}}=\frac{M_{\mathrm{cat}}}{\rho_{\mathrm{ap}}} \tag{7-14}$$

式中，ρ_{ap} 为表观酶溶液密度。

反应器设计的具体案例见数字资源 7-3。

数字资源 7-3

二、生物传感器

固定化酶反应器小型化后便是生物传感器。酶电极是以固定化酶为分子识别元件、电化学电极为信号转换器件的电极，是由固定化酶与离子选择电极、气敏电极、氧化还原电极等电化学电极组合而成的生物传感器，因而既有酶的分子识别和选择催化功能，又有电化学电极响应快、操作简便的特点，能快速测定溶液中某一化合物的浓度，且仅需要很少量的样品。目前，酶电极已用于糖类、醇类，有机酸、氨基酸、激素、腺苷三磷酸等成分的测定，按酶催化的化学反应大致可分为 6 种：氧化还原酶、转移酶、水解酶、裂解酶、异构酶、连接酶，其中用作传感器分子识别元件的多为氧化还原酶、水解酶、裂解酶等。

目前，基于酶的生物传感设备得到了广泛发展，具有高灵敏度和特异性、便携性、成本效益以及小型化和即时诊断的优势，广泛应用于临床分析、食品安全控制或疾病监测等。基于酶的生物传感器通常由三个组件组成：生物识别元件、换能器和信号处理系统。酶被用作识别元件，并固定在换能器表面的支持基质上/内部，以保持酶活力。基于

酶的生物传感器的传感原理是通过测量变化来检测某些分析物的存在，如质子浓度、气体的释放或吸收（CO_2、NH_3、O_2 等）、光发射、吸收或反射、热发射等。例如，一种基于乳酸脱氢酶和丙酮酸氧化酶的新型乳酸阻量双酶生物传感器，该生物传感器表现出较高的操作和储存稳定性以及高选择性，乳酸脱氢酶（LDH）层和丙酮酸氧化酶（PyrOx）层的检测限分别为 17μmol/L 和 20μmol/L，可适用于食品质量分析或临床诊断。

另外，基于酶的光学换能器的另一种有趣方法是使用表面等离子体共振（SPR）技术，该技术是基于检测生物分子与传感器表面结合时折射率/光入射角的变化。例如，通过将漆酶（laccase）固定在 SPR 表面以检测溴隐亭（Bromocriptine），可以构建生物传感器。该生物传感器的线性范围为 0.001～1000ng/mL，检测限低至 0.001ng/mL。尽管溴隐亭的分子量较低，但其与血清白蛋白的结合增强了 SPR 信号，导致可接受的折射率变化。

第五节 酶膜反应器

一、酶膜反应器简介

酶膜反应器（enzyme membrane reactor，EMR）是将酶促反应的高效率与膜的选择透过性有机结合的反应器，可以强化过程的速率。膜是高分子材料，一般是超滤膜，可以控制不同截留分子量。有些酶固定化后活力会降低，且固定化也会增加成本，因此在反应过后进行超滤回收酶（釜式反应器）。另外，有些酶也可以连接到超滤膜上，直接反应并分离产物（中空纤维膜反应器）。近年来，酶膜反应器在生物、医药、食品、化工、环境等领域得到了日益广泛的应用。

（一）酶膜反应器的分类

酶膜反应器可以根据酶的存在状态、液相数目、膜组件型式、膜材料类型、反应与分离耦合方式、传质推动力等的区别，分为不同的类型。

（1）根据酶的存在状态，可将酶膜反应器分为游离态和固定化酶膜反应器。前者酶均匀地分布于反应物相中，酶促反应在接近本征动力学的状态下进行，但酶易发生剪切失活或泡沫变性，装置性能受浓差极化和膜污染的显著影响。固定化酶膜反应器中，酶通过吸附、交联、包埋、化学键合等方式被“束缚”在膜上，酶装填密度高，反应器稳定性和生产能力高，产品纯度和质量好，废物量少。但酶分子往往分布不均匀，传质阻力也较大。

（2）根据液相数目的不同，可将酶膜反应器分为单液相（超滤式） 和双液相酶膜反应器。单液相酶膜反应器多用于底物分子量比产物大得多，产物和底物能够溶于同一种溶剂的场合。双液相酶膜反应器多用于酶促反应涉及两种或两种以上的底物，而底物之间或底物与产物之间的溶解行为差别较大的情况。

（3）根据膜组件型式的不同，可将酶膜反应器分为板框式、螺旋卷式、管式和中空纤维式四种。其差别在于结构复杂性、装填密度、膜的更换、抗污染能力、清洗、料液要求、成本等方面。图 7-7 所示为各种中空纤维式酶膜反应器。

（4）根据膜材料类型的不同，可分为高分子酶膜反应器和无机酶膜反应器（如陶瓷

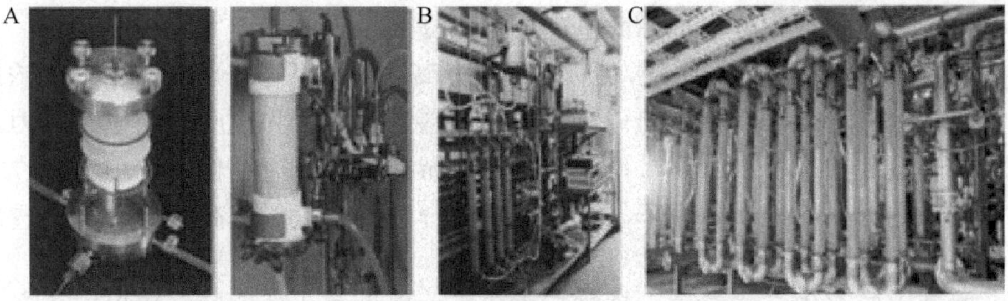

图 7-7 中空纤维式酶膜反应器（Wöltinger et al., 2005）
A. 实验室规模；B. 中试规模；C. 生产规模

膜）。高分子膜材料种类多，制作方便，成本低，因而应用较多。

（5）根据反应与分离耦合方式的不同，可将酶膜反应器分为一体式和循环式酶膜反应器。在前一种应用方式中，系统通常包含一个搅拌槽式反应器加上一个膜分离单元。在后一种应用方式中，膜既作为酶的载体，同时又构成分离单元，如图 7-8 所示。

（6）根据传质推动力的不同，可将酶膜反应器分为压差驱动、浓差驱动、电位差驱动的酶膜反应器。另外，可以根据膜的亲疏性以及结构形态的不同对酶膜反应器进行分类。酶膜反应器还有其他分类方法。图 7-9 所示是由氮气驱动、无搅拌的体系。

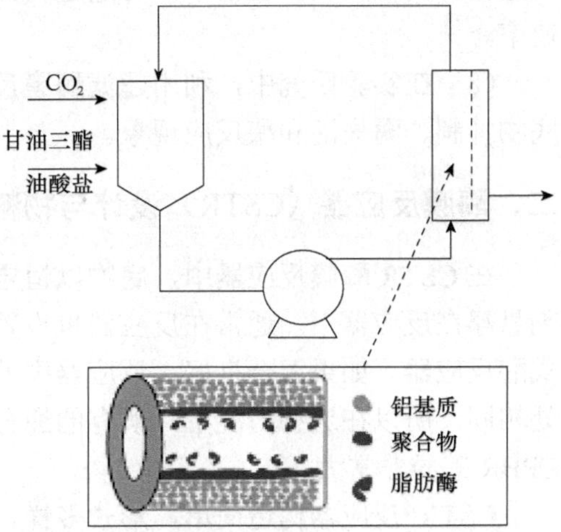

图 7-8 循环式酶膜反应器（包含超临界流体，脂肪酶催化转酯反应）（Rios et al., 2004）

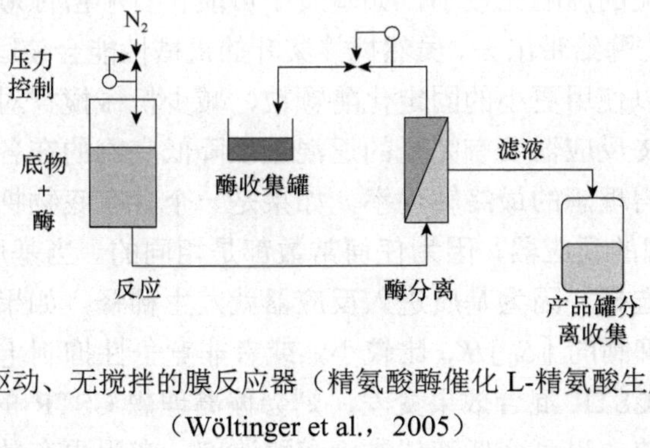

图 7-9 氮气驱动、无搅拌的膜反应器（精氨酸酶催化 L-精氨酸生成 L-鸟氨酸）（Wöltinger et al., 2005）

（二）酶膜反应器的优点

膜材料通常是疏水的多聚砜或亲水的再生纤维素或醋酸纤维；其他材料有尼龙、多聚四氟乙烯（PEFE）、多聚咪酮（PEEK）或多聚联苯乙烯氟化物（PDVF）。酶膜反应器较传统反应器具有无可比拟的优点。

（1）可实现连续操作。

（2）酶可重复利用，有利于降低生产成本和提高生产效率。

（3）对有产物抑制的反应系统，通过反应-分离耦合，可降低反应液中产物浓度；若反应可逆，可促进平衡向产物方向转化，提高原料的转化率和反应器的生产能力。

（4）可有效地富集产物浓度，降低产品在下游加工中分离纯化的费用。

（5）适当选择膜的分子截流率，可控制水解分子的质量，提高小分子产物透过膜的浓度。

（6）对油水等多相反应系统，酶膜反应器为它提供充分的接触反应界面，并在反应完后进行油水即时分离，避免乳化问题。

（7）在固定床与流化床反应器中，质量传递多受分子扩散的控制，极大地阻碍了反应进程；而在酶膜反应器中，可通过对流扩散消除这种控制，加快传质速率，提高反应速率。

（8）在实验研究中，利用超滤酶膜反应器能够很好地研究反应动力学、产物抑制、底物抑制、酶失活和酶反应现象。

二、酶膜反应器（CSTR）设计与物料平衡

在 CSTR 酶膜反应器中，底物以恒定流速进入反应器，并进行连续搅拌，生物催化剂悬浮在反应器中。通常在反应器里设置一个膜组件，可以截留催化剂，因此也称为膜式酶反应器。如果混合良好，反应器中的任何一处的流体均具有相同的组分，并与出口处相同。所以在这种情况下，所有的酶分子都与相同底物接触，相对应于出口值，这和 CPBR 差异非常大。

CSTR 反应器构造简单，形式多样，价格便宜，能适用于不同的酶催化剂以及不同工艺。另外，该反应器混合良好，可以很好地控制温度和 pH，并可以提供气体和排气。CSTR 反应器通常比较大，其体积一般是固定化酶体积的 5～10 倍。这种反应器有许多优点：对基质流体变化的影响比较小，如基质中可能含有不溶性颗粒和胶体物质，这样不溶物质不会把固定化酶给带出去。虽然搅拌桨叶的机械性能会使固定化酶破碎而被带出反应体系，但是也可以使用更小的固定化酶颗粒，减少机械搅拌对固定化酶的损伤。

一个理想的 CSTR 反应器要有完全的返混，以降低底物的在各个区的浓度差，达到产物的最大浓度，获得理想的最终转化率。如果是一个含有底物抑制或者产物抑制的反应，CSTR 是比较理想的反应器，因为任何常数都是相同的。当基质流体中有酶抑制剂，CSTR 也是比较好的选择，因为基质进入反应器就发生稀释。如果抑制剂的浓度大于抑制常数，或当竞争性抑制的 $[S_0]/K_m$ 比较小，或者非竞争性抑制 $[S_0]/K_m$ 比较大时，这种效果就很明显。当 CSTR 混合效果变差，则会偏离理想 CSTR 的状态——这种情况可以通过提高转速来解决，也可降低液体黏度和酶浓度，或用更有效的挡板等。

CSTR 可通过简单的物料平衡方程来计算，即

$$F(S_0-S)=\frac{V_{max}\cdot S}{K_m+S} \tag{7-15}$$

因此可以得到如下方程：

$$\frac{V_{max}}{F}=K_m\frac{(S_0-S)}{S}+S_0-S \tag{7-16}$$

底物转化率 X 为

$$X=\frac{S_0-S}{S_0} \tag{7-17}$$

因此可以得到如下方程：

$$\frac{V_{\max}}{F}=K_{\mathrm{m}}\frac{X}{1-X}+S_0X \tag{7-18}$$

停留时间为

$$\tau=(V_{\mathrm{R}}\cdot\varepsilon)/F \tag{7-19}$$

这种情况下，V_{R} 是反应器工作体积，空隙率 ε（固定化酶）高达 90%～95%，空隙体积通常不超过生物催化剂体积的 10%。

大约在 1980 年出现了可重复使用的超滤膜，截留分子量为 5～50kDa（典型的是 10kDa），有很好的截留度（大于 99.9%），因此多数情况下酶失活是其损失的主要原因。

图 7-10A 比较了 CSTR 与 CPBR 反应器分别在不同［S_0］/K_{m}（10，1，0.1）条件下测定的转化率结果。可以看出：在流速较快和较慢情况下，其转化率相差不大。图 7-10B 比较了 CSTR 与 CPBR 反应器分别在不同［S_0］/K_{m}（10，1，0.1）条件下停留时间与转化率的关系。可以看出：如果转化率相同，那么其对象的不同停留时间则表示所需反应器体积的大小。

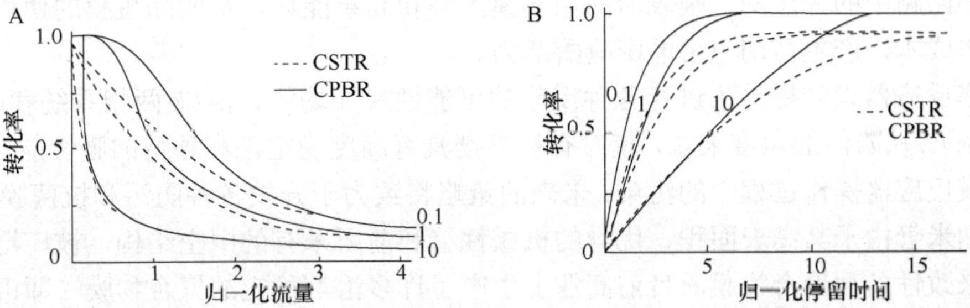

图 7-10　比较 CSTR 与 CPBR 反应器转化率（A）及转化率与停留时间（B）实际关系

三、酶膜反应器的应用

目前，酶膜反应器主要应用于农业、食品、制药、能源和化工以及环境领域。食品和制药领域的一些应用已经在工业层面上被采用，主要用途是水解大分子蛋白质、多糖和脂质，包括乳糖水解、葡萄糖异构化为果糖、抗生素的生产、L-氨基酸（L-天冬氨酸、L-丙氨酸）和 L-苹果酸的合成、果胶的水解、阿斯巴甜和地尔硫卓（diltiazem）手性中间体的生产。其他潜在的工业规模上生产应用的产品包括酪蛋白生物活性肽、脂肪酸、虾青素蛋白和浆果蛋白等。

对于食品和饮料应用，酶膜反应器用于提取和澄清过程、乳衍生物的合成或转化，以及蛋白质的水解以产生生物活性肽。除了酶，膜还将底物连续地保留在反应器内，这增加了底物转化率并简化了产物的分离。对于制药领域应用，酶膜反应器通常用于将各种蛋白质降解为生物活性肽，用于补充剂或药物（如具有血管紧张素转换酶抑制活性的肽）、维生素前体的生产，以及其他具有镇痛、解热和抗炎作用的手性药物。

酶膜反应器在能源部门的应用主要是水解脂肪、猪油、牛油和植物油，如向日葵、棕榈、油菜籽、大豆、蓖麻和麻疯树油，该酯交换的最终优点是连续去除产物（即甘油和脂肪酸甲酯）可以导致更高的脂肪酸产率和质量（用于生物柴油制造）。酶膜反应器在废水处理厂中也有应用，每当认为全细胞催化（活性污泥）效率低下时，使用酶膜反应器进行有毒化合物（雌激素、双酚 A）的降解。另外，酶膜反应器可以重复多次使用。

四、酶膜反应器的缺点及解决办法

在酶膜反应器操作过程中，膜可能会出现两种不同的现象：浓度极化和结垢。化学物质在与膜表面相邻边界处的积累导致膜表面和本体溶液之间的浓度梯度。这种所谓的浓度极化会导致化学物质向本体溶液的反向扩散。另外，膜内部污垢与沉积（滤饼形成）、吸附、凝胶形成以及孔隙表面或内部材料堵塞有关。

通常，膜污染的性质由反应混合物组成、膜性能和流体动力学条件决定。在酶膜反应器操作过程中，特别是在终端过滤（dead end filtration）模式下，大分子如多糖、脂质和蛋白质（包括酶分子）倾向于在膜表面形成微观层。另外，膜性质，如表面电荷、疏水性和粗糙度，会显著影响污垢形成。通常，光滑、低表面电荷和更亲水的膜往往在膜过滤的初始阶段显示出有效的防污性能。此外，操作参数，如剪切应力、压力、渗透通量和温度，会影响膜表面的传质速率和流体动力学。在错流酶膜反应器中，错流速度很重要，因为它通过引入反向传输影响污染物从膜表面的提升速率。然而，高交错流速会导致循环回路中的大压降、膜表面的局部膜污染和高泵能耗，从而缩短膜的使用寿命并增加操作成本，产生剪切也可能影响酶活力。

酶膜反应器设计提供了进行各种反应的可能性（如均相、液/液两相系统和固/液/液三相系统）。从防污的角度来看，膜对有机溶剂具有高度稳定性和独特的膜性能。为了避免对酶膜反应器操作过程中的污染，未来的策略将致力于开发各种防污和抗菌膜。例如，多壁碳纳米管由于其高表面积、优异的机械性能和前所未有的中空结构，被广泛用作纳米填料来改性各种聚合物膜。目前商业上生产了许多溶剂稳定的聚合物膜（即混合基质膜），这有助于膜在多相系统中的更广泛应用。此外，独特的膜性能，如通过修饰陶瓷载体的分子装饰获得的高酶负载膜，以及由嵌段共聚物和磁性颗粒制成的热响应多孔聚合物膜。

数字资源 7-4

酶膜反应器生产典型案例见数字资源 7-4。

思 考 题

1. 针对实际酶催化反应，如何选择合适的酶反应器？
2. 设计酶反应器的主要依据是什么？简述设计的一般步骤。
3. 在酶反应器的操作中，主要应确定哪些条件？除了控制好各种条件外，还应注意哪些问题？
4. 固定化酶反应器有哪些？各有何优缺点？
5. 酶反应器放大过程要依据什么原则，考虑什么参数？

主要参考文献

唐良华，苏敏，陈梦虹，等. 2009. BSTR 酶反应器中布洛芬的酶促拆分及反应动力学研究. 福建师范大学学报，25：71-77.

Andrés I. 2008. Enzyme Biocatalysis: Principles and Applications. United Kingdom: Springer, 205-248.

Buchholz K, Kasche V, Bornscheuer U T. 2005. Biocatalysts and Enzyme Technology. Weinheim: Wiley-VCH, 381-388.

Chan D, Barsan M M, Korpan Y, et al. 2017. L-lactate selective impedimetric bienzymatic biosensor based on lactate dehydrogenase and pyruvate oxidase. Electrochim Acta, 231: 209-215.

Giorno L, Drioli E, Carvoli G, et al. 2001. Study of an enzyme membrane reactor with immobilized fumarase for production of L-malic acid. Biotechnol Bioeng, 72: 77-84.

Jabbari S, Dabirmanesh B, Arab S S, et al. 2017. A novel enzyme based SPR-biosensor to detect bromocriptine as an ergoline derivative drug. Sens Actuators B Chem, 240: 519-527.

Liese A, Kragl U, Kierkels H, et al. 2002. Membrane reactor development for the kinetic resolution of ethyl 2-hydroxy-4-phenylbutyrate. Enzyme Microb Technol, 30: 673-681.

Rios G M, Belleville M P, Paolucci D, et al. 2004. Progress in enzymatic membrane reactors: a review. J Membrane Sci, 242: 189-196.

Sitanggang A B, Drews A, Kraume M. 2022. Enzymatic membrane reactors: Designs, applications, limitations and outlook. Chem Eng Procss, 180: 108729.

Wöltinger J, Karau A , Leuchtenberger W, et al. 2005. Membrane reactors at Degussa. Adv Biochem Eng Biotechnol, 92: 289-316.

第八章

酶的应用

自从1897年，德国生物学家毕希纳（Edward Buchner）从酵母细胞内分离出特种酶，并证实该酶能引起与活酵母细胞相同的发酵作用以来，人类已经发现并鉴定出了3000多种酶。作为一种催化剂，酶已被广泛应用于日常生产和生活的各个领域。

在食品工业中，酶的应用主要集中在食品生产、食品保鲜、食品添加剂及改善食品的品质与风味等方面。目前已有十几种酶成功地应用于食品工业，主要有α-淀粉酶、糖化酶（淀粉葡萄糖苷酶）、蛋白酶、葡萄糖异构酶、果胶酶、脂肪酶、纤维素酶、葡萄糖氧化酶等。

在纺织加工业中，酶的应用范围较广，包括纤维改性，真丝脱胶，原麻脱胶，染整的退浆、精练、整理和净洗加工，纺织印染的废水处理及服装的成衣加工等方面。在造纸工业中，纤维素酶和半纤维素酶已成功应用于纸浆漂白、废纸脱墨及精浆技术。此外，木质素降解酶、淀粉酶、脂肪酶、果胶酶、漆酶在该行业中也有所应用。在饲料加工业中，饲用酶制剂作为高效、无毒性的"绿色"饲料添加剂，有着广阔的应用前景。在饲料中添加淀粉酶、蛋白酶、植酸酶、纤维素酶和半纤维素酶等，保护生态环境。在生物质燃料加工业中，酶在燃料乙醇和生物柴油的生产中发挥了重要作用。在淀粉质乙醇燃料生产中，α-淀粉酶、糖化酶、解枝酶、酸性蛋白酶、纤维素酶可将淀粉等物质水解成可被酵母利用的糖、氨基氮等，提高底物利用率，而脂肪酶则可用于催化制备生物柴油。洗涤剂是工业用酶最大的应用领域，加酶洗涤剂去污能力强，对洗涤品损伤轻，可降低洗涤温度、减少水的用量而有利于节能减排。过去洗涤剂主要添加的是单一酶，而现在则趋向于几种酶复配使用。随着现代生物技术的进步，更多具有商业价值的新酶种将被开发出来。

第一节　酶在食品工业中的应用

酶和食品自古以来就有着天然的联系，近年来随着酶技术的发展，酶在食品工业中得到了广泛的应用。食品工业用酶的选择通常考虑的几个原则包括安全性、成本、来源、催化活性、专一性及稳定性等。酶技术在食品工业中的应用主要包括生产食品原料、参与食品加工过程、提高食品品质及改善食品的保鲜储藏。以下对酶在多类食品加工方面的应用进行阐述。

一、酶在谷物加工中的应用

酶在谷物（cereal）中的应用主要包括两个方面，即谷物食品的深加工和品质改良。

在谷物加工中，常用的酶制剂主要为可以降解大分子、改善功能性质的淀粉酶、蛋白酶和纤维素酶。在品质改良方面，常用一些可以增加食品风味、降解抗营养因子的特殊酶类，如脂肪酶、谷氨酰胺转氨酶、葡萄糖氧化酶等。

（一）淀粉酶

谷物加工中常用的淀粉酶主要为糖苷键水解酶，如 α-淀粉酶、β-淀粉酶、糖化酶和普鲁兰酶。使用淀粉酶、葡萄糖酶、糖化酶 3 种酶处理紫薯、玉米等粗粮制备的混合粉后，还原糖、可溶性膳食纤维含量升高，而且酶破坏淀粉分子结构使包埋在内部的类黄酮、花青素等抗氧化成分释放，混合粉 DPPH 清除能力比未酶解组提高 12.10%，抗氧化能力显著提高。

（二）蛋白酶

谷物加工中常用蛋白酶有植物来源的木瓜蛋白酶、菠萝蛋白酶以及微生物来源的碱性蛋白酶、中性蛋白酶，主要用于蛋白质降解、改性、食品品质改善以及生产具有抗氧化能力的小分子成分等。

（三）谷氨酰胺转氨酶

谷氨酰胺转氨酶催化效率高且来源广泛，它的催化机制可以分为两个阶段：酶首先催化谷氨酰胺残基和肽结合，生成酶中间体和氨；之后酶中间体与第二种蛋白质游离氨基酸反应，生成产物。谷物蛋白质中谷氨酰胺的高含量为谷氨酰胺转氨酶提供了大量底物，可以高效的促进蛋白质交联，进而改善谷物产品的风味、口感、质地。

二、酶在酿酒中的应用

酶制剂与酿酒工业的发展是不可分割的，随着科学技术的发展，两者的结合将起到互相促进、互相联系、共同提高的作用。古代酿造黄酒和白酒用到的酒药与大曲，以及现代啤酒发酵所用的麦芽，都含有丰富的酶。将我国传统的酿酒工艺与现代酶制剂应用技术相结合，通过酶制剂的飞速发展带动酿酒工业走向“快速、优质、简便、高产”的新型之路，这不仅会显著提高酿酒的经济效益，还将丰富酿酒内涵，使传统酿酒登上新的阶梯。

（一）啤酒工业中的应用

多数企业在啤酒生产过程中会使用部分其他谷物作为辅料，所以在实际生产中通常需要添加外源酶。酶在啤酒生产中的作用主要有辅料液化、提高发酵度、减少双乙酰、改善麦汁过滤、增加 α-氨基酸、提高啤酒稳定性、改善膜过滤速率、消除杂菌污染、啤酒除氧等方面。将现代酶工程技术与传统啤酒酿造技术相结合可以提高啤酒质量，降低生产成本，最终提高企业的经济效益。

1. 淀粉酶 麦芽是啤酒酿造的主要原料，淀粉酶（α-淀粉酶、β-淀粉酶、极限糊精酶和 α-葡萄糖苷酶）通过协同作用降解麦芽中的淀粉，生成酵母可以吸收利用的可发酵性糖（单糖、二糖及三糖）和不可发酵性糖（四糖及以上）。以促进酵母的利用。提高辅料比，既可降低生产成本，又能提高啤酒品质，使啤酒清淡爽口。

2．乙酰乳酸脱羧酶 双乙酰是啤酒中的主要风味物质，但在啤酒中的阈值很低，双乙酰的浓度超过阈值时，啤酒就会产生一种不愉快的馊酸味。因此双乙酰的形成与消除是啤酒风味成熟的重要限速步骤，是测定啤酒质量的重要指标之一。

3．蛋白酶和葡萄糖氧化酶 啤酒稳定性是指啤酒保质、保鲜的能力，即在保质期内不发生混浊，不产生杂味，保持口味纯正的能力。啤酒不稳定大致可由生物混浊和非生物混浊两种原因引起，其中以蛋白质和多酚引起的非生物混浊为主。在啤酒中添加酸性蛋白酶和葡萄糖氧化酶可解决非生物混浊问题，其中木瓜蛋白酶或菠萝蛋白酶可分解啤酒中的蛋白质，而葡萄糖氧化酶可除去啤酒中的溶解氧，阻止啤酒因为氧化而变质。

（二）白酒、黄酒中的应用

白酒和黄酒酿造业是我国传统的民族工业，多年来为国民经济发展做出了重要贡献。将白酒和黄酒的传统生产工艺与现代技术结合，既可以保持原酒的风味特色，又可以提高出酒率、简化操作。目前，酶制剂在这两种酒的生产中已经得到了广泛的应用。

1．糖化酶 高级醇是白酒、黄酒主要的呈香物质之一，适量的高级醇会赋予酒芳香气味，过量的高级醇则会使酒的口感苦涩，影响产品的质量。因此控制高级醇的浓度，对提高酒的品质至关重要。可以通过添加糖化酶来控制高级醇的生成，同时加速原料糖化，提高出酒率。

2．酸性蛋白酶 酸性蛋白酶是一种在酸性条件下（pH 2.5～4.0）催化水解动植物蛋白质的酶制剂，它对于酒醅原料物质有很强的降解性，许多风味物质成分也来自酸性蛋白酶的作用。所以在黄酒、白酒生产中添加酸性蛋白酶可以提高出酒率，改善风味。此外，酒曲中的酸性蛋白酶可使淀粉上吸附的液化型淀粉酶解脱出来，重新发挥液化作用，进而提高出酒率。

3．酯化酶 酯化酶工程技术是20世纪八九十年代发展起来的一项应用于传统白酒工艺的新技术，它与“强化大曲”“人工老窖”并称为白酒生产的三大生物工程技术。浓香型白酒含有种类繁多的香味物质，酒质的优劣主要以其己酸乙酯的含量及与其他酯类物质的比例关系而决定。酯化酶在有机溶剂中可催化酸与醇脱水合成酯，因此通过添加适当浓度的酯化酶，可以改善浓香型白酒的品质。

（三）葡萄酒中的应用

对于葡萄酒，其原料的发育与成熟、采摘、酿造、陈酿等过程均与酶有关。葡萄本身含有很多酶，在葡萄酒的酿造过程中起着或有利或不利的作用，在酿造时人们往往又加入一些酶种以期提高葡萄酒的品质。

1．果胶酶 果胶酶是催化果胶质分解的一类酶的总称，主要包括果胶酯酶、聚半乳糖醛酸酶、甲基半乳糖醛酸酶、聚甲基半乳糖醛酸裂解酶，还有少量的维生素酶和半维生素酶。在它们的共同作用下可降低葡萄汁的黏度。具有半纤维素酶和阿拉伯聚糖酶活力的复合果胶酶制剂主要用于白葡萄和红葡萄的果浆酶解，带有高纤维素酶活力的果胶酶制剂主要用于红葡萄汁的浸提和色泽的稳定，而带有糖苷酶活力的新型果胶酶制剂，则可用于增进和改善白葡萄酒的天然特性及香味。

2. 转化酶和风味酶 转化酶可将蔗糖转化为可发酵性糖，在发酵过程中可提高糖的利用率。风味酶是催化风味物质的前体物形成风味物质的复合酶系。葡萄中的风味前体物酶解后可释放出具有芳香气味的萜烯类化合物，鉴于该酶系在增强和改善葡萄酒的风味方面的作用，Hewitt 等 1965 年首次提出了“风味酶”这一概念。葡萄本身即含有少量的风味酶，主要是β-D-葡萄糖苷酶、α-L-呋喃型阿拉伯糖苷酶、α-L-鼠李糖苷酶和β-D-芹菜糖苷酶。

三、酶在果汁加工中的应用

用于果汁加工的酶主要有果胶酶、纤维素酶、α-淀粉酶、糖化酶和溶菌酶等多种类型，其主要作用是提高产品得率、防止产品沉淀、改善产品品质和防腐杀菌等。

（一）果胶酶

果胶酶可分为作用于甲酯键的果胶酯酶和分解 α-1,4-半乳糖醛酸苷键的解聚酶。解聚酶可分为水解酶和裂解酶，目前微生物来源果胶酶具有产量高、种类多的特点。水果破碎物经酶处理后，果汁得率将提高 10%～35%，过滤速率提高 4～60 倍（取决于原料种类），使得果汁澄清达到最佳状态。

（二）纤维素酶

天然果品中由于本身含有纤维类和半纤维类物质直接榨汁难度大，出汁率低。用纤维素酶对原料进行预处理，可较好地解决这类问题。纤维素酶是包含内切葡聚糖酶、外切葡聚糖酶和β-葡聚糖苷酶的复合酶，具有很强降解纤维素和破裂植物及其果实细胞壁的功能，可以将植物纤维素水解为单糖和二糖，从而极大地提高物料的利用率。

（三）α-淀粉酶和糖化酶

制汁水果在采收后一般低温保存，使水果保留大量的淀粉。在果汁的生产过程中常将α-淀粉酶和糖化酶用于制作澄清饮料，这类原料中的淀粉在淀粉酶和糖化酶作用下，可转化为葡萄糖和可溶的小分子糖类，从而避免淀粉颗粒相互结合形成沉淀。

四、酶在肉类及水产品加工中的应用

（一）肉类加工

肉类食品营养物质丰富，是人类优质蛋白质的重要来源，现代消费者对于肉类食品口感、风味的要求越来越高。酶在肉类嫩化、保鲜、风味形成及肉制品产品特性改善等方面有重要作用，在肉制品的加工过程中可通过控制所添酶种及添加量来优化产品风味，改进食品品质。

1. 蛋白酶 为了提高肉类嫩度，使用蛋白酶降解肉质结缔组织并破坏肌肉纤维。国际公认的食品安全蛋白酶有木瓜蛋白酶、菠萝蛋白酶和枯草杆菌蛋白酶等。经蛋白酶处理后，内部结构改变，同时易于后续交联反应，从而影响其水溶特性，改善肉质嫩度。

2. 转谷氨酰胺酶 利用转谷氨酰胺酶和酪蛋白钠等添加物，经过酶促反应重构小牛肉获得了良好的效果。这种用酶法通过交联反应对水解后的蛋白质进行重塑，处理后较为松散的牛肉肉质得到改善，提高肉类加工厂的原料利用率和产品出品率。

3. 胰酶 粗制胰酶可以分解肌原纤维、破坏肌纤维，对肉起软化作用，显著提高肉的水解率和利用价值。与此同时，对肌细胞组合蛋白质的酶解作用可使肉内的17种水溶性氨基酸和水溶性钙、磷、锌、铜、铁含量增加，改进了肉品的风味和营养。

4. 溶菌酶 与化学防腐剂相比生物保鲜剂具有低毒性，溶菌酶是一种碱性球蛋白，可溶解许多细菌的细胞膜，使细胞膜的糖蛋白发生水解作用，进而溶解菌体细胞壁，起到杀死细菌（尤其是球菌）的目的。通过与其他保鲜剂如壳聚糖、山梨酸钾等复合使用以提高抑菌效果。

（二）水产品加工

近年来，随着渔业资源的衰退，利用一些低值水产品来生产高附加值的水产品显得越来越重要，而酶技术在水产品深加工中的应用正好解决了这一难题，为水产品加工业开辟了一条发展新思路。

1. 蛋白酶 利用蛋白酶水解作用，可将水产品蛋白质分解，待活性物质游离出来后再进行分离。目前，利用该种方法从水产品中提取生理活性物质是研究热点之一。水产品中主要的生理活性物质对人体具有治疗或保健作用，如从珠母贝肉酶解液中分离出的糖胺聚糖。

2. 转谷氨酰胺酶 转谷氨酰胺酶是鱼糜制品生产过程中的弹性增强剂，可提高鱼肉蛋白质的凝胶形成能力。鱼肉蛋白质低温能形成凝胶，这是由于鱼肉本身即含有活力为0.1～2.4U/g（湿重）的转谷氨酰胺酶。但当原料品质比较差（如冻鱼）时，就需要添加转谷氨酰胺酶提高产品凝胶强度，减少蒸煮损失，提高产品质量。将转谷氨酰胺酶与鳕鱼肉、食盐、土豆粉等混合，可生产鱼肉饼。

五、酶在烘焙中的应用

焙烤工业辅料丰富，产品种类繁多，但许多天然原材料由于本身的缺陷或者来源有限，其生产和应用受到了限制。近年来酶工程技术在这些方面取得了一些突破，使这一传统行业在原材料、工艺、产品质量等方面有了较大进展。

（一）淀粉酶

在烘烤过程中，面粉中的β-淀粉酶在60℃左右会迅速失活，因此在烘烤阶段其作用较小。而面粉中α-淀粉酶具有较强耐热性，可使糊化淀粉转换为葡萄糖和糊精。同时产生的糖能够促进美拉德反应，使面包容易上色。

（二）蛋白酶

在饼干制作过程中，以蛋白酶代替偏二硫酸钠可削弱小麦面筋的结构，阻止面团产生过高的弹性。在韧性面团中，蛋白酶的使用能调节面团胀润度和控制面筋的弹性强度。在发酵面团中，可得到不易变形、膨松性适中的产品。同时降解产生的氨基酸和多肽帮助改善面包风味。

（三）木聚糖酶

小麦面粉中含有 2%～3%的戊聚糖，其主要成分是阿拉伯木聚糖。研究表明，水溶性的戊聚糖可提高面包品质，而非水溶性的戊聚糖则会产生相反作用。使用戊聚糖酶（或称半纤维素酶）作为面团改良用酶，可提高面团的机械搅拌性能，高温烘焙中的小气室不易破裂，促进面包在烤炉中的胀发。

六、酶在乳制品加工中的应用

近年来，中国乳制品工业虽然发展较快，但是生产水平和产品质量仍然不能满足国内的消费需求。例如，生乳储存、运输过程中的保鲜，饮用后的有效利用度等都存在一定的问题。在乳制品生产加工中适当使用一些酶，可以在一定程度上解决以上问题。

（一）转谷氨酰胺酶

转谷氨酰胺酶能催化蛋白质分子内及分子间的交联，蛋白质和氨基酸之间的连接及蛋白质分子内谷氨酰胺基的水解，从而可进一步改善蛋白质的弹性、发泡性、溶解性、乳化性、持水性及乳化稳定性等，同时有助于提高蛋白质的营养价值。通过添加转谷氨酰胺酶，可以防止在炼乳生产中出现脂肪上浮和蛋白质颗粒沉淀的现象；解决在冰淇淋生产中不容易成型而易融化的问题；改善奶酪、乳粉、酸酪乳的质量，从而提高企业生产效益。

（二）乳糖水解酶

乳糖水解酶可将乳糖水解，使乳清转化成非常有应用潜力的食品配料。不仅可以解决乳糖不耐受的问题，还能避免乳糖在冷冻和浓缩时产生结晶，同时水解产生的半乳糖和葡萄糖可提高甜度，减少 20%～40%的蔗糖加入，降低 10%的热量。

（三）凝乳酶

在干酪的生产和成熟期间，凝乳酶可以使原料奶中的蛋白质凝固并排除乳清，对其组织结构、风味和营养价值的提高均起到非常重要的作用。由于微生物繁殖迅速、周期短，可在工业上大量生产，因此微生物发酵食品用凝乳酶（表 8-1）越来越受到人们的重视。

表 8-1　微生物发酵食品用凝乳酶（GB 2760—2024）

酶	来源	供体
凝乳酶 A	大肠杆菌 K-12	小牛前胰凝乳酶 A 基因
凝乳酶 B	黑曲霉泡盛变种	小牛前胰凝乳酶 B 基因
	乳酸克鲁维酵母	小牛前胰凝乳酶 B 基因
凝乳酶或粗制凝乳酶	小牛、山羊或羔羊皱胃	

（四）碱性蛋白酶

酪蛋白是牛乳的重要组成成分，它含有丰富的赖氨酸，是一种营养价值较高的动物蛋白质。然而，酪蛋白被消化时会在胃中形成大凝块，影响其在人体内特别是婴幼儿的吸收利用，而利用碱性蛋白酶水解牛乳蛋白质后，可使其溶解指数明显增加。此外，碱性蛋白酶还可降解乳清蛋白显著提高乳清蛋白的热稳定性、乳化力和气泡性，利用部分水解乳清蛋白的完全可溶性，可用于强化乳酸饮料或果汁的营养。

（五）乳过氧化物酶体系

乳过氧化物酶体系包括 3 个组分：乳过氧化物酶、硫氰酸盐和过氧化氢，简称为 LP 体系。充分激活的 LP 体系可以杀灭革兰氏阴性菌和过氧化氢酶阳性菌，也能抑制革兰氏阳性菌和过氧化氢酶阴性菌，如乳酸菌。因此，LP 体系对牛鲜乳保质具有重要作用。同时，LP 体系对于牛乳中特有的可产生能够分解脂肪和蛋白质且热稳定良好的酶的嗜冷菌也有抑制作用。乳过氧化物酶体系只适用于保存生鲜牛乳，不能用于羊乳或羊乳和牛乳的混合乳。

（六）溶菌酶

在鲜乳或乳粉中加入一定量溶菌酶，可起到防腐和强化营养增进婴儿健康的作用。另外，在干酪生产中添加一定量的溶菌酶，可防止由微生物污染引起的酪酸发酵，保证干酪品质。

第二节　酶在纺织、制革和造纸工业中的应用

一、酶在纺织中的应用

酶在纺织行业的应用已有 100 多年的历史，目前，酶应用于纺织生产的大部分工艺环节，并且生物酶处理具有催化高效、专一、处理条件温和等优点，符合环境友好、洁净化生产的可持续发展战略的精神，在改进染整工艺、节约能耗、减少环境污染、提高产品质量、增加附加值和开发新型原料产品等方面都具有独特的优势。

（一）酶在前处理中的应用

传统的前处理主要为化学法，即利用强酸、强碱、强氧化剂对纺织品进行退浆、脱胶、漂白等，会造成严重的环境污染。采用酶制剂代替传统的化学试剂进行前处理被叫做生物前处理，其反应作用温度特异性高，易于控制，无污染，并且效率高，因此绿色的生物前处理工艺成为该领域的研究热点。

1. 退浆　传统的退浆方法主要是碱退浆，以腐蚀性很强的氢氧化钠（烧碱）为主要反应剂，退浆过程释放有害气体污染空气，产生的废水不易治理，且运输、储藏要求高。生物退浆指用生物加工的方法去除织物上的浆料，该方法解决了化学退浆造成的纤维损伤问题。目前常用的浆料主要是淀粉、聚乙烯醇（PVA）和聚丙烯酸类浆料。早在 1905 年，米曲霉生产的淀粉酶就开始被用于生物退浆。1935 年产自枯草杆菌的 α-淀粉酶的生产使生物退浆技术快速发展。20 世纪 80 年代，酶退浆技术进入一个新的发展阶段。淀粉酶的转化率高，不损伤纤维素纤维，退浆率高达 80%以上，水洗即可去除淀粉

浆料，适宜于连续化生产，经济效益高。目前市场上已经有较多种类的退浆酶可供选择，不仅可以降解天然浆料，还可以降解合成浆料。除此以外，已经有酶生产企业将精练酶添加到退浆酶中，通过复配提升退浆效果。

2. 精练 传统的棉精练是在热碱液中进行的，效果显著但会造成纤维强度下降，同时需要耗用大量的化学试剂和水，对环境的危害较大。生物精练指用生物加工的方法去除棉纤维上的杂质，以此来提高织物的吸湿性。生物精练对织物强力损失的影响比传统碱精练要小，且产生的废水量少，染色后织物的色彩饱和度和深度都略优于传统碱精练。纤维素酶是唯一能够可单独作用改善织物润湿性的酶，而蛋白酶处理虽不改变棉织物的润湿性，但能显著改善织物的保水量；脂肪酶能将脂肪水解成甘油和脂肪酸，从而提高棉织物润湿性，但其效果不及果胶酶。

3. 漂白 在纺织物的漂白过程中，使用最多的是氧漂，但氧漂后织物上残留的过氧化氢会在染液中与染料反应，从而导致色浅、色花，甚至色光改变。传统的过氧化氢溶液去除一般有两种方法：一种是耗水量大、时间长的高温热洗加水洗；另一种是采用还原剂处理，但还原剂的用量较难控制。采用过氧化氢酶除氧工艺就可有效解决传统工艺中的问题，它能在常温短时间内快速彻底去除残留的过氧化氢溶液，可大幅度降低水、电、汽的消耗，并显著提高生产效率。

（二）酶在后处理中的应用

目前，生物抛光整理技术在国际纺织行业中表现出迅速推广的势态，主要用于含有纤维素的布料及其成衣的后整理，改善织物表面性能。用于纤维素生物抛光的纤维素酶，也可用于黏胶、亚麻、苎麻、黄麻、涤棉等织物，但酶水解易造成这类织物强力下降。棉/毛混纺交织物用纤维素酶/蛋白酶混合处理，可以有效除去暴露在外面的原纤维，使织物具有光洁的外观、柔软的手感，并减少起球。

（三）酶在纤维改性中的作用

棉纤维改性用的酶是全组分纤维素酶，可任意分解棉纤维的纤维素分子，从而破坏了棉纤维的结晶度，使棉纤维过分解。为此，曾有人证明采用不同组分的纤维素酶协同作用的方法来对棉纤维进行改性以防止过分解，使棉原纤维达到膨胀、松散的效果，达到棉纤维改性的理想效果。用于羊毛改性的酶主要是蛋白酶，可使羊毛具有柔软、滑爽、光泽柔和的效果。由于羊毛表面的疏水性和穿着的刺痒感，除少量羊绒可以制成内衣外，普通羊毛还并不能满足生产要求。用酶对羊毛织物进行处理，可使纤维具有开司米的手感，并可消除刺痒感。酶的这一应用对开发羊毛的应用领域、提高羊毛的使用性能都很有意义。

二、酶在制革中的应用

酶在制革中的应用最早是在酶脱毛和软化两个方面。随着酶制剂工业的发展，其应用范围扩展到鞣制准备工段的各个主要工序，成为高档皮革生产过程中不可缺少的材料。目前制革常用的酶制剂主要是酸性蛋白酶、中性蛋白酶和碱性蛋白酶。

（一）浸水

浸水是制革工段的第一步操作，主要目的是使生皮恢复到鲜皮状态，并除去皮张上的泥沙、盐、防腐剂和部分可溶性非纤维蛋白等，为后续制革工序的正常进行提供条件。传统的浸水助剂为硫化钠和多硫化钠等碱性物质，污染严重。为了解决这些问题，近年来在浸水过程常添加一些酶制剂辅助回湿。利用的主要是蛋白酶和脂肪酶。酶浸水过程的主要优点：疏松皮垢；减少粒面皱纹；缩短浸水时间；增加浸水的均匀性，从而可以为后续工艺的处理提供更理想的条件。

（二）脱毛

制革工业目前基本采用灰碱法脱毛，但是排放的脱毛废液含有高浓度的硫化物，严重污染环境，而用酶法代替灰碱法脱毛便可彻底告别硫化物的污染。我国从 1958 年开始试验酶脱毛法，20 世纪 80 年代许多制革厂开始对酶脱毛进行研究并在实际生产中加以运用。现代工艺一般采用酶-碱结合脱毛工艺。

（三）浸灰

浸灰的目的是除去皮内纤维间质、部分油脂、黏蛋白，分散胶原纤维，打开肽链间部分连接键，释放出更多的胶原活性基。浸灰常用材料有石灰、烧碱和硫化物，对环境污染严重，利用酶制剂浸灰符合现代绿色制革的要求。在浸灰过程中加入耐碱的蛋白酶，可明显增加硫酸皮肤素的去除速度及去除率，同时也可提升成革的柔软性和强度。因此在浸灰过程中加入酶制剂可增强浸灰效果，明显改善成革的性能。后经实验表明，复合酶的浸灰效果明显优于常规浸灰和碱性蛋白酶助浸灰工艺。

（四）脱脂

脱脂工艺是准备工段的另一个重要步骤，酶法脱脂是目前被公认为最环保和最有效的脱脂方法。皮中天然油脂含量很高，尤其是一些绵羊皮，皮重的 20%～30%由脂肪组成。工业上一般使用表面活性剂在液相中对生皮进行脱脂，但结果不理想。在处理过程中添加酶制剂可以显著增强脱脂效果。酶法脱脂要经过三步：蛋白质的水解、脂肪水解和乳化。因此可采用碱性脂肪酶与蛋白酶、胰酶联合使用的方法改善脱脂的效果。酶制剂脱脂既可单独进行，也可与浸水、浸灰等工序同时进行。

（五）软化

酶软化是制革过程中必不可少的一道工序。软化对成革的丰满性、柔软性、弹性、粒面光滑性、手感等方面都有重要的作用。我国工业生产常用的软化酶有胰酶和蛋白酶，胰酶软化时对皮胶原水解作用温和，成革柔软性和丰满性较好；蛋白酶对弹性蛋白水解作用强，软化后皮革粒面细腻，成革较柔软，得革率大；由于软化过程通常在 38～40℃进行，所以开发低温软化酶是当前软化生物助剂的发展方向。

三、酶在造纸中的应用

造纸的工艺过程也在不断地创新发展。酶在造纸工业中的应用具有很大的优势和潜力，呈现了良好的应用前景，其中应用较为普遍的有纤维素酶（cellulase）、半纤维素酶（hemicellulase）、果胶酶（pectinase）和漆酶（laccase）。

（一）酶在木素生物降解中的应用

天然的造纸原料有草类、木材、麻类、棉花等，这些原料主要由三部分组成，即纤维素、半纤维素和木素。一般的化学法制浆成本高、能耗大，而用生物酶降解木素，方法简单，效果明显，且对环境无污染。特别是木材，经过生物降解可以去除原料中的大部分木素。用于木素降解的酶，主要有木素降解酶和漆酶。

（二）酶在生物制浆中的应用

经过生物降解木素的原料，结合化学、机械制浆和其他生物酶再进一步分离出纤维原料的过程为生物制浆。不同的原料需要使用不同的生物酶。例如，韧皮纤维含有果胶质，可选用果胶酶分解果胶质，释放纤维素。

（三）酶在纸浆漂白中的作用

传统的化学漂白法是采用氯或氯化物对纸浆漂白。生物漂白是一种利用微生物或木聚糖酶和木素降解酶等酶制剂处理纸浆，使其有利于脱木素，以改善纸浆色泽、提高纸浆白度、改善纸浆可漂性的方法。在生物酶漂白工艺中半纤维素酶和木素降解酶被广泛使用，其中半纤维素酶主要是指木聚糖酶，木素降解酶主要指漆酶。

1. 木聚糖酶　20 世纪 80 年代中期开始出现用木聚糖酶去除化学浆中半纤维素的生物漂白方法。在生物漂白工艺中加入一定量的木聚糖酶，可以在降解纤维表面木聚糖的同时破坏木素-碳水化合物复合体（LCC）结构，使纤维细胞壁的结构更松散、孔隙更大，以利于后续漂白试剂的渗透及木素的降解。由于浆料是碱性很强、温度较高的体系，因此用作生物漂白剂的木聚糖酶最好有很强的耐碱、耐高温能力。采用基因工程与蛋白质工程手段获得性质优良的耐热、耐碱的木聚糖酶已成为研究的热点，重组木聚糖酶将会在漂白工艺中有着更多的应用。

2. 漆酶　与木聚糖酶漂白不同的是，漆酶主要是直接氧化和降解纸浆中的残余木素，从而达到一定的漂白效果。能够直接作用于木素的主要有三种氧化酶，分别是木素过氧化物酶、锰过氧化物酶和漆酶，其中以漆酶的应用前景被人看好。漆酶能够氧化非酚型的木素模型化合物。采用漆酶介体系统（laccase mediator system，LMS）对纸浆进行适当时间的处理，该法可以与其他任何漂白过程配合使用以取得更好效果。酶介体系统目前还处在研究试验阶段，但在纸浆生物漂白和提高纸浆漂白质量等方面已呈现出十分诱人的前景。

（四）生物酶用于处理造纸废水

造纸工业废水中含有纤维素、半纤维素、填料等固形物。生物技术应用于造纸废水处理工序主要是利用微生物自身生长过程的代谢功能，将废水中的有机污染物降解并使其转化为对自然界无污染的无害物质，达到净化废水的目的。漆酶是目前造纸废水处理体系中最重要的一种生物酶，漆酶还可以降低造纸漂白工序部分碱抽提段产生的废水、棉清洗车间苛化段废水以及棉清洗车间高含硫废水的色度。

（五）废纸的生物脱墨

废纸的再生利用已成为解决造纸行业原料短缺问题的重要途径，废纸再生的关键步骤是油墨的清除。酶法脱墨是一项环境友好的新型脱墨技术，具有脱墨效果好、工艺能耗低、环境污染轻的优势，既能在一定程度上减轻化学品造成的环境污染问题，又可以提高纸浆的抄造性能，提高纸张的物理强度。在酶法脱墨工艺中，常用的生物酶是纤维素酶和脂肪酶，木聚糖酶和淀粉酶也常配合使用。一般的工艺过程：浆，酶脱墨，酶失活，浮选。

（六）酶在胶黏物控制中的应用

胶黏物是一类将纸基质与其他物质相结合的有机化合物，包括纸中残余的化学品、油墨载体、残余脱墨添加剂以及涂布加工纸中的胶黏剂等。生物酶法主要是通过酶解胶黏物组分中的酯键，降低胶黏物黏性，减少胶黏物粒径，进而防止胶黏物的絮凝。在处理胶黏物的诸多生物酶中，角质酶、酯酶、脂肪酶等酯键水解酶的效果最为显著，应用最为广泛。其中，角质酶是一种多功能酶，可水解可溶性酯、不溶性甘油三酯及各类聚酯。相较于其他酯键水解酶，角质酶对聚丙烯酸酯和聚乙酸乙烯酯等胶黏物成分具有更好的水解作用，在胶黏物控制中发挥着重要作用。

第三节　酶在饲料工业中的应用

自 20 世纪 70 年代美国工业开始将酶制剂应用于复配饲料，并取得显著效果后，酶制剂在饲料中的应用引起了广泛的重视。目前最常用的饲用酶制剂分为两大类：一类是以降解植酸、3-葡聚糖、果胶等抗营养因子为主的酶类，主要包括植酸酶、β-葡聚糖酶、果胶酶等：另一类是以降解多糖和生物大分子物质为主的酶类，主要包括蛋白酶、脂肪酶、淀粉酶、糖化酶、半纤维素酶、木聚糖酶、甘露聚糖酶等。

一、植酸酶在饲料中的应用

自 1907 年 Suxuki 等首次发现具有植酸酶活力的磷酸酶以来，有关植酸酶的认识不断深入。植酸酶（phytase）是将植酸及盐类催化水解为肌醇和磷酸（或磷酸盐）的一类酶的总称，其能够水解植酸释放无机磷，同时释放多种有益金属离子。植酸酶的使用能够降低粪便中有机磷的含量，减少了环境污染。因此植酸酶的研究已成为酶制剂研究的一个热点。

（一）植酸酶的来源和性质

植酸酶属于磷酸单酯水解酶类，可以催化植酸水解脱掉磷酸基团，是一种胞外酶。植酸酶根据催化机制的不同可分为 4 类，分别是组氨酸酸性植酸酶、β-螺旋植酸酶、半胱氨酸植酸酶和紫色酸性植酸酶。目前应用最广泛的是组氨酸酸性植酸酶，而来源于芽孢杆菌的β-螺旋植酸酶往往具有较好的热稳定性。

大部分植物来源植酸酶的最适 pH 为 4.0～7.5，在 pH 3.0 时活性显著下降甚至完全失活；细菌来源的植酸酶最适 pH 一般为中性或偏酸性；真菌植酸酶 pH 一般为 2.5～7.0。植酸酶的最适温度为 40～60℃。一般来说，植酸酶在 50～70℃都具有高活性，多数情况下其活性在 45～60℃较稳定，更高温度下容易失活。

（二）植酸酶的功能和应用

目前，植酸酶在养殖业中的应用越来越多。磷在家禽饲料中主要以植酸的形式存在，虽然含量高，但吸收效率很低，进而引起水质恶化等环境问题。这与我国绿色发展的发展理念相悖。植酸酶的优势主要体现在以下方面：提高磷的利用率，减少额外补充磷酸盐；降低植酸对金属离子的螯合作用，提高利用率；减少浪费磷元素及其对环境的污染。

二、半纤维素酶在饲料中的应用

半纤维素是一种多糖混合物，是自然界含量第二丰富的生物质，约占植物干重的35%。在动物消化道内，只有共生微生物所分泌的酶能分解利用半纤维素。一般的反刍动物由于瘤胃中有着数量巨大、功能各异的微生物体系，对半纤维素的利用可达 60%～80%，而单胃动物对半纤维素的利用率却较低。半纤维素酶作为一个复合酶系，主要由甘露聚糖酶、木聚糖酶、半乳糖酶等组成。

（一）β-甘露聚糖酶

β-1,4-甘露聚糖酶（endo-β-1,4-mannanase，EC.3.2.1.78）是能够水解含有 β-1,4-D-甘露糖苷键的甘露寡糖、甘露多糖的内切水解酶，它属于半纤维素酶类，是一种新型的酶制剂。微生物是 β-甘露聚糖酶的主要来源。与动物和植物相比，微生物 β-甘露聚糖酶具有更宽的 pH 范围和更好的热稳定性。甘露低聚糖作为一种绿色饲料添加剂已经在饲料工业中得到较广泛的应用。

（二）木聚糖酶

木聚糖酶是将结构复杂的木聚糖降解成低聚糖和木糖的一类酶的统称。自 20 世纪 60 年代以来，人们从各种微生物中获得了大量同类型的木聚糖酶，如真菌中的里氏木霉、黑曲霉，放线菌中的浅青紫链霉菌，细菌中的粪肥杆菌、热纤维梭菌等，极大丰富了木聚糖酶系。

三、α-半乳糖苷酶在饲料中的应用

α-半乳糖苷酶（α-D-galactosidase，EC.3.2.1.22）是一种水解酶，可催化水解 α-半乳糖苷末端半乳糖残基。单胃动物体内由于缺乏 α-1,6-半乳糖苷酶而不能分解这些物质，而这些未消化的物质会增加肠道食糜的渗透压，加快肠道食糜的排空速度，从而降低营养和能量的消化率并对动物的生长产生负面影响。

（一）α-半乳糖苷酶的来源和性质

α-半乳糖苷酶广泛存在于动物、植物体内，许多微生物中也具有 α-半乳糖苷酶的活性，

粉的黏度迅速下降，从而达到较好的液化效果。

（二）高转化率糖化酶

糖化淀粉酶即葡萄糖淀粉酶，是一种能够将淀粉完全水解为葡萄糖的酶，通常被当做淀粉的糖化剂。糖化淀粉酶的底物专一性较低，它除了能从淀粉链的非还原性末端切开 α-1,4-糖苷键外，也能缓慢切开 α-1,6-糖苷键。糖化淀粉酶在工业上的具体应用：在乙醇工业生产过程中原料蒸煮后先冷却到最适温度 60～62℃，调节至最适 pH 4.0～4.5 后加酶糖化，同时淀粉质原料必须与酶充分接触。

（三）支链淀粉酶的应用

支链淀粉酶是一类能够催化淀粉等多糖化合物中 α-1,6-糖苷键水解，形成直链淀粉和糊精的酶的统称。不同来源的支链淀粉酶反应条件不同，如酵母支链淀粉酶、产气杆菌支链淀粉酶和放线菌支链淀粉酶的最适 pH 分别为 6.2、5.6～7.2 和 5.0，最适温度分别为 20℃、45～50℃和 60℃。金属离子对支链淀粉酶的活性有影响，Ca^{2+}能提高异淀粉酶 pH 稳定性和热稳定性，而Hg^{2+}、Cu^{2+}、Fe^{3+}、Al^{3+}等抑制其活性。在淀粉糖化工艺中，由于糖化酶对 α-1,6-糖苷键的降解效率低，实际生产中常常会加入支链淀粉酶，去除支链淀粉的分支结构，使淀粉分子更易于进一步水解。

二、酶在非粮生物燃料中的应用

目前中国可用于进行燃料乙醇生产的作物主要有木薯、菊芋、甘蔗、甜高粱等，同时秸秆也被应用于生物燃料。其中，木薯是开发最早也最为可行的原料，占燃料乙醇生产原料的 33%。随着非粮燃料乙醇产业的发展，菊芋、甘蔗和甜高粱也相继应用于生产，而且最终将会向以秸秆为主要原料的趋势迈进。

（一）木质纤维素酶在秸秆生产燃料乙醇中的应用

木质纤维素具有很强的抗逆性，其原因包括木质化程度、细胞壁结构组分的异质性和复杂性、酶作用于不溶性底物的困难性以及细胞壁厚度等，这些化学和结构特性影响酶对木质纤维素的可及性和酶活力，进而增加生物质转化费用。利用酶解的方法可以将木质纤维素转化为大量的五碳糖（木糖和阿拉伯糖）和六碳糖（葡萄糖、半乳糖和甘露糖）。

秸秆发酵生产中一般采用酶水解，酶水解有以下几个优点：①在常温下进行，过程能耗低；②酶有很高的选择性，可生成单一产物；③酶水解过程中副产物较少，所以提纯过程简单。酶水解的缺点是反应所需时间较长，一般需要几天，且相应的反应器体积很大，同时，酶成本较高，水解原料需经预处理。

（二）复合酶在菊芋粉发酵生产燃料乙醇中的应用

菊芋的主要成分为多聚果糖，此外还含有淀粉、蛋白质、纤维素、半纤维素、果胶质等组分。通过酶的作用可以将这些组分分解为易于被酵母利用的物质，以进行燃料乙醇的生产。因此，菊芋成为替代粮食作物生产燃料乙醇的极具潜力的能源作物。

三、酶在生物柴油中的应用

（一）生物柴油简介

生物柴油是由生物质而不是石油制成的柴油燃料。生物柴油按制备工艺分类，可分为以脂肪酸甲酯为主要成分的第一代生物柴油酯基生物柴油（FAME）和氢化、异构化处理后得到的第二代生物柴油烃基生物柴油（HVO）。酯基生物柴油（FAME）是生物柴油市场的主流，其成分为碳氢氧化合物，通过将油脂原中的脂肪酸甘油三酯与甲醇或乙醇发生酯交换反应，生成脂肪酸酯。烃基生物柴油是一种真正的碳氢化合物，通过对油脂原料加氢脱氧，异构化处理后分馏获得在分子结构和化学成分上与化石柴油相同的烃基生物柴油，符合美国材料与试验协会（ASTM）国际柴油燃料油标准（D975），被称为“石油柴油的低碳双胞胎”，在与石油柴油释放相同能量的同时可将温室气体排放量减少 80%。

（二）酯基生物柴油的生产方法

目前酯基生物柴油的生产方法主要为化学催化法，该方法以酸或碱为催化剂进行催化转酯反应，碱催化法对原料中的游离脂肪酸和水含量有严格限制；酸催化法存在醇油比高、腐蚀设备和污染环境等问题；高温高压法存在能耗高、设备投资大等缺点。与化学催化法相比，生物法催化条件温和，对环境无污染，尤其是对油脂原料中游离脂肪酸和水分含量没有特殊要求。为了降低酶的成本和提高酶的稳定性，科学家已经对固定化酶法催化生物柴油的生产进行了广泛研究。

（三）酯基生物柴油合成用脂肪酶的种类及来源

微生物脂肪酶种类很多，一般通过发酵法生产，按微生物种类不同，可分为真菌类脂肪酶和细菌类脂肪酶。用于催化合成生物柴油的脂肪酶主要是真菌类脂肪酶，这些酶生产较为方便，与动物脂肪酶相比有更高的活性。

（四）脂肪酶在生物柴油生产中的研究

降低脂肪酶成本是促进酶法制备生物柴油的关键。主要有两个途径：一是通过基因工程或者培养方法的优化提高脂肪酶发酵水平；二是提高脂肪酶在生物柴油制备过程中的循环利用次数，延长酶的寿命，如采用固定化策略来降低酶的使用成本。

（五）酶在生物柴油中的应用前景和展望

生物酶法制备酯基生物柴油是国内外研究者关注的重点。从 2005 年开始，我国就颁布了一系列政策鼓励生物柴油发展，2022 年，国家发展改革委、能源局发布的《“十四五”现代能源体系规划》明确指出要大力发展纤维素燃料乙醇、生物柴油、生物航空煤油等非粮生物燃料。为了降低酶法生产生物柴油的工艺成本，科学家主要从提高酶的生产效率、催化性能和稳定性及挖掘具有高效性能的新品种酶进行研究。随着生物酶法合成生物柴油的研究与产业化进程的加速，脂肪酶催化制备生物柴油技术将能以其节能、环保、安全、高效、成本低等优点得到广泛应用。

第五节　酶在洗涤剂中的应用

酶制剂作为洗涤助剂，通过去除污渍、抗再沉积、白度维护、去毛球和助亮保新的特性发挥着独特的洗涤作用。加酶洗涤剂作为新一代生物洗涤剂由于其对衣物强大的清洁能力和保护作用而受到中高端市场的追捧。在国外，甚至已经有包含 7 种酶制剂的加酶洗涤剂。这种复合酶可以分工合作，高效地去除生活中难以去除的糖、脂肪、蛋白质等常见污渍。由于酶是百分百可以被降解的，用酶制剂减少甚至取代表面活性剂的使用，可以在保证洗涤效果的同时有效地解决水体富磷化等问题。同时酶制剂的高效性能可以大大减少对水的使用，推动了生活中洗涤剂的环保减排。

一、洗涤剂酶的概况

酶技术的发展给洗涤剂的革新带来了良好的契机。在欧洲、美国和日本，90%以上的洗涤剂都含有酶。应用于洗涤剂的酶主要有蛋白酶、淀粉酶、脂肪酶、纤维素酶、甘露聚糖酶、过氧化物酶。由于酶的专一性，复合酶的去污效果远远高于单一酶，国外已经致力于用酶制剂完全取代洗涤剂中的表面活性剂达到洗涤剂可以完全被降解的效果。目前我国的绝大多数加酶洗涤剂中都没有淀粉酶去作用淀粉类污渍，同时我国的生产商还没有充分利用种类丰富的酶制剂组合来提升洗涤效率。

二、几种主要的酶制剂

（一）蛋白酶

洗涤剂中常用的蛋白酶来源于芽孢杆菌属（*Bacillus*），这种酶可在高碱性条件下存活。在洗涤剂中添加蛋白酶可以有效去除血渍、汗渍、奶渍等蛋白质类污渍。其中，碱性蛋白酶在洗涤剂中表现出良好的稳定性和去污效果。含酶洗涤剂发展前景广阔，可以通过蛋白质工程提高蛋白酶的稳定性，扩大蛋白酶的最适温度范围。

（二）淀粉酶

普通的α-淀粉酶常来自地衣芽孢杆菌，其稳定性依赖 Ca^{2+}的存在并对氧化剂敏感。诺维信公司近年来不断改善和研究了一种包含α-淀粉酶变体与蛋白酶变体的洗涤剂组合物，该淀粉酶具有优异的性能，如在低温下活性增加、在螯合剂存在下稳定性增加、在碱性条件下的活力得到增强、对 Ca^{2+}的依赖得到改善、在其他洗涤剂成分（如漂白剂、表面活性剂等）存在下稳定性增强等。

（三）纤维素酶

织物经过多次洗涤会受到机械力的破坏，在织物表面形成很薄的纤细毛绒或毛球层。这些毛球都是由非结晶的纤维素组成的，洗涤时污渍容易沉积于此，使衣物发灰、发旧。纤维素酶可以高效降解这些非结晶的纤维素但不破坏织物本身结晶区的纤维素主体，达到维护衣物白度和亮彩保新的作用。

三、洗涤剂酶的展望

生物酶洗涤剂中的作用物质主要是酶，酶作为一种有机活性大分子蛋白质，无毒并且可以被完全降解，对环境的污染极低，符合当下保护环境的消费理念，因此洗涤酶的应用前景十分广阔。从传统的日化、纺织行业到手术机械的清洗和餐饮行业，随着应用范围的增加，针对不同的洗涤对象和洗涤条件，对产酶工程菌的基因工程改造及对酶本身的改造和固定化使酶的适应条件更加广泛、酶的活性更加稳定，能够适应安全环保的新型表面活性剂和洗涤助剂，这就对酶的全面研究提出了更高的要求。因此，随着对生物酶研究的不断深入，加酶洗涤剂能够更加适应市场和消费者的需求，具有很大的发展潜力。

思 考 题

1．针对食品用酶，哪些指标是工业生产中主要考虑的？

2．分析比较食品制造领域使用酶以及不使用酶的优缺点。

3．简述酶在纺织行业前处理中的应用，酶法有什么优点？

4．制革行业主要的酶制剂都有哪些？它们的用途是什么？

5．造纸行业中哪些工艺需要用到酶制剂？

6．在合成生物燃料的过程中用到了几种酶？它们的作用分别是什么？

7．生物柴油的制备工艺有哪几种？它们的区别是什么？酶在生物柴油的合成过程中具体起着什么作用？

8．酶是如何降低生物质燃料制备成本的？结合你现有对酶的理解，你认为制备生物燃料用到的酶需要达到哪些标准？

9．洗涤剂中常用到的有哪些酶？它们在衣物清洁过程中分别起到了什么作用？

10．加酶洗涤剂和传统洗涤剂的区别是什么？前者的优势体现在哪些方面？

主要参考文献

陈星星，黄振华，潘道东，等．2019．蛋白酶在肉制品加工中的应用进展．浙江农业科学，60（6）：1000-1002.

高楠，陶冶，王菁，等．2020．生物酶在机洗餐具洗涤剂中的应用研究．日用化学品科学，（3）：30-32.

郭建华，蒋海娇，刘晓兰，等．2021．酶制剂在白酒发酵中应用的研究进展．食品工业，42（11）：308-311.

简何，简江，周娜．2022．不同酶类物质在白酒酿造中的应用研究进展．酿酒科技，（12）：85-90.

雷勇，刘艳怀，尹俊涛，等．2023．复合酶在野生樱桃李果汁澄清加工中的应用．食品工业，44（6）：1-4.

李爱春，Cramer F J，Jensen L B，等．2016．双乙酰控制．中外酒业·啤酒科技，（23）：61-65.

李力群，孙志康，郝捷，等．2022．果胶酶生产及工业应用进展．生物技术进展，12（4）：549-558.

栗程程，张雁，邓媛元，等．2024．酶解辅助挤压膨化技术在谷物加工中的研究进展．中国粮油学报，39（8）：1-13.

刘永安，刘欣，魏法山，等．2015．柑橘类果汁脱苦技术研究进展．食品安全导刊，（27）：137-138.

刘耘郧，陈碧坚．2001．普鲁蓝酶在木薯粉酒精生产中的应用研究．食品与发酵科技，（4）：31-34.
石丽华，曾方明，李勉．2019．纤维素酶在生物质转化中的应用研究进展．生物产业技术，（3）：69-76.
王泽云，邵文竹，任九庆，等．2019．酶制剂助力洗涤用品创新发展．生物产业技术，（3）：6.
张翠，胡淑敏，黄树丽，等．2019．啤酒大麦淀粉及内源淀粉酶研究进展．中外酒业·啤酒科技，（11）：39-44.
赵国萍，李迎秋．2015．酶制剂在果蔬汁加工中的应用．江苏调味副食品，（4）：15-18.
朱安南，刘欢，孟勇，等．2023．α-半乳糖苷酶在畜禽中的研究进展．饲料研究，46（2）：157-160.
Amer S A, Naser M A F, Abdel-wareth A A A, et al. 2020. Effect of dietary supplementation of alpha-galactosidase on the growth performance, ileal digestibility, intestinal morphology, and biochemical parameters in broiler chickens. BMC Vet Res, 16(1): 144.
Liu X, Xing K, Ning R, et al. 2021.Impact of combined α-galactosidase and xylanase enzymes on growth performance, nutrients digestibility, chyme viscosity, and enzymes activity of broilers fed corn-soybean diets. J Anim Sci, 99(6): skab088.
Song P, Zhang X, Wang S, et al. 2023. Microbial proteases and their applications. Frontiers in Microbiology, 14: 1236368.
Souza M D, Eeckhaut V, Goossens E, et al. 2023. Guar gum as galactomannan source induces dysbiosis and reduces performance in broiler chickens and dietary β-mannanase restores the gut homeostasis. Poultry Science, 102(8): 102810.
Wang P, Pei X, Zhou W, et al. 2024.Research and application progress of microbial β-mannanases: a mini-review. World Journal of Microbiology and Biotechnology, 40(6): 169.
Zhang X, Chen Y, Lv Z, et al. 2024. Analysis of the effects of β-mannanase on immune function and intestinal flora in broilers fed the low energy diet based on 16S rRNA sequencing and metagenomic sequencing. Poultry Science, 103(5): 103581.